普通高等教育"十一五"国家级规划教材
高等职业教育土建类专业课程改革规划教材

工 程 力 学

第 2 版

主　编　王培兴　李　健
参　编　乔淑玲　张立柱　李晓峰
主　审　乔志远

机械工业出版社

本书力求体现高等职业教育教学改革的特点，对传统的工程力学课程内容进行了重组，在内容的安排上突出了实用和够用的原则，注重与工程实际相结合，强调了基本概念、基本原理和基本计算，文字表述深入浅出、简明扼要，图文配合紧密。

本书共分十二章，内容包括：绪论，静力学的基本概念，平面汇交力系，力矩、平面力偶系，平面一般力系，轴向拉伸与压缩，扭转，平面图形的几何性质，梁的弯曲，应力状态与强度理论，组合变形，压杆稳定及附录。

本书可作为高等职业院校土建类专业教学用书，也可作为成人教育院校及建筑工程职业岗位培训的教材。

为方便教学，本书配有电子课件，凡使用本书作为教材的教师可登录机工教育服务网 www.cmpedu.com 注册下载。咨询邮箱：cmpgaozhi@sina.com。咨询电话：010-88379375。

图书在版编目（CIP）数据

工程力学/王培兴，李健主编．—2 版．—北京：机械工业出版社，2012.9
普通高等教育"十一五"国家级规划教材　高等职业教育土建类专业课程改革规划教材
ISBN 978-7-111-34546-6

Ⅰ.①工…　Ⅱ.①王…②李…　Ⅲ.①工程力学—高等学校—教材
Ⅳ.①TB12

中国版本图书馆 CIP 数据核字（2012）第 151004 号

机械工业出版社（北京市百万庄大街 22 号　邮政编码 100037）
策划编辑：覃密道　王靖辉　责任编辑：常金锋
版式设计：纪　敬　　　　责任校对：肖　琳
封面设计：张　静　　　　责任印制：乔　宇
三河市国英印务有限公司印刷
2012 年 9 月第 2 版第 1 次印刷
184mm×260mm·14.25 印张·349 千字
0001— 3000 册
标准书号：ISBN 978-7-111-34546-6
定价：28.00 元

第2版前言

本书是普通高等教育"十一五"国家级规划教材，是2005年出版的《工程力学》的修订版。

本书在修订编写过程中，融合了参编人员所在院校有关教师长期教学实践的经验，以培养技术应用能力为主线，应用为目的，够用为原则，体现了高等职业教育教学改革的特点，具有针对性和实用性；既考虑了对基本理论、基本概念和基本计算能力的要求，同时也考虑了结合工程实际、开拓学生视野，注重培养学生具体分析问题和解决问题的能力；内容简明扼要，通俗易懂，使教材更贴近教学、贴近学生，体现了以人为本的教学理念。修订版根据教学需要，增加了轴向拉压试验、弯曲试验的有关内容，并对一些重要概念进行了合理地完善。同时，书后增加了习题答案供学生参考。

本书参考课时为60学时，各院校可根据实际情况进行调整。

参加本书编写的有江苏建筑职业技术学院（原徐州建筑职业技术学院）王培兴（第一、二、十二章，附录中的试验部分）、湖南城建职业技术学院李健（第七、八、十一章）、山西建筑职业技术学院乔淑玲（第九章）、辽宁建筑职业技术学院张立柱（第五、六章）、新疆建设职业技术学院李晓峰（第三、四、十章）。王培兴、李健任主编。

本书在修订编写过程中，得到了各参编院校领导及机械工业出版社的大力支持，内蒙古建筑职业技术学院乔志远教授审阅了全书，并提出了许多宝贵的意见，在此一并致谢。由于编者水平有限，书中不足之处在所难免，恳请读者给予批评指正。

编　者

目　录

第 2 版前言

第一章　绪论·· 1

第一节　刚体和平衡的概念··· 1

第二节　变形体的概念与变形杆件的基本形式······································· 1

第三节　工程力学的研究对象与任务·· 4

复习思考题·· 5

第二章　静力学的基本概念··· 6

第一节　力·· 6

第二节　力系、等效力系、平衡力系··· 7

第三节　静力学公理·· 8

第四节　约束与约束反力··· 11

第五节　受力分析与受力图·· 15

复习思考题··· 19

第三章　平面汇交力系··· 21

第一节　平面汇交力系合成的几何法··· 21

第二节　平面汇交力系平衡的几何条件··· 22

第三节　平面汇交力系合成的解析法··· 23

第四节　平面汇交力系平衡的解析条件··· 26

复习思考题··· 28

第四章　力矩、平面力偶系·· 30

第一节　力矩的概念、合力矩定理··· 30

第二节　力偶与力偶的性质·· 33

第三节　平面力偶系的合成与平衡··· 35

复习思考题··· 37

第五章　平面一般力系··· 39

第一节　力的平移定理··· 39

第二节　平面一般力系向作用面内一点的简化······································· 40

第三节　平面一般力系的平衡··· 45

第四节 物体系统的平衡 …………………………………………………… 48
复习思考题 ………………………………………………………………… 52

第六章 轴向拉伸与压缩 ……………………………………………… 57

第一节 轴向拉伸与压缩的概念 ………………………………………… 57
第二节 轴向拉压时横截面上的正应力 ………………………………… 60
第三节 轴向拉伸与压缩时的变形 ……………………………………… 64
第四节 材料在拉伸与压缩时的力学性能 ……………………………… 68
第五节 轴向拉压时的强度计算 ………………………………………… 74
第六节 应力集中的概念 ………………………………………………… 78
复习思考题 ………………………………………………………………… 79

第七章 扭转 …………………………………………………………… 84

第一节 扭转的概念 ……………………………………………………… 84
第二节 扭转时的内力、扭矩图 ………………………………………… 85
第三节 剪切胡克定律 …………………………………………………… 87
第四节 圆轴扭转时横截面上的应力与变形 …………………………… 88
第五节 圆轴扭转时的强度与刚度 ……………………………………… 93
第六节 切应力互等定理 ………………………………………………… 95
第七节 矩形截面杆自由扭转时的应力与变形 ………………………… 96
复习思考题 ………………………………………………………………… 97

第八章 平面图形的几何性质 ……………………………………… 101

第一节 重心与形心 ……………………………………………………… 101
第二节 面积静矩 ………………………………………………………… 102
第三节 惯性矩 …………………………………………………………… 103
第四节 惯性积 …………………………………………………………… 109
复习思考题 ………………………………………………………………… 110

第九章 梁的弯曲 …………………………………………………… 113

第一节 概述 ……………………………………………………………… 113
第二节 直梁平面弯曲时横截面上的内力 ……………………………… 114
第三节 剪力图和弯矩图 ………………………………………………… 117
第四节 荷载集度、剪力、弯矩之间的微分关系及其在绘制内力图上的应用 … 121
第五节 叠加法与区段叠加法 …………………………………………… 125
第六节 纯弯曲梁横截面上的正应力及正应力强度 …………………… 128
第七节 梁的合理截面形状 ……………………………………………… 133
第八节 梁的切应力与切应力强度 ……………………………………… 135
第九节 梁的变形 ………………………………………………………… 139

第十节 叠加法求梁的变形 ·· 142
第十一节 梁的刚度条件与提高梁刚度的措施 ······························· 145
复习思考题 ·· 147

第十章 应力状态与强度理论 ··· 151

第一节 一点处的应力状态 ·· 151
第二节 平面应力分析 ··· 154
第三节 强度理论与强度条件 ·· 159
复习思考题 ·· 162

第十一章 组合变形 ··· 164

第一节 组合变形的基本概念 ·· 164
第二节 斜弯曲的应力和强度 ·· 165
第三节 偏心压缩（拉伸）杆的应力和强度 ····································· 169
第四节 截面核心 ·· 174
复习思考题 ·· 177

第十二章 压杆稳定 ··· 180

第一节 压杆稳定的概念 ··· 180
第二节 临界力和临界应力 ·· 181
第三节 压杆的稳定计算 ··· 187
第四节 提高压杆稳定性的措施 ·· 191
复习思考题 ·· 192

附录 ·· 194

附录 A 轴向拉伸试验 ··· 194
附录 B 轴向压缩试验 ··· 198
附录 C 纯弯曲梁正应力电测试验 ··· 200
附录 D 型钢规格表 ··· 204
附录 E 复习思考题部分参考答案 ··· 214

参考文献 ·· 220

第一章　绪　　论

学习目标：理解刚体、变形体的概念；掌握平衡的特点及其相对性；熟悉对理想弹性体的几个基本假设；了解变形杆件的基本形式及"工程力学"的研究对象和任务。

第一节　刚体和平衡的概念

一、刚体的概念

生活实际和工程实践表明，任何物体受力作用后，总会产生一些变形。但在通常情况下，绝大多数物体（如结构、构件或零件）的变形都是很微小的。研究证明，在某些情况下，这种微小的变形对改变物体的运动位置或者物体的运动状态来说影响是很微小的，在计算中大多可以忽略不计，即不考虑力对物体作用时物体产生的变形而认为物体的几何形状保持不变。我们把这种**在受力作用后能保持原有形状而不产生变形的物体称为刚体**。刚体是对实际物体经过科学的抽象和简化后而得到的一种理想模型，在自然界几乎不存在。对刚体而言，当其受到力的作用后，只会发生运动位置或者运动状态的改变而不会产生形状的改变。反过来，如果变形在所研究的问题中成为主要问题时（如在后面研究变形杆件在外力作用下产生的变形、应力等问题），刚体的概念就不再适用，当然就不能再把物体看作是刚体了，此时，就应该把物体视为变形物体了。

二、平衡的概念

所谓平衡，是指物体在各种力的作用下相对于惯性参考系处于静止或作匀速直线运动的状态。 在一般工程技术问题中，平衡常指物体相对于地球而言保持静止或作匀速直线运动。例如，静止在地面上的房屋、路桥工程中的桥梁、水利工程中的水坝等建筑物或构筑物，相对于地球而言均保持静止；在直线轨道上匀速行驶的火车，相对于地球而言，则是在作匀速直线运动。这些都是物体在各种力作用下处于平衡的状态。显然，平衡是机械运动的特殊状态，因为静止是暂时的、相对的、有条件的，而运动才是永恒的、绝对的、无条件的。

第二节　变形体的概念与变形杆件的基本形式

一、变形体的概念

与刚体相对应，**变形体是指在受力作用后可以产生变形的物体**。在各种实际的工程结构中，构件或者杆件受到外力作用后，或多或少都在发生变形，即其形状和尺寸总会有所改变，这些改变，有些可以直接观察到，有些则需要通过仪器才能测出。由于物体具有这种可变形的性质，所以有时又称其为变形体。例如，房屋结构中的柱子，在柱顶压力的作用下会有所缩短；大梁在受横向力作用后会产生微弯；钢板的连接部分，在钢板受力作用后，会产生错动，这些都是变形体的实例。但是，应当指出，上面所说的这些变形，相对于物体本身的尺寸来说，事实上都是非常微小的。在进行受力计算时，经常先不予考虑，只是在需要知道变形时才对其进行计算。

变形体在外力作用下产生的变形，就其变形的性质可以分为弹性变形和塑性变形。所谓弹性，是指**变形物体在外力撤除后能恢复其原来形状和尺寸的性质**。例如弹簧在拉力作用下会伸长，如果拉力不太大，则当撤除拉力后，弹簧能恢复原状，这表明弹簧具有弹性。弹性变形是指变形物体上的变形，在外力撤除后可消失的变形。如果撤除外力后，变形不能全部消失而留有残余，此残余部分就称为**塑性变形**或称残余变形。

撤除外力后能完全恢复原状的物体，称为理想弹性变形体或称理想弹性体。实际上，在自然界并不存在理想弹性体，但通过实验研究表明，常用的工程材料如金属、木材等，当外力不超过某一限度时（称为弹性阶段），很接近于理想弹性体，这时，可以将它们近似地视为理想弹性体；而如果外力超过了这一限度，就会产生明显的塑性变形（称为弹塑性阶段）。

二、变形杆件的基本形式

在工程实际中，结构中的构件，其种类很多，如杆件（图1-1a）、薄壳结构（图1-1b）、板式结构（图1-1c）、块体（图1-1d）等，工程力学主要研究杆件结构。所谓杆件，是指其长度相对于其他两个横向尺寸要大得多的构件，其几何形状可用轴线（截面形心的连线）和横截面（垂直于轴线的几何图形）表示。如图1-2所示的某大梁，其长度远远大于横截面的高度和宽度，它就是杆件。一般地说，在建筑工程中的梁和柱、机器上的传动轴等均属于杆件。杆件又称为杆，就其外形来说，可以分为直杆、曲杆和折杆。当杆件的轴线是直线时为直杆，当轴线为曲线与折线时，杆件分别为曲杆与折杆。

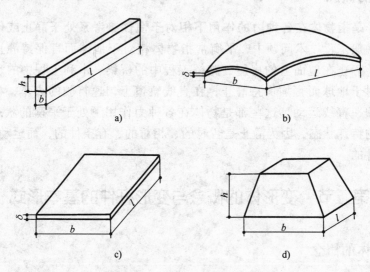

图　1-1

按横截面（垂直于轴线的截面）大小是否变化来分，杆件又可分为等截面杆（各截面都相同）和变截面杆（各截面是变化的）。本书中将重点讨论等截面直杆（简称为等直杆）在各种外力作用下的变形问题。

在不同形式的外力作用下，杆件产生的变形形态也各不相同，但其基本形式只有以下四类。

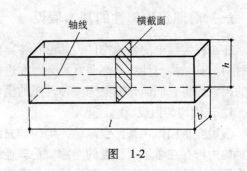

图 1-2

1. 轴向拉伸或压缩

如图 1-3a、b 所示，在一对大小相等、方向相反、作用线与杆轴线重合的外力（称为轴向拉力或压力）作用下，杆件将发生长度的改变（伸长或缩短），相应地在杆件的横向则发生变细或变粗。

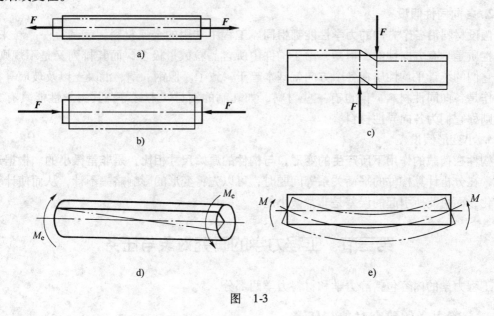

图 1-3

2. 剪切

如图 1-3c 所示，在一对相距很近、方向相反的横向外力作用下，杆件的横截面将沿外力方向发生相对错动。

3. 扭转

如图 1-3d 所示，在一对大小相等、转向相反、位于垂直于杆轴线的两平面内的力偶作用下，杆的任意两横截面将发生绕轴线的相对转动。

4. 弯曲

如图 1-3e 所示，在一对大小相等、转向相反、位于杆的纵向平面内的力偶作用下，杆件将在纵向平面内发生弯曲，其轴线由直线变为曲线。

工程实际中的杆件或构件，可能同时承受两种或两种以上不同形式的外力作用，同时产生两种或两种以上不同形式的变形，使其变形的情况比较复杂，称之为组合变形。但归根结底，其变形总是由四种基本变形组合而成的。

三、对理想体弹性的基本假设

在工程实际中的各种构件，其形状各异，在荷载的作用下，都会发生变形，而制作构件的材料，其结构与性质又都非常复杂。在进行理论分析时，为了使计算简便，常略去一些次要的因素而将它们简化抽象为一种理想的模型即理想弹性体。为此，对其作如下基本假设：

1. 连续均匀假设

假设变形固体内毫无空隙地、均匀地充满了物质，而且各处的力学性质都相同。尽管实际材料内部存在着不同程度的空隙，是非连续、非均匀的，但是这些空隙与构件的尺寸相比要小得多，当从宏观角度去研究构件的强度等问题时，这些空隙对材料的性质及计算结果所引起的误差很小，可忽略不计，从而认为材料是连续均匀的。

根据这个假设，构件变形的一些物理量，就可用坐标的连续函数来表示，从而使理论分析和计算大为简化。

2. 各向同性假设

假设材料沿各个方向的力学性能都相同。工程中常用的金属材料，就其每一晶粒来讲，力学性质是具有方向性的，但是，由于构件中所含晶粒数量极多，而其排列又是不规则的，因此它们的统计平均性质在各个方向就基本趋于一致了。像钢、铜、混凝土以及玻璃等都可以看作是各向同性材料。但也有一些材料，如轧制的钢材、木材等，其力学性能具有方向性，则称它们为各向异性材料。

3. 小变形假设

构件在荷载的作用下所产生的变形，与构件的原始尺寸相比，是非常微小的。根据这个假设，在分析计算构件的平衡关系等问题时，可以先将变形的影响略去不计，从而使计算大为简化，而由此所引起的误差是非常微小的。

第三节　工程力学的研究对象与任务

工程力学的内容包括静力学和材料力学两部分。

一、静力学的研究对象与任务

1. 静力学的研究对象

静力学是研究物体平衡规律的一门科学，其研究对象主要是刚体，它可以是单个物体，也可以是由几个物体按照一定的方式组成的系统。对于这些物体或者物体系统，在静力学分析问题中，都把它们视为刚体。

2. 静力学的研究任务

静力学的研究任务，可以分为以下三个方面：

1）对物体或物体系统进行受力分析。

2）各种力系的简化。

3）各种力系的平衡条件及其应用。

通过静力学的学习，探索与掌握力系的静力平衡条件并且将之应用到对实际结构的分析与计算中，从而求出作用在结构上的未知力，为构件与结构的计算提供必要的基础知识。

二、材料力学的研究对象与任务

1. 构件的承载力的概念

所谓构件的承载力，是指构件能够承受具体荷载作用的能力，它包含三个方面的指标，即构件的强度、刚度和稳定性。

（1）**强度**　指构件具有抵抗破坏的能力。在工程实际中，各种机械和结构都是由若干构件组成的，要保证机械和结构能够正常工作，每个构件都必须安全可靠，而要保证构件安全可靠，首先要求构件在荷载作用下不发生破坏。例如，起吊重物的钢丝绳，不能被拉断；传动机构中齿轮的轮齿不允许被折断；梁和轴不允许发生断裂等。因此，构件必须具有足够的强度。

（2）**刚度**　指构件具有抵抗变形的能力。有些构件虽然在荷载作用下不会发生破坏，但由于产生了较大的变形，也会影响其正常工作。例如，厂房中的吊车梁，如果变形过大将会影响吊车的正常行驶；放置精密仪器的实验室，如果其建筑结构的大梁变形过大将会影响实验结果的精确性等。所以，为了保证结构的正常工作，必须研究结构和构件的变形，将变形控制在一定的范围内，从而使结构和构件具有足够的刚度。

（3）**稳定性**　主要指细长的受压杆，在所受压力不超过某一数值时（该值比按照强度计算所能承受的压力要小得多），**具有的保持稳定平衡的能力**。细长的受压杆，在所受压力超过某一数值时，其直线平衡状态将不再稳定，此时，如果稍加干扰力，就很容易使杆件突然变弯，从而导致结构整体的破坏，这种现象称为失稳。在工程结构中是不允许发生失稳的。所以，必须研究结构平衡形式的稳定问题，使构件具有足够的稳定性。

2. 材料力学的研究对象

材料力学是研究构件强度、刚度和稳定性的一门科学，其研究对象主要是直杆，其受力状态可以是只受一种简单的作用外力（如轴向拉伸或压缩、扭转、剪切、弯曲），也可以是上面几种受力状态的组合。

3. 材料力学的研究任务

材料力学的研究任务，可以分为以下几个方面：

1）计算构件的强度。

2）计算构件的刚度。

3）计算细长压杆的稳定性。

通过材料力学的学习，探索与掌握构件在受力后的内力、应力、变形的计算方法和规律，使结构和构件在经济的前提下，最大限度地保证具有足够的强度、刚度和稳定性；另外，也为今后学习专业课程打下必要的理论基础。

复习思考题

1. 试举例说明刚体、变形体、平衡的概念。

2. 理想变形体的基本假定有哪些？

3. 变形杆件的基本变形分为哪几种？

4. 构件的承载力包括哪些？

第二章　静力学的基本概念

学习目标： 掌握力的概念和性质，了解力系的概念；熟悉静力学的几个公理及其应用，熟悉几种常见约束的特点及其约束反力的形式；能熟练地掌握对物体系统进行受力分析，作出受力图。

第一节　力

一、力的概念

力的概念来源于人们的劳动实践。通过长期的生产劳动和科学实践，人们逐渐认识到**力是物体间的相互机械作用，这种作用使物体的运动状态或形状发生改变**。物体间的相互机械作用可分为两类：一类是物体间的直接接触的相互作用，而另外一类是场和物体间的相互作用。尽管物体间的相互作用力的来源和物理本质不同，但它们所产生的效应是相同的。

物体在受到力的作用后，产生的效应可以分为两种：

（1）**外效应**　使物体的运动状态发生改变，也称为运动效应。

（2）**内效应**　使物体的形状发生变化，也称为变形效应。

静力学研究物体的外效应。

二、力的三要素

实践表明，力对物体作用的效应决定于力的三个因素：**力的大小、方向和作用点**它们合称为**力的三要素**。

（1）力的大小　反映物体之间相互机械作用的强度，通过由力所产生的效应的大小来测定。在国际单位制（SI）中，力的单位是牛（N）；在工程单位制中，力的单位是千克力（kgf）。两种单位制之间力的换算关系为：$1kgf = 9.8N$。

（2）力的方向　是指静止物体在该力作用下可能产生的运动（或运动趋势）的方向。沿该方向画出的直线称为**力的作用线**。力的方向包含力的作用线在空间的方位和指向。

（3）力的作用点　是指物体承受力作用的部位。实际上，两个物体之间相互作用时，其接触的部位总是占有一定的面积，力总是按照各种不同的方式分布于物体接触面的各点上。当接触面面积很小时，则可以将微小面积抽象为一个点，这个点称为**力的作用点**，该作用力称为**集中力**；反之，如果接触面积较大而不能忽略时，则力在整个接触面上分布作用，此时的作用力称为**分布力**。分布力的大小用单位面积上的力的大小来度量，称为**荷载集度**，用 q 来表示，单位为 N/m^2。

三、力的性质

力既有大小又有方向，是矢量，记作 $\boldsymbol{F}^{\ominus}$。如图 2-1
所示，用一段带有箭头的直线 AB 来表示：其中线段 AB 的
长度按一定的比例尺表示力的大小；线段的方向和箭头的
指向一致，表示力的方向；线段的起点 A 或终点 B（应在
受力物体上），表示力的作用点。线段所沿的直线称为力
的作用线。

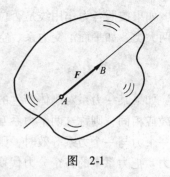

图 2-1

第二节　力系、等效力系、平衡力系

一、力系

作用在物体上的一组力，称为力系。 按照力系中各力作用线分布的不同形式，力系可分
为以下几种。

（1）汇交力系　力系中各力作用线（或者其延长线）汇交于一点，如图 2-2 所示。

（2）力偶系　力系中各力全部可以组成若干力偶（见第四章）或力系由若干力偶组成，
如图 2-3 所示。

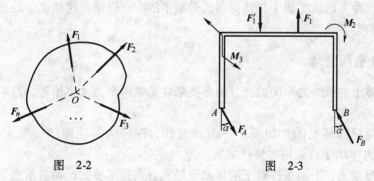

图 2-2　　　　　　　　　　图 2-3

（3）平行力系　力系中各力作用线相互平行，如图 2-4 所示。

（4）一般力系　力系中各力作用线既不完全交于一点，也不完全相互平行，即处于一
般位置，如图 2-5 所示。

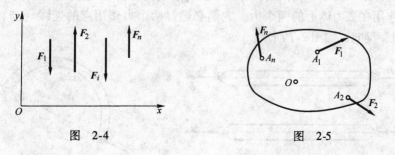

图 2-4　　　　　　　　　　图 2-5

$\ominus$　一般用黑体字母 $\boldsymbol{F}$ 表示力矢量，明体字母 F 只表示力矢量的大小。

如果按照各力作用线是否位于同一平面内，上述力系各自又可以分为平面力系和空间力系两大类，如平面汇交力系、空间一般力系等。

二、等效力系

如果某一力系对刚体产生的效应，可以用另外一个力系来代替，即**两个力系对刚体的作用效应相同**，则称这两个力系互为等效，或者说，其中任一力系为另一个力系的**等效力系**。当一个力与一个力系等效时，则称该力为力系的**合力**；而该力系中的每一个力称为其合力的**分力**。把力系中的各个分力代换成合力的过程，称为力系的合成；反过来，把合力代换成若干分力的过程，称为力的分解。

三、平衡力系

若刚体在某力系作用下保持平衡，则该力系称为**平衡力系**。在平衡力系中，各力相互平衡，或者说，诸力对刚体产生的运动效应相互抵消。可见，平衡力系是对刚体作用效应等于零的力系。平衡力系作用**使刚体保持平衡所需要满足的条件称为力系的平衡条件**，这种条件有时是一个，有时是多个，它们是工程力学计算的基础。

第三节　静力学公理

静力学公理是人们从实践中总结得出的最基本的力学规律，这些规律的正确性已为实践反复证明，是符合客观实际的。

一、二力平衡公理

作用于刚体上的两个力平衡的充分与必要条件是这两个力大小相等、方向相反、作用线相同。

这一结论是显而易见的。如图 2-6 所示直杆，在杆的两端施加一对大小相等的拉力（F_1、F_2）或压力（F_3、F_4），均可使杆平衡。

但是，应当指出，上面条件对于刚体来说是充分而且必要的；而对于变形体来说，该条件只是必要的而不充分。如柔索，在受到两个等值、反向、共线的压力作用时，会产生变形，因此就不能平衡。

在两个力作用下处于平衡的物体称为**二力体**；若为杆件，则称为**二力杆**。根据二力平衡公理可知，作用在二力体上的两个力，它们必通过两个力作用点的连线（与杆件的形状无关），且等值、反向，如图 2-7 所示。

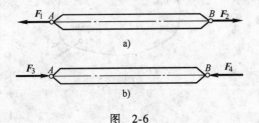

图　2-6　　　　　　　　　　　　　　　　　图　2-7

二、加减平衡力系公理

在作用于刚体上的已知力系上，加上或减去任意平衡力系，不会改变原力系对刚体的作用效应。

这是因为在平衡力系中，诸力对刚体的作用效应都相互抵消，力系对刚体的效应等于零。所以，对刚体来说，在其上施加或者撤除平衡力系都不会对刚体产生任何影响。根据这个原理，可以进行力系的等效变换，即在刚体上任意施加或者撤除平衡力系。

推论　力的可传性原理

作用于刚体上某点的力，可沿其作用线任意移动作用点而不改变该力对刚体的作用效应。利用加减平衡力系公理，很容易证明力的可传性原理。如图 2-8 所示，设力 F 作用于刚体上的 A 点。现在其作用线上的任意一点 B 加上一对平衡力系 F_1、F_2，并且使 $F_1 = -F_2 = F$，根据加减平衡力系公理可知，这样做不会改变原力 F 对刚体的作用效应；再根据二力平衡条件可知，F_2 和 F 亦为平衡力系，可以撤去。所以，剩下的力 F_1 与原力 F 等效。力 F_1 即可看成为由力 F 沿其作用线由 A 点移至 B 点的结果。

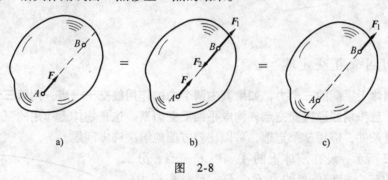

图　2-8

同时必须指出，力的可传性原理也只适用于刚体而不适用于变形体。

三、力的平行四边形法则

作用于物体同一点的两个力，可以合成为一个合力，合力也作用于该点，其大小和方向由以两个分力为邻边的平行四边形的对角线表示，即合力矢等于这两个分力矢的矢量和。如图 2-9 所示，其矢量表达式为

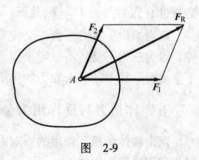

图 2-9

$$F_1 + F_2 = F_R \qquad (2-1)$$

在求两共点力的合力时，为了作图方便，只需画出平行四边形的一半，即三角形便可。其方法是自任意点 O 开始，先画出一矢量 F_1，然后再由 F_1 的终点画另一矢量 F_2，最后由 O 点至力矢 F_2 的终点作一矢量 F_R，它就代表 F_1、F_2 的合力矢。合力的作用点仍为 F_1、F_2 的汇交点 A。这种作图法称为力的三角形法则。显然，若改变 F_1、F_2 的顺序，其结果不变，如图 2-10 所示。

利用力的平行四边形法则，也可以把作用在物体上的一个力，分解为相交的两个分力，分力与合力作用于同一点。但是，由于具有相同对角线的平行四边形可以画任意个，因此，

要唯一确定这两个分力，必须有相应的附加条件。

　　实际计算中，常把一个力分解为方向已知的两个（平面）或三个（空间）分力。图2-11即为把一个任意力分解为方向已知且相互垂直的两个（平面）或三个（空间）分力。这种分解称为**正交分解**，所得的分力称为**正交分力**。

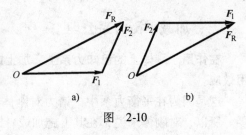

图　2-10

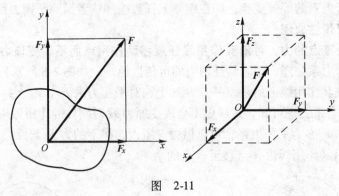

图　2-11

四、三力平衡汇交定理

　　作用于刚体上平衡的三个力，如果其中两个力的作用线交于一点，则第三个力必与前面两个力共面，且作用线通过此交点，构成平面汇交力系。这是物体上作用的三个不平行力相互平衡的必要条件，应用这个定理，可以比较方便地解决许多问题。

　　如图2-12所示，设在刚体上的A、B、C三点，分别作用不平行的三个相互平衡的力F_1、F_2、F_3。根据力的可传性原理，将力F_1、F_2移到其汇交点O，然后根据力的平行四边形法则，得合力F_{R12}。则力F_3应与F_{R12}平衡。由二力平衡公理知，F_3与F_{R12}必共线。因此，力F_3的作用线必通过O点并与力F_1、F_2共面。

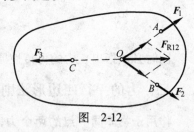

图　2-12

　　应当指出，三力平衡汇交定理只说明了不平行的三力平衡的必要条件，而不是充分条件，因为三力汇交，不一定平衡。三力平衡汇交定理常用来确定刚体在共面不平行三力作用下平衡时，其中某一未知力的作用线。

五、作用力与反作用力公理

　　两个物体间相互作用的一对力，总是大小相等、方向相反、作用线相同，并分别而且同时作用于这两个物体上。

　　这个公理概括了任何两个物体间相互作用的关系。有作用力，必定有反作用力；反过来，没有反作用力，也就没有作用力。两者总是同时存在，又同时消失。因此，力总是成对地出现在两相互作用的物体上的。

　　这里，要区别二力平衡公理和作用力与反作用力公理之间的关系，前者是对一个物体而言，而后者则是对物体之间而言。

第四节　约束与约束反力

一、约束与约束反力的概念

凡是在空间能自由运动的物体，都称为自由体，例如航行的飞机、飞行的炮弹等。如果物体的运动受到一定的限制，使其在某些方向的运动成为不可能，则这种物体称为非自由体。例如，用绳索悬挂的重物，搁置在墙上的梁，沿轨道运行的火车等，都是非自由体。

对自由体的运动所施加的限制条件称为约束。约束总是通过物体之间的直接接触形成的。例如上述绳索是重物的约束，墙是梁的约束，轨道是火车的约束。它们分别限制了各相应物体在约束所能限制的方向上的运动。

既然约束限制着物体的运动，那么，当物体沿着约束所能限制的方向有运动趋势时，约束为了阻止物体的运动，必然对该物体用力加以作用，这种力称为约束反力或约束力，简称反力。**约束反力的方向总是与所能阻止的物体的运动（或运动趋势）的方向相反**，它的作用点就是约束与被约束物体的接触点。在静力学中，约束对物体的作用，完全取决于约束反力。

与约束反力相对应，凡是能主动引起物体运动或使物体有运动趋势的力，称为**主动力**，如重力、风压力、水压力等。作用在工程结构上的主动力又称为**荷载**。通常情况下，主动力是已知的，而约束反力是未知的。约束反力是由主动力引起的，随主动力的变化而改变。因此，约束反力是一种被动力。

二、几种常见的约束及其约束反力

由于约束的类型不同，约束反力的作用方式也各不相同。下面介绍在工程中常见的几种约束类型及其约束反力的特性。

1. 柔索约束

由柔软而不计自重的绳索、胶带、链条等构成的约束统称为柔索约束。由于柔索约束只能限制物体沿着柔索的中心线伸长方向的运动，而不能限制物体在其他方向的运动，所以**柔索约束的约束反力永远为拉力**，沿着柔索的中心线背离被约束的物体，用符号 F_T 表示，如图 2-13 所示。

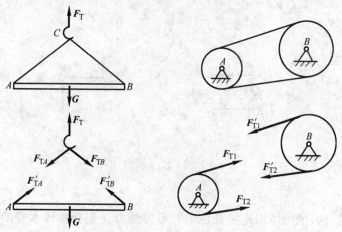

图　2-13

2. 光滑接触表面约束

物体间光滑接触时，不论接触面的形状如何，这种约束只能限制物体沿着接触面在接触点的公法线方向且指向约束物体的运动，而不能限制物体的其他运动。因此，**光滑接触面约束的反力永为压力，通过接触点，方向沿着接触面的公法线指向被约束的物体**，通常用 F_N 表示，如图 2-14 所示。

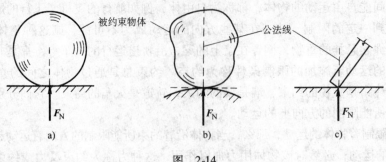

图　2-14

3. 圆柱铰链约束

两个物体分别被钻上直径相同的圆孔并用销钉连接起来，如果不计销钉与销钉孔壁之间的摩擦，则这种约束称为光滑圆柱铰链约束，简称铰链约束，如图 2-15a 所示。这种约束可以用 2-15b 所示的力学简图表示，其特点是只限制两物体在垂直于销钉轴线的平面内沿任意方向的相对移动，而不能限制物体绕销钉轴线的相对转动和沿其轴线方向的相对滑动。因此，**铰链的约束反力作用在与销钉轴线垂直的平面内，并通过销钉中心，但方向待定**，如图 2-15c 所示的 F_A。工程中常用通过铰链中心的相互垂直的两个分力 F_{Ax}、F_{Ay} 表示，如图 2-15d 所示。

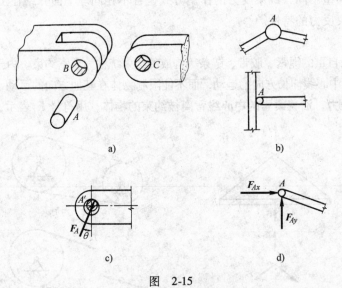

图　2-15

4. 链杆约束

两端各以铰链与其他物体相连接且在中间不再受力（包括物体本身的自重）的直杆称为链杆，如图 2-16a 所示。这种约束只能限制物体上的铰结点沿链杆轴线方向的运动，而不能限制其他方向的运动。因此，**这种约束对物体的约束反力沿着链杆两端铰结点的连线，其方向或指向物体（即为压力），或背离物体（即为拉力）**。常用符号 **F** 表示，如图 2-16c、d 所示。图 2-16b 中的杆 AB 即为链杆的力学简图。

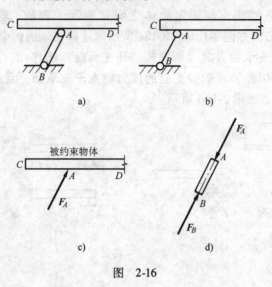

图　2-16

5. 固定铰支座

将结构物的构件或杆件连接在墙、柱上，或将机器的机身安装在支撑物体上，这些支撑物体的装置统称为支座。用光滑圆柱铰链把结构物或构件与支承底板相连接，并将支承底板固定在支承物上而构成的支座，称为固定铰支座。如图 2-17a、b 所示。图 2-17c 所示为其力学简图。工程上为避免在构件上打孔而削弱构件的承载能力，常在构件和底板上固结一个用来穿孔的物体如图 2-17d 所示。

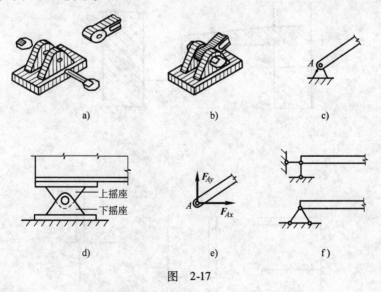

图　2-17

从铰链约束的约束反力可知，**固定铰支座作用于被约束物体上的约束反力也应通过圆孔中心，但方向不定**。为方便起见，常用两个相互垂直的分力 **F_{Ax}、F_{Ay}** 表示，如图 2-17e

所示。

固定铰支座的力学简图常用两根不平行的链杆来表示，如图 2-17f 所示。

6. 可动铰支座

如果在固定铰支座的底座与固定物体之间安装若干辊轴，就构成可动铰支座，如图 2-18a 所示，其力学简图如图 2-18b 或 2-18c 所示。这种支座的约束特点是只能限制物体上与销钉连接处沿垂直于支承面方向（朝向或离开支承面）的移动，而不能限制物体绕铰轴转动和沿支承面移动。因此，**可动铰支座的反力垂直于支承面，且通过铰链中心**（指向或背离物体），用 F 表示，如图 2-18d 所示。

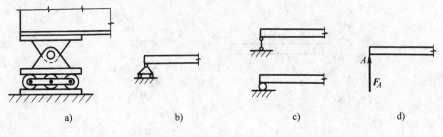

图　2-18

7. 固定支座

工程上，如果结构或构件的一端牢牢地插入到支承物里面，如房屋的雨篷嵌入墙内，基础与地基整浇在一起等，如图 2-19a、b 所示，就构成固定支座。这种约束的特点是连接处有很大的刚性，不允许被约束物体与约束之间发生任何相对移动和转动，即被约束物体在约束端是完全固定的。固定支座的力学简图如图 2-19c 所示，其约束反力一般用三个反力分量来表示，即两个相互垂直的分力 F_{Ax}、F_{Ay} 和反力偶矩 M_A，如图 2-19d 所示。

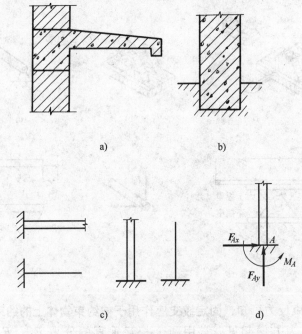

图　2-19

第五节　受力分析与受力图

一、隔离体和受力图

在求解力学中静力平衡问题时，一般首先要分析物体的受力情况，了解物体受到哪些力的作用，其中哪些是已知的，哪些是未知的，这个过程称为对物体进行受力分析。工程结构中的构件或杆件，一般都是非自由体，它们与周围的物体（包括约束）相互连接在一起，用来承担荷载。为了分析某一物体的受力情况，往往需要解除限制该物体运动的全部约束，把该物体从与它相联系的周围物体中分离出来，单独画出这个物体的图形，称之为隔离体（或研究对象）。然后，再将周围各物体对该物体的各个作用力（包括主动力与约束反力）全部用矢量线表示在隔离体上。这种画有隔离体及其所受的全部作用力的简图，称为物体的受力图。

对物体进行受力分析并画出其受力图，是求解静力学问题的重要步骤。所以，必须熟练掌握选取隔离体并能正确地分析其受力情况。

二、画受力图的步骤及注意事项

1）确定研究对象，选取隔离体。应根据题意的要求，确定研究对象，并单独画出隔离体的简图。研究对象（隔离体）可以是单个物体，也可以是由若干个物体组成的系统或者整个物体系统，这要根据具体情况确定。

2）根据已知条件，画出全部主动力。应注意正确、不漏不缺。

3）根据隔离体原来受到的约束类型或者约束条件，画出相应的约束反力。

对于柔索约束、光滑接触面、链杆、可动铰支座这类约束，可以根据约束的类型直接画出约束反力的方向；而对于铰链、固定铰支座等约束，经常将其约束反力用两个相互垂直的分力来表示；对固定支座约束，其约束反力则用相互垂直的两个分力及一个反力偶来表示。在受力分析中，**约束反力不能多画，也不能少画**。如果题意要求明确这些反力的作用线方位和指向时，应当根据约束的具体情况并利用前面介绍的有关公理进行确定。同时，应注意两个物体之间相互作用的约束力应符合作用力与反作用力公理。

4）熟练地使用常用的字母和符号标注各个约束反力，注明是由哪一个物体（施力体或约束）施加。另外，还要注意按照原结构图上每一个构件或杆件的尺寸和几何特征作图，以免引起错误或误差。

5）受力图上只画隔离体的简图及其所受的全部外力，不画已被解除的约束。

6）当以系统为研究对象时，受力图上只画该系统（研究对象）所受的主动力和约束反力，不画成对出现的内力（包括内部约束反力）。

7）对系统中的二力杆应当明确地指出，这对系统的受力分析很有意义。

下面举例说明如何画物体的受力图。

[**例2-1**]　重量为 G 的梯子 AB，放置在光滑的水平地面上并靠在铅直墙上，在 D 点用一根水平绳索与墙相连，如图2-20a所示。试画出梯子的受力图。

[**解**]　将梯子从周围的物体中分离出来，作为研究对象画出其隔离体。先画上主动力即梯子的重力 G，作用于梯子的重心（几何中心），方向铅直向下；再画墙和地面对梯子的约束

反力。根据光滑接触面约束的特点，A、B 处的约束反力 F_{NA}、F_{NB} 分别与墙面、地面垂直并指向梯子；绳索的约束反力 F_D 应沿着绳索的方向离开梯子为拉力。图 2-20b 即为梯子的受力图。

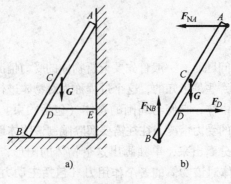

图 2-20

[例2-2]　如图 2-21a 所示，简支梁 AB，跨中受到集中力 F 作用，A 端为固定铰支座约束，B 端为可动铰支座约束。试画出梁的受力图。

[解]　（1）取 AB 梁为研究对象，解除 A、B 两处的约束，画出其隔离体简图。

（2）在梁的中点 C 画主动力 F。

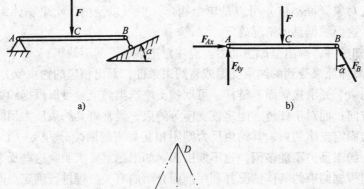

图 2-21

（3）在受约束的 A 处和 B 处，根据约束类型画出约束反力。B 处为可动铰支座约束，其反力通过铰链中心且垂直于支承面，其指向假定如图 2-21b 所示；A 处为固定铰支座约束，其反力可用通过铰链中心 A 并相互垂直的分力 F_{Ax}、F_{Ay} 表示。受力图如图 2-21b 所示。

此外，注意到梁只在 A、B、C 三点受到互不平行的三个力作用而处于平衡，因此，也可以根据三力平衡汇交公理进行受力分析。已知 F、F_B 相交于 D 点，则 A 处的约束反力 F_A 也应

通过 D 点，从而可确定 $\boldsymbol{F}_A$ 必通过沿 A、D 两点的连线，可画出如图 2-21c 所示的受力图。

[**例2-3**] 图 2-22a 所示的结构由杆 ABC、CD 与滑轮 B 铰接组成。物体重 G，用绳子挂在滑轮上。设杆、滑轮及绳子的自重不计，并不考虑各处的摩擦，试分别画出滑轮 B（包括绳子）、杆 CD、ABC 及整个系统的受力图。

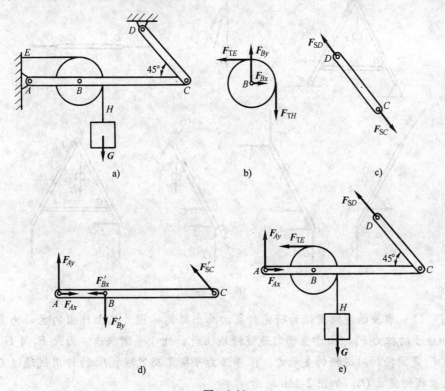

图 2-22

[**解**] （1）以滑轮及绳子为研究对象，画出隔离体图。B 处为光滑铰链约束，杆 ABC 上的铰链销钉对轮孔的约束反力为 F_{Bx}、F_{By}；在 E、H 处有绳子的拉力 F_{TE}、F_{TH}，如图 2-22b 所示。在这里，$F_{TE} = F_{TH} = \boldsymbol{G}$。

（2）杆 CD 为二力杆，所以首先对其进行分析。取杆 CD 为研究对象，画出隔离体如图 2-22c 所示。根据题意，设 CD 杆受拉，在 C、D 处画上拉力 F_{SC}、F_{SD}，且有 $F_{SC} = -F_{SD}$。其受力图如图 2-22c 所示。

（3）以杆 ABC（包括销钉）为研究对象，画出隔离体图。其中 A 处为固定铰支座，其约束反力为 F_{Ax}、F_{Ay}；在 B 处画上 $F_{Bx}{}'$、$F_{By}{}'$，它们分别与 F_{Bx}、F_{By} 互为作用力与反作用力；在 C 处画上 $F_{SC}{}'$，它与 F_{SC} 互为作用力与反作用力。其受力图如图 2-22d 所示。

（4）以整个系统为研究对象，画出隔离体图。此时杆 ABC 与杆 CD 在 C 处铰接，滑轮 B 与杆 ABC 在 B 处铰接，这两处的约束反力都为作用力与反作用力，成对出现，在研究整个系统时，不必画出。此时，系统所受的力为：主动力（物体重）G，约束反力 F_{SD}、F_{TE}、F_{Ax} 及 F_{Ay}，如图 2-22e 所示。

[**例2-4**] 如图 2-23a 所示为一简易起重架计算简图。它由三根杆 AC、BC 和 DE 连接而成，A 处是固定铰支座，B 处是滚子，相当于一个可动铰支座，C 处安装滑轮，滑轮轴相

当于销钉。在绳子的一端用力 F_T 拉动使绳子的另一端重量为 G 的重物匀速缓慢地上升。忽略各杆以及滑轮的自重，试对重物连同滑轮、DE 杆、BC 杆、AC 杆、AC 杆连同滑轮和重物、整个系统进行受力分析并画出它们的受力图。

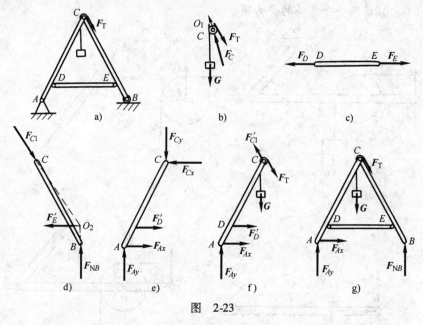

图 2-23

[**解**]　（1）取重物连同滑轮为研究对象，画出隔离体图。其上作用的主动力有重物的重力 G 和绳子的拉力 F_T，由于重物匀速缓慢地上升，处于平衡状态。因此 F_T 与 G 应相等。而约束力 F_C 是滑轮轴对滑轮的支承力，根据三力平衡汇交定理，F_C 的作用线通过 G、F_T 作用线的延长线的交点 O_1。如图 2-23b 所示。

（2）取 DE 杆为研究对象，画出其隔离体。由于 DE 杆的自重不计，只在其两端受到铰链 D 和 E 的约束反力且处于平衡，因此，DE 杆为二力杆，只在其两端受力，设为受拉，其受力图如图 2-23c 所示，并且 $F_D = -F_E$。

（3）取 BC 杆为研究对象，画出其隔离体。其受到的主动力为滑轮连同 AC 杆通过滑轮轴给它的力 F_{C1}。约束反力有 DE 杆通过铰链 E 给它的反力 F_E'（F_E' 与 F_E 互为作用力与反作用力），以及滚子 B 对它的约束反力 F_{NB}。力 F_E' 与 F_{NB} 的作用线延长相交于 O_2 点，根据三力平衡汇交定理可知，F_{C1} 作用线必通过 C、O_2 两点的连线，如图 2-23d 所示，其中 $F_E' = -F_E$。

（4）取 AC 杆为研究对象，画出其隔离体。其受到的主动力为滑轮连同 BC 杆通过滑轮轴给它的力，即 F_C 和 F_{C1} 两个力的反作用力的合力，由于这种表示方法较繁，因此用通过 C 点的两个相互垂直的分力 F_{Cx} 和 F_{Cy} 表示。约束反力有 DE 杆通过铰 D 给它的反力 F_D'，根据作用力与反作用力定理，$F_D' = -F_D$；另外固定铰支座 A 处的反力，可用两个相互垂直的分力 F_{Ax} 和 F_{Ay} 表示，如图 2-23e 所示。

（5）取 AC 杆连同滑轮与重物为研究对象，画出其隔离体。作用在其上的主动力是重物的重力 G 和绳子的拉力 F_T。约束反力有固定铰支座 A 对它的约束反力 F_{Ax}、F_{Ay}；铰链 D 的约束反力 F_D' 以及 BC 杆通过滑轮给它的约束反力 F_{C1}'，根据作用力与反作用力定理，$F_{C1}' = -F_{C1}$。图 2-23f 即为其受力图。应当注意，图 2-23f 中的 F_{Ax}、F_{Ay} 及 F_D' 应当与图 2-23e 中 AC 杆的

F_{Ax}、F_{Ay}及$F_D{}'$完全一致。

（6）取整体为研究对象，画出其隔离体。作用在其上的主动力有重物的重力 **G**，绳子的拉力 F_T；约束反力有支座 **A**、**B** 两处的反力 F_{Ax}、F_{Ay} 和 F_{NB}。其受力图如图 2-23g 所示。

复习思考题

1. 复习有关静力学公理，完成静力学公理学习自测表，见表 2-1。

表 2-1 静力学公理学习自测表

项目 公 理	内 容	适用对象	要点（关键词）	学习应用	逆定理是否成立
二力平衡公理					
加减平衡力系公理					
力的可传性原理					
力的平行四边形法则					
作用力与反作用力公理					
三力平衡汇交定理					

2. 复习有关约束的概念，完成约束学习自测表，见表 2-2。

表 2-2 约束学习自测表

项目 约束名称	计算简图	限制的运动	约束反力	工程实例
柔索约束				
光滑接触表面约束				
理想铰链约束				
链杆约束				
固定铰支座约束				
可动铰支座约束				
固定支座约束				

3. 试说明下列式子的意义和区别。

（1）$F_1 = F_2$。

（2）$F_1 = F_2$。

（3）力 F_1 等于力 F_2。

4. 哪几条公理或推理只适用于刚体？

5. 二力平衡公理和作用力与反作用力定理中，都说是二力等值、反向、共线，其区别在哪里？

6. 判断下列说法是否正确，为什么？

（1）刚体是指在外力作用下变形很小的物体。

（2）凡是两端用铰链连接的直杆都是二力杆。

（3）如果作用在刚体上的三个力共面且汇交于一点，则刚体一定平衡。

（4）如果作用在刚体上的三个力共面，但不汇交于一点，则刚体不能平衡。

7. 画出如图 2-24 所示各物体的受力图。所有的接触面都为光滑接触面，未注明者，自重均不计。

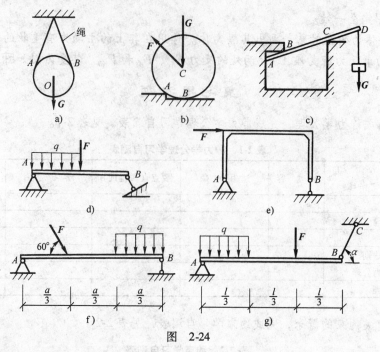

图 2-24

8. 画出如图 2-25 所示各物体的受力图。所有的接触面都为光滑接触面，未注明者，自重均不计。

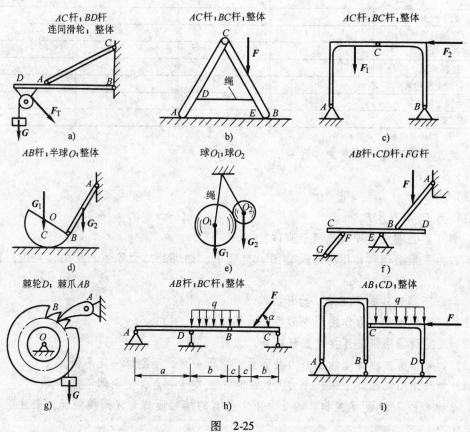

图 2-25

第三章　平面汇交力系

　　学习目标：理解用力多边形求解平面汇交力系的合力与平衡问题；了解分力与力的投影的异同点；掌握合力投影定理；能熟练掌握用解析法求解平面汇交力系的合力与平衡问题。

　　力系中各力的作用线均在同一平面内的力系叫**平面力系**。在平面力系中各力的作用线均汇交于一点的力系叫**平面汇交力系**。平面汇交力系是一种最基本的力系，它不仅是研究其他复杂力系的基础，而且在工程中用途也比较广泛。图 3-1 所示的平面屋架，结点 C 所受的力；图 3-2 所示的起重机，在起吊构件时，作用于吊钩上 C 点的力，均属于平面汇交力系。

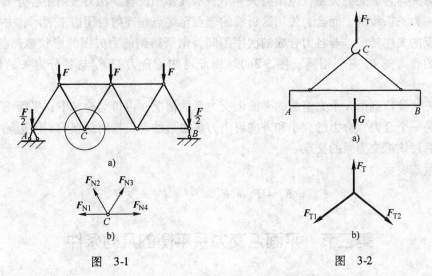

图　3-1　　　　　　　　　　　　　图　3-2

本章用几何法和解析法两种方法研究平面汇交力系的合成与平衡问题。

第一节　平面汇交力系合成的几何法

　　设有作用于刚体上、延长线汇交于同一点 A 的四个力 F_1、F_2、F_3、F_4（图 3-3a）。根据力的可传性原理，将各力的作用点沿其作用线移至汇交点 A；然后连续应用力的三角形法则将各力依次合成，即从任选点 a 按一定比例尺作 $\overrightarrow{ab}$ 表示力矢 F_1，在其末端 b 作 $\overrightarrow{bc}$ 表示力矢 F_2，则虚线 $\overrightarrow{ac}$ 表示力 F_1 与 F_2 的合力矢 F_{R12}，再作 $\overrightarrow{cd}$ 表示力矢 F_3，则虚线 $\overrightarrow{ad}$ 表示力 F_{R12} 与 F_3 的合力矢 F_{R123}，最后作 $\overrightarrow{de}$ 表示力矢 F_4，则 $\overrightarrow{ae}$ 表示力 F_{R123} 与 F_4 亦即力 F_1、F_2、F_3 和 F_4 的合力矢 F_R，其大小及方向可由图 3-3b 上量出，其作用线则仍然通过汇交点 A。实际上，作图时力矢 F_{R12} 与 F_{R123} 可不必画出，只要把各力矢首尾相接，则由第一个力矢 F_1 的起点 a 向最末一个力矢 F_4 的终点 e 作 $\overrightarrow{ae}$ 即得合力矢 F_R。

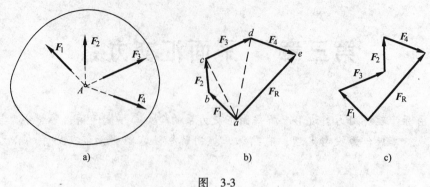

图　3-3

各力矢与合力矢构成的多边形称为**力多边形**，表示合力矢的边 ae 称为力多边形的封闭边，用力多边形求合力 F_R 的几何作图规则称为力的**多边形法则**，这种方法称为**几何法**。图 3-3a称为位置图，表示各力的作用位置；图 3-3b 称为力矢图，表示各力矢的大小及方向，并说明各力矢与合力矢的关系，但诸力矢并不表示其作用位置。在力矢图中各分力矢首尾相接，形成一力矢折线链，而合力矢用这折线的起点至终点相连的封闭边来表示，并沿着与各分力矢相反的矢序转向。若各力合成的次序不同，则所得到的力矢图的形状显然各不相同，但是所得的合力矢 F_R 完全相同（图 3-3c）。由此可知，合力矢 F_R 与各分力矢的作图次序无关。

上述方法推广到由 n 个力组成的平面汇交力系的情况，可得结论如下：平面汇交力系合成的结果是一个合力，合力的大小和方向可由力多边形的起点指向终点的封闭边确定，合力的作用线通过该汇交力系的交点。

用矢量式表示为

$$F_R = F_1 + F_2 + F_3 + \cdots + F_n = \sum F \tag{3-1}$$

第二节　平面汇交力系平衡的几何条件

平面汇交力系可合成为一个合力 F_R，即合力 F_R 与原力系等效。显然，平面汇交力系平衡的必要和充分条件是该力系的合力为零。即

$$F_R = \sum F = 0 \tag{3-2}$$

因为力多边形的封闭边代表平面汇交力系合力的大小和方向，如果力系平衡，其合力一定为零，则力多边形的封闭边的长度应当为零。这时，力多边形中第一个力 F_1 的起点一定和最后一个力 F_n（设力系由 n 个力组成）的终点相重合。当为平衡力系时，任选各力的次序，按照首、尾相接的规则画出的力多边形一定是封闭而没有缺口的。反之，如果平面汇交力系的力多边封闭，则力系的合力必定为零。所以，**平面汇交力系平衡的必要与充分的几何条件是：力多边形自行封闭**。

物体受到平面汇交力系的作用且处于平衡状态时，可利用平面汇交力系平衡的几何条件，通过作用在物体上的已知力，求出所需的两个未知量。

[例3-1]　杆 AC 和杆 BC 铰接于 C，两杆的另一端分别铰支在墙上。在 C 点悬挂重物

$G = 60$ kN，如图 3-4a 所示。如不计杆重，试用几何法求两杆所受的力。

[**解**]（1）取节点 C 为研究对象，作 C 点的受力图，如图 3-4b 所示。C 点受 G、F_{AC}、F_{BC} 作用而平衡，根据平面汇交力系平衡的几何条件，此三力组成的三角形自行封闭。

（2）选择比例：1cm 代表 20 kN。

（3）自任意点 a 起按比例作力的封闭多边形，如图 3-4c 所示。

（4）按力三角自行闭合条件，定出力 F_{AC} 和 F_{BC} 的指向。

（5）按所选比例量出：$F_{AC} = 30$ kN、$F_{BC} = 52$ kN。

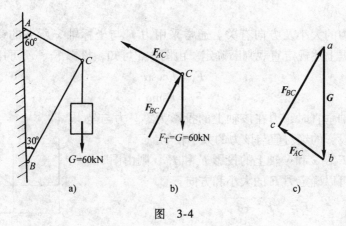

图 3-4

[**例3-2**] 如图 3-5a 所示为一水平梁 AB，在梁中点 C 作用集中力 $F = 20$kN，不计梁自重。试用几何法求支座 A 和 B 的反力。

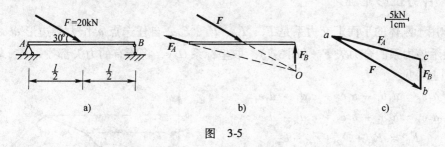

图 3-5

[**解**]（1）取梁 AB 为研究对象，画受力图，如图 3-5b 所示。梁在 F_A、F_B、F 作用下保持平衡，根据三力平衡汇交原理，此三力必汇交于 O 点构成一平面汇交力系。

（2）按图示比例，自任意点 a 画出 F、F_A、F_B 三力的封闭三角形，如图 3-5c 所示。

（3）按力三角形封闭条件定出力 F_A、F_B 的指向。

（4）按比例量得：$F_A = 18.5$kN，$F_B = 5.1$kN。

第三节 平面汇交力系合成的解析法

用几何法合成平面汇交力系有直观、明了的优点，但要求作图准确，否则将造成较大误差。为了简便而准确地获得结果，可采用解析法合成平面汇交力系。

用解析法合成平面汇交力系时，必须掌握力在坐标轴上的投影。

一、力在坐标轴上的投影

设力 F 作用于 A 点（图3-6），在力 F 作用线所在的平面内任取直角坐标系 Oxy，从力矢 AB 的两端向 x 轴作垂线，垂足 a_1、b_1 分别称为点 A 及 B 在 x 轴上的投影，而线段 a_1b_1 冠以相应的正负号，称为力 F 在 x 轴上的投影，以 F_x 表示。同理，从力矢 $\overrightarrow{AB}$ 的两端向 y 轴作垂线，则线段 a_2b_2 冠以相应的正负号称为力 F 在 y 轴上的投影，以 F_y 表示。矢量 F 在轴上的投影不再是矢量而是代数量，并规定其投影的指向与坐标轴的正向相同时为正值，反之为负。

力的投影与力的大小及方向有关。通常采用力 F 与坐标轴 x 所夹的锐角来计算投影，其正、负号可根据上述规定直观判断确定。由图3-6可知，投影 F_x、F_y 可用下式计算

$$F_x = F\cos\alpha$$
$$F_y = F\sin\alpha \tag{3-3}$$

当力与坐标轴垂直时，力在该轴上的投影为零。力与坐标轴平行时，其投影的绝对值与该力的大小相等。

如果已知力 F 在 x 和 y 轴上的投影 F_x 和 F_y，则由图3-6中的几何关系，可以确定力 F 的大小和方向

$$F = \sqrt{F_x{}^2 + F_y{}^2}$$
$$\cos\alpha = \frac{F_x}{F} \tag{3-4}$$

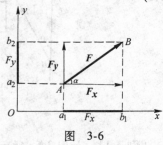

图 3-6

二、合力投影定理

设作用于刚体的平面汇交力系是 F_1、F_2、F_3、F_4，自任选点 a 作力多边形 $abcde$，则封闭边 $\overrightarrow{ae}$ 表示该力系的合力矢 F_R（图3-7）。取坐标系 Oxy，将所有的力矢都投影在 x 轴及 y 轴上，从图上可见

$$a_1e_1 = a_1b_1 + b_1c_1 + c_1d_1 + d_1e_1$$
$$a_2e_2 = a_2b_2 + b_2c_2 + c_2d_2 - d_2e_2$$
$$F_{Rx} = F_{x1} + F_{x2} + F_{x3} + F_{x4}$$
$$F_{Ry} = F_{y1} + F_{y2} + F_{y3} + F_{y4}$$

将上述合力投影与各分力投影的关系式推广到由 n 个力组成的平面汇交力系中，则得

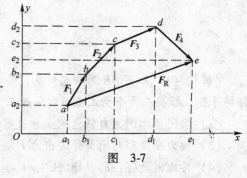

图 3-7

$$F_{Rx} = F_{x1} + F_{x2} + \cdots + F_{xn} = \sum F_x$$
$$F_{Ry} = F_{y1} + F_{y2} + \cdots + F_{yn} = \sum F_y \tag{3-5}$$

即合力在任一轴上的投影，等于它的各分力在同一轴上投影的代数和，称为合力投影定理。

三、用解析法求平面汇交力系的合力

算出合力 F_R 的投影 F_{Rx} 与 F_{Ry} 后，就可按下面公式求得合力的大小及其与 x 轴的夹角为

$$F_R = \sqrt{F_{Rx}^2 + F_{Ry}^2} = \sqrt{\left(\sum F_x\right)^2 + \left(\sum F_y\right)^2}$$

$$\theta = \arctan\frac{F_{Ry}}{F_{Rx}} = \arctan\frac{\sum F_y}{\sum F_x}$$

$$(3-6)$$

式中，θ 为合力 F_R 与 x 轴所夹的锐角。合力的作用线通过力系的汇交点 O。

合力 F_R 的方向，由 F_{Rx} 与 F_{Ry} 的正负号确定。显然，当 F_{Rx} 与 F_{Ry} 均为正时，合力 F_R 指向右上方；当 F_{Rx} 与 F_{Ry} 均为负时，F_R 指向左下方；当 F_{Rx} 为正而 F_{Ry} 为负时，F_R 指向右下方；当 F_{Rx} 为负而 F_{Ry} 为正时，F_R 指向左上方（图3-8）。上面 F_R 的指向也可以用坐标系相应的象限数描述。

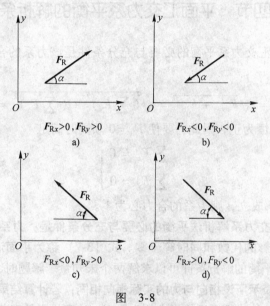

图 3-8

[**例3-3**] 在刚体的 A 点作用有四个平面汇交力（图3-9a），其中 $F_1 = 2\text{kN}$，$F_2 = 3\text{kN}$，$F_3 = 1\text{kN}$，$F_4 = 2.5\text{kN}$，方向如图所示。用解析法求该力系的合成结果。

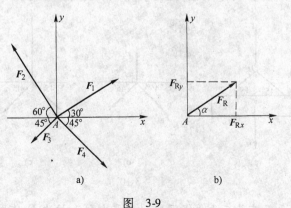

图 3-9

[**解**] 取坐标系 A_{xy}，合力在坐标轴上的投影为

$$F_{Rx} = \sum F_x = (2\cos30° - 3\cos60° - 1 \times \cos45° + 2.5\cos45°)\text{kN} = 1.29\text{kN}$$

$$F_{Ry} = \sum F_y = (2\sin30° + 3\sin60° - 1 \times \sin45° - 2.5\sin45°)kN = 1.12kN$$

由此求得合力 **R** 的大小及与 x 轴的夹角为

$$F_R = \sqrt{\left(\sum F_x\right)^2 + \left(\sum F_y\right)^2} = (\sqrt{1.29^2 + 1.12^2})kN = 1.71kN$$

$$\theta = \arctan\frac{F_{Ry}}{F_{Rx}} = \arctan\frac{1.12}{1.29} = 41° \quad (第 I 象限)$$

因 $F_{Rx} > 0$、$F_{Ry} > 0$，故合力 F_R 指向右上方（第 I 象限），作用线过汇交点 A，如图 3-9b 所示。

第四节　平面汇交力系平衡的解析条件

从前面知道，平面汇交力系平衡的必要与充分条件是该力系的合力 F_R 等于零。因合力 F_R 的解析式表达为

$$F_R = \sqrt{F_{Rx}^2 + F_{Ry}^2} = \sqrt{\left(\sum F_x\right)^2 + \left(\sum F_y\right)^2} = 0$$

上式中 F_{Rx}^2 和 F_{Ry}^2 恒为正，因此，要使 $F_R = 0$ 须同时满足

$$\left.\begin{array}{r} \sum F_x = 0 \\ \sum F_y = 0 \end{array}\right\} \tag{3-7}$$

反之，若式（3-7）成立，则力系的合力必为零。

由此可知，**平面汇交力系解析法平衡的必要与充分条件是：力系中所有各力在作用面内两个任选的坐标轴上投影的代数和同时等于零。式（3-7）称为平面汇交力系的平衡方程。**

应用平面汇交力系平衡的解析条件可以求解两个未知量。解题时，未知力的指向先假设，若计算结果为正值，则表示所设指向与力的实际指向相同；若计算结果为负值，则表示所设指向与力的实际指向相反。选坐标系以投影方便为原则，注意投影的正负和大小的计算。

[例3-4] 图 3-10a 所示起吊一构件，构件重 $G = 10kN$，钢丝绳与水平线间的夹角为 45°，绳自重不计。试计算当构件匀速上升时，两钢丝绳的拉力是多大。

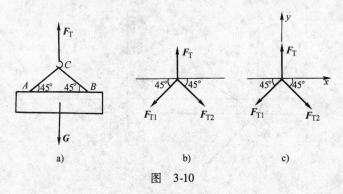

图　3-10

[解] 对整个体系而言是二力平衡问题。在重力 **G** 和拉力 F_T 作用下平衡，于是得到 $F_T = G = 10kN$

现在来计算钢丝绳 CA 和 CB 的拉力。以吊钩 C 为研究对象，作用在吊钩上的力有 F_T、

F_{T1} 和 F_{T2}，它们构成了平面汇交力系且处于平衡状态。吊钩 C 的受力如图 3-10b 所示，选取直角坐标如图 3-10c 所示。在这一问题中，未知量是两钢丝绳拉力 F_{T1}、和 F_{T2} 的大小，它们的方向是已知的。可应用平面汇交力系的平衡方程求解上述的两个未知量。

根据 $\sum F_x = 0$，得

$$-F_{T1}\cos45° + F_{T2}\cos45° = 0 \qquad (a)$$

根据 $\sum F_y = 0$，得

$$F_T - F_{T1}\sin45° - F_{T2}\sin45° = 0 \qquad (b)$$

由 (a) 式可解得
$$F_{T1} = F_{T2}$$

代入 (b) 式，得

$$F_T - F_{T1}\sin45° - F_{T1}\sin45° = 0$$

$$F_{T1} = \frac{F_T}{2\sin45°} = \frac{10}{2 \times 0.707}\text{kN} = 7.07\text{kN}$$

$$F_{T2} = F_{T1} = 7.07\text{kN}$$

[例3-5]　试用解析法计算 [例3-1] 中杆 AC 和杆 BC 所受的力。

[解]　(1) 取节点 C 为研究对象如图 3-11 所示，杆 AC 和杆 BC 所受的力都假设为拉力（背离节点），这两力与重物的重力三个力汇交于节点 C，构成了平面汇交力系。

(2) 为了使计算简便，应尽量使一个平衡方程中只有一个未知力，因此选坐标轴应尽量取在与未知力作用线相垂直的方向，使每个未知力只在一个轴上有投影，在另一轴上的投影为零。现选取坐标轴如图 3-11 所示。

图　3-11

(3) 列平衡方程求解：

根据 $\sum F_x = 0$ 得

$$F_{BC} + G\cos30° = 0$$

解得
$$F_{BC} = -52\text{kN}$$

$$\sum F_y = 0 \qquad F_{AC} - G\sin30° = 0$$

解得
$$F_{AC} = 30\text{kN}$$

AC 杆受力计算结果为正值，为受拉力的杆，与几何法计算结果相同。BC 杆受力大小与几何法计算相同，方向假设为拉力，而计算结果为负值，说明 BC 杆为受压力的杆，受力方向也与几何法时相同。

[例3-6]　图 3-12a 所示的杆件系统中，各杆的重量不计，且全部用光滑铰链联结。已知在销钉 B 上悬挂一物体 E，其重量为 $G = 10\text{kN}$。求系统在图示位置保持平衡时，作用于销钉 C 上的竖向力 F_P 的大小。

[解]　(1) 以销钉 B 为研究对象，作其受力图如图 3-12d 所示，先假设杆 BA、BC 作用于销钉 B 的力 F_{BA}、F_{BC} 都是拉力。考虑到本题不必求出力 F_{BA}，所以只需取一个投影轴 x 轴，并使 x 轴与力 F_{BA} 垂直。列平衡方程求解

$$\sum F_x = 0 \qquad G\cos60° - F_{BC}\cos50° = 0$$

$$F_{BC} = 7.78\text{kN}$$

F_{BC} 为正值，表示杆 BC 受拉力（图 3-12c）。

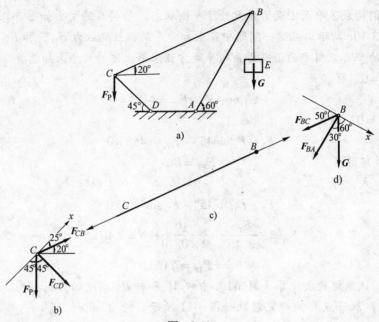

图　3-12

（2）再以销钉 C 为研究对象，其受力图如图 3-12b 所示。图中力 F_{CB} 为拉力。其大小与 F_{BC} 相等。因不需要求出力 F_{CD}，故仍可选取与力 F_{CD} 垂直的投影轴 x 轴，对此轴列平衡方程求解。

由 $\sum F_x = 0$ 得 $F_{CB}\cos25° - F_P\sin45° = 0$

因 $F_{CB} = F_{BC} = 7.78\text{kN}$，代入上式得

$$F_P = 9.97\text{kN}$$

由上述几个例题可以看出，用解析法求解平面汇交力系平衡问题的一般步骤为：

1）选研究对象。

2）画受力图。

3）选择恰当的投影轴，建立平衡方程，求解未知量。

由于平面汇交力系只有两个平衡方程，故选一次研究对象只能求解两个未知量。

复习思考题

1. 如何用几何法与解析法进行平面汇交力系的合成？两者有何相同与不同之处？在何种情况下选择几何法？在何种情况下选择解析法？

2. 平面汇交力系合成与平衡所画出的两个力多边形有何不同？图 3-13 所示的三个力多边形图，其意义有何不同？

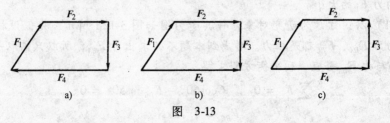

图　3-13

3. 如果平面汇交力系的各力在任意两个互不平行的轴上投影的代数和都等于零，该平

面汇交力系是否平衡?

4. 如图 3-14 所示作用在刚体上的四个力恰好构成一个四边形, 刚体是否处于平衡状态?

5. 如图 3-15 所示的受力图, 这两个三角形有何不同?

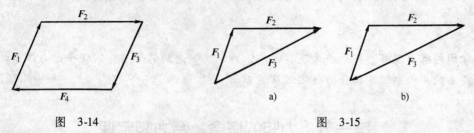

图　3-14　　　　　　　　　　　图　3-15

6. 试说明分力与投影的异同点。

7. 如图 3-16 所示, 拖动一辆汽车需要用力 $F = 10N$, 现已知作用力 F_1 与汽车前进方向的夹角 $\alpha = 20°$, 试计算:

(1) 若已知另有作用力 F_2 与汽车前进方向的夹角 $\beta = 30°$, 试确定 F_1 与 F_2 的大小。

(2) 欲使 F_2 为最小值, 试确定夹角 β 及力 F_1 与 F_2 的大小。

8. 如图 3-17 所示, 四个力作用于 O 点, 试分别用几何法与解析法求合力。已知 $F_1 = 100N$, $F_2 = 200N$, $F_3 = 300N$, $F_4 = 400N$。

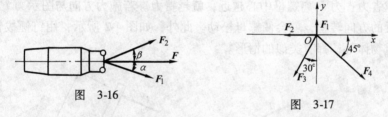

图　3-16　　　　　　　　　　　图　3-17

9. 如图 3-18 所示, 支架由杆 AB、AC 构成, A、B、C 三处都是铰链约束, 在 A 点作用有铅垂力 $G = 100N$, 分别用几何法与解析法求图示两种情况下各杆所受的力。杆的自重不计。

10. 简易起重机如图 3-19 所示, A、B、C 三处都是铰链约束, 各杆自重不计, 滑轮尺寸及摩擦不计, 现在用钢丝绳吊起重 $G = 1000N$ 的重物, 分别用几何法与解析法求图示两种情况下各杆所受的力。

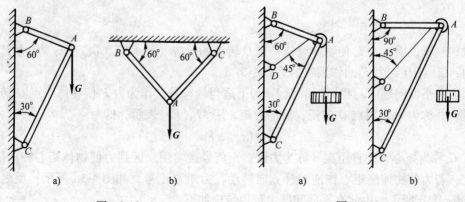

图　3-18　　　　　　　　　　　图　3-19

第四章　力矩、平面力偶系

学习目标：理解力矩的概念及其性质，力偶的概念及其性质；掌握平面力偶系的平衡条件及其应用；熟练掌握合力矩定理及其应用。

第一节　力矩的概念、合力矩定理

一、力矩的概念

物体在力的作用下将产生运动效应。运动可分解为移动和转动。由经验可知，力使物体移动的效应取决于力的大小和方向。那么，力使物体转动的效应与哪些因素有关呢？

如图 4-1 所示，用扳手拧紧螺母时，在扳手上作用一力 F，使扳手和螺母一起绕螺母中心 O 转动，就是力 F 使扳手产生转动效应。由经验知，加在扳手上的力 F 离螺母中心越远，拧紧螺母就越省力；力 F 离螺母中心越近，就越费力。若施力方向与图示力 F 的方向相反，扳手将按相反的方向转动，就会使螺母松动。此外，如图 4-2 所示，用钉锤拔钉子，以及用撬杠撬动笨重物体等，都有类似的情形。

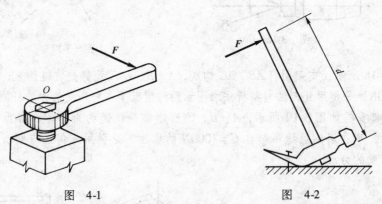

图　4-1　　　　　　　　　　　图　4-2

这些例子说明，力 F 使物体绕任一点 O 转动的效应（图4-3），决定于：① 力 F 的大小和方向；② 点 O 到力 F 的作用线的垂直距离 d。

因而在平面问题中，我们把乘积 Fd 加上适当的符号，作为力 F 使物体绕点 O 转动效应的度量，并称为力 F 对点 O 的矩，简称力矩，用 $M_O(F)$ 表示，即

$$M_O = \pm Fd \tag{4-1}$$

点 O 称为**矩心**，垂直距离 d 称为**力臂**。正负号通常用来区别力使物体矩心转动的方向，并规定：若力使物体绕矩心作逆时针方向转动，力矩取正号，如图 4-3a 所示；反之，取负号，如图 4-3b 所示。由此在平面问题中可得结论如下：

力对点之矩是一代数量，它的绝对值等于力的大小与力臂的乘积，它的正负可按下法确

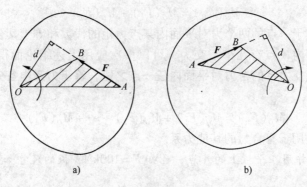

图　4-3

定：**力使物体逆时针方向转动时为正，反之为负。**

力矩的概念可以推广到普遍的情形。在具体应用时，对于矩心的选择无任何限制，作用于物体上的力可以对平面内任一点取矩。

由此可知力矩具有以下性质：

1）**力 F 对点 O 的矩**，不仅决定于力的大小，同时与矩心的位置有关。矩心的位置不同，力矩随之而异。

2）**力 F 对任一点的矩**，不因为 F 的作用点沿其作用线移动而改变，因为力和力臂的大小均未改变。

3）**力的大小等于零**，或力的作用线通过矩心，即式（4-1）中的 $d = 0$，则力矩等于零。

4）**相互平衡的两个力对同一点的矩的代数和等于零。**

在国际单位制中，力矩的单位是牛·米（N·m）或千牛·米（kN·m）。

二、合力矩定理

我们知道，平面汇交力系对物体的作用效果可以用它的合力 F_R 来代替。那么，力系中各分力对平面内某点的矩与它们的合力 F_R 对该点的矩有什么关系呢？现在来研究这一问题。

设在物体上 A 点作用有同一平面内的两个汇交力 F_1 和 F_2，它们的合力为 F_R（图4-4）。在力的平面内任选一点 O 为矩心，并垂直于 OA 作 y 轴。令 F_{y1}、F_{y2} 和 F_{Ry} 分别表示力 F_1、F_2、F_R 在 y 轴上的投影，由图4-4可知

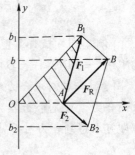

$$F_{y1} = Ob_1 \quad F_{y2} = -Ob_2 \quad F_{Ry} = Ob$$

各力对 O 点的矩分别是

$$\left.\begin{array}{l} M_O(F_1) = Ob_1 \cdot OA = F_{y1} \cdot OA \\ M_O(F_2) = -Ob_2 \cdot OA = F_{y2} \cdot OA \\ M_O(F_R) = Ob \cdot OA = F_{Ry} \cdot OA \end{array}\right\} \qquad (a)$$

根据合力投影定理有

$$F_{Ry} = F_{y1} + F_{y2}$$

图　4-4

上式的两边同乘以 OA，得

$$F_{Ry} \cdot OA = F_{y1} \cdot OA + F_{y2} \cdot OA \qquad (b)$$

将（a）式代入（b）式得

$$M_O(F_R) = M_O(F_1) + M_O(F_2)$$

上式表明：汇交于一点的两个力对平面内某点力矩的代数和等于其合力对该点的矩。

如果作用在平面内 A 点有几个汇交力，可以多次应用上述结论而得到平面汇交力系的合力矩定理：**平面汇交力系的合力对平面内任一点之矩，等于力系中各分力对同一点之矩的代数和**。即

$$M_O(F_R) = M_O(F_1) + M_O(F_2) + \cdots + M_O(F_n) \tag{4-2}$$

合力矩定理还适用于有合力的其他力系。

[**例4-1**]   力 F 作用在平板上的 A 点，已知 $F = 100\text{kN}$，板的尺寸如图4-5所示。试计算力 F 对 O 点的矩。

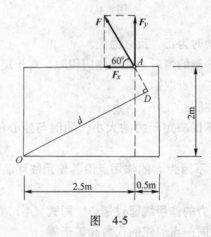

图   4-5

[**解**]   直接求力 F 对 O 点的矩有困难。因力臂 OD 不易计算。将力 F 分解为相互垂直的两分力 F_x、F_y，分别计算它们对 O 点的力矩，再应用合力矩定理，就可得到 F 对 O 点的矩。这样计算比较方便。先求其分力

$$F_x = F\cos 60° = (100 \times 0.5)\text{kN} = 50\text{kN}$$

$$F_y = F\sin 60° = (100 \times 0.866)\text{kN} = 86.6\text{kN}$$

F_x 至 O 点的力臂是 2m；F_y 至 O 点的力臂是 2.5 m。于是力 F 对 O 点之矩为

$$M_O(F) = M_O(F_x) + M_O(F_y)$$

$$= (50 \times 2 + 86.6 \times 2.5)\text{kN} \cdot \text{m} = 316.5\text{kN} \cdot \text{m}$$

[**例4-2**]   试计算图4-6中汇交于 A 点各力的合力对 O 点的矩。已知 $F_1 = 40\text{N}$，$F_2 = 30\text{N}$，$F_3 = 50\text{N}$，杆长 $OA = 0.5\text{m}$。

[**解**]   本例求合力对 O 点的矩，可不必求此汇交力系的合力，可先求出各力对 O 点的矩，再根据合力矩定理即可求得到合力对 O 点的矩。

$$M_O(F_1) = F_1 d_1$$

$$= (40 \times 0.5 \times \cos 30°)\text{N} \cdot \text{m}$$

$$= 17.3\text{N} \cdot \text{m}$$

$$M_O(F_2) = -F_2 d_2$$

$$= (-30 \times 0.5 \times \sin 30°)\text{N} \cdot \text{m}$$

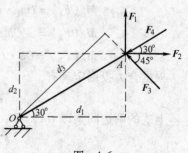

图   4-6

$$= -7.5\text{N} \cdot \text{m}$$

$$M_O(F_3) = F_3 d_3 = (50 \times 0.5 \times \sin75°)\text{N} \cdot \text{m} = 24.1\text{N} \cdot \text{m}$$

$$M_O(F_4) = F_4 d_4 = 0$$

根据 $M_O(F_R) = \sum M_O(F)$ 可知

$$M_O(F_R) = (17.3 - 7.5 + 24.1)\text{N} \cdot \text{m} = 33.9\text{N} \cdot \text{m}$$

第二节　力偶与力偶的性质

一、力偶和力偶矩

在生活和生产实践中，常见到某些物体同时受到大小相等、方向相反而不共线的两个平行力所组成力系作用。例如，用两个手指拧动水龙头，汽车司机转动转向盘（图 4-7a），钳工用螺钉旋具攻螺纹（图 4-7b）等。在力学中，**把这样两个大小相等、方向相反的平行力 F 和 F′组成的力系叫做力偶**，以符号（**F**、**F′**）表示，两力作用线所决定的平面称为**力偶的作用面**，两力作用线间的垂直距离称为**力偶臂**。

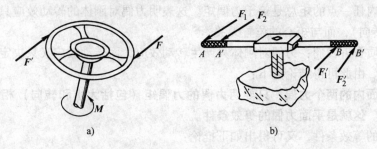

图 4-7

由实践经验得知，力偶对物体的作用效果，不仅取决于组成力偶的力的大小，而且取决于两平行力间的垂直距离 d，d 称为**力偶臂**（图 4-8）。因此，力偶的作用效应可用力和力偶臂两者的乘积 Fd 来度量，这个乘积叫做**力偶矩**，计作 M（**F**、**F′**），简写为 M。由于力偶在平面内的转向不同，作用效果也不同。因此，力偶对物体的作用效果，由以下两个因素决定：

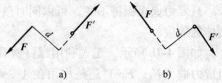

图 4-8

1）力偶矩的大小 Fd。

2）力偶在作用平面内的转向。

一般规定：使物体作逆时针转动的力偶矩为正；使物体作顺时针转动的力偶矩为负。所以，力偶矩是代数量。可写为

$$M = \pm Fd \tag{4-3}$$

力偶矩的单位与力矩相同，在国际单位制中是牛·米（N·m）或千牛·米（kN·m）。

二、力偶的基本性质

力偶不同于力，它有一些特殊的性质，下面分别加以说明。

性质一 由于力偶对刚体只产生转动效应，没有移动效应，所以力偶不能用一个力来代替，也不能与一个力平衡，即力偶不能与一个力等效。

如果在力偶作用平面内任取一直角坐标系 Oxy，如图 4-9 所示，将力偶向某一坐标轴（如 x 轴）投影。由于力偶中的力 F 与 F' 的大小相等、方向相反、作用线平行，如力 F 的投影 ab 为正，则力 F' 的投影 $a'b'$ 必定为负，且 $ab = a'b'$，因而这两个力在同一轴上的投影的代数和为零。由此可知：力偶在任一轴上的投影恒等于零。

性质二 力偶对其所在平面内任一点的矩恒等于力偶矩，而与矩心的位置无关。

在图 4-9 中，力偶（F、F'）的力偶矩 $M = Fd$，在力偶作用面内任取一点 A 为矩心，显然，力偶使刚体绕点 A 转动的效应就等于组成力偶的两个力对点 A 的转动效应之和，也就是说，力偶对点 A 的矩应等于力 F 与 F' 分别对点 A 的矩的代数和。设点 A 到力 F' 的垂直距离为 l，则力 F 与 F' 分别对点 A 的矩的代数和应为

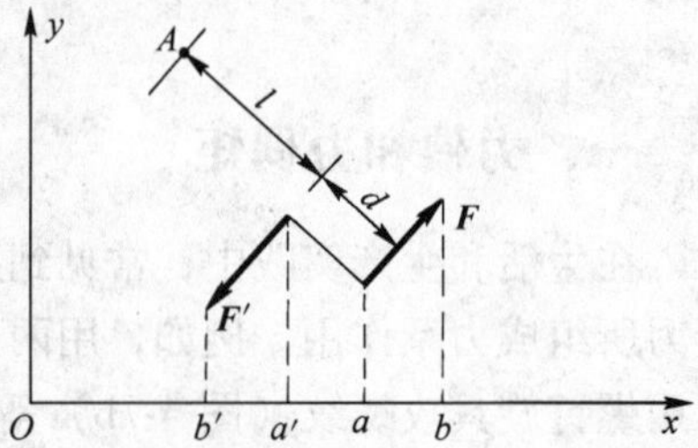

$$F(d+l) - Fl = Fd = M$$

图 4-9

所得结果仍然是原力偶矩 M。可见，不论点 A 选在何处，所得结果都不会改变，即力偶对其作用面内任一点的矩总是等于力偶矩。这表明力偶对刚体的转动效应只决定于力偶矩（包括大小和转向），而与矩心的位置无关。

上述两性质告诉我们：力偶对刚体只产生转动效应，而转动效应又只决定于力偶矩，与矩心位置无关。由此可得结论如下：

在同一平面内的两个力偶，只要两力偶的力偶矩（包括大小和转向）相等，则此两力偶的效应相等。这就是平面力偶的等效条件。

根据力偶的等效条件，又可得出如下推论：

力偶可在其作用面内任意移动，而不会改变它对刚体的效应。

如图 4-7a 所示，转向盘上，力偶（F、F'）不论作用在位置 1-1 或位置 2-2，转向盘的转动效应完全一样。力偶移动后，虽然它在作用面内的位置改变了，但力偶矩的大小和转向却没有改变，所以对刚体的效应也没有改变。

只要力偶矩保持不变，可以同时改变力偶中力的大小和力偶臂的长度，而不会改变它对刚体的效应。

如图 4-7b 所示，工人利用螺钉旋具攻螺纹时，施加在手柄上的力不论是作用在 A、B 处组成力偶（F_1、F_1'）还是作用在 A'、B' 处组成力偶（F_2、F_2'），只要两力偶的力偶矩相等（即 $F_1d_1 = F_2d_2$，且转向相同），对手柄的转动效应就完全一样。尽管工人施加在手柄上的力的位置不同（即力偶臂由 d_1 改变为 d_2），但只要同时改变力的大小（即力由 F_1、F_1' 改变为 F_2、F_2'），使力偶矩保持不变，那么，力偶对手柄的转动效应就不会改变。

从以上两个推论可知，在研究与力偶有关的问题时，不必考虑力偶在平面内的作用位置，也不必考虑力偶中力的大小和力偶臂的长度，只需考虑力偶矩的大小和转向。所以常用带箭头的弧线表示力偶，箭头方向表示力偶的转向，弧线旁的字母 M 或者数字表示力偶矩的

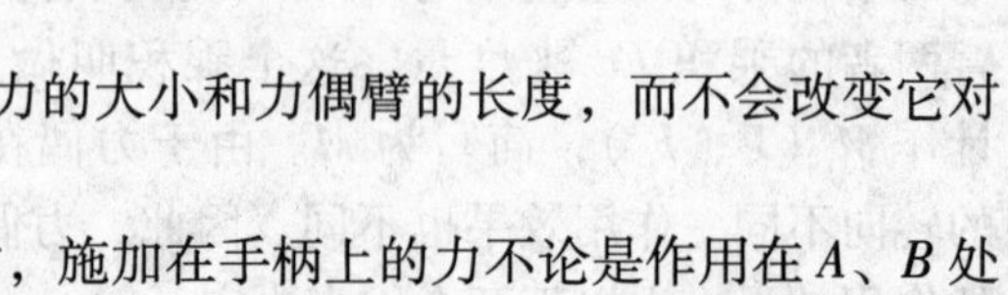

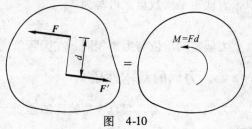

图 4-10

大小，如图 4-10 所示。

第三节　平面力偶系的合成与平衡

一、平面力偶系的合成

作用面共面的力偶系称为平面力偶系。力偶既然没有合力，其作用效应完全决定于力偶矩，所以平面力偶系合成的结果必然是一个力偶，并且其合力偶矩应等于各分力偶矩的代数和。

设有在同一平面内的三个力偶（F_1、F_1'）、（F_2、F_2'）、和（F_3、F_3'），力偶臂分别为 d_1、d_2 和 d_3（图 4-11a），则各力偶矩分别为

$$M_1 = F_1 d_1$$
$$M_2 = F_2 d_2$$
$$M_3 = -F_3 d_3$$

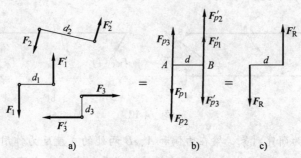

图　4-11

在力偶作用面内取任意线段 $AB = d$，在保持力偶矩不改变的条件下将各力偶的臂都化为 d，于是各力偶的力的大小应改变为

$$F_{P1} = \frac{F_1 d_1}{d} \qquad F_{P2} = \frac{F_2 d_2}{d} \qquad F_{P3} = \frac{F_3 d_3}{d}$$

然后移转各力偶，使它们的臂都与 AB 重合，则原平面力偶系变换为作用在点 A 及 B 的两个共线力系（图 4-11b）。再将这两个共线力系分别合成，则可得如图 4-11c 所示的两个力 F_R 及 F_R'，其大小为

$$F_R = F_{P1} + F_{P2} - F_{P3}$$
$$F_R' = F_{P1}' + F_{P2}' - F_{P3}'$$

可见，力 F_R 与 F_R' 大小相等、方向相反、且不在同一直线上，它们构成一力偶（F_R，F_R'），这就是三个已知力偶的合力偶，其力偶矩为

$$M_R = F_R d = (F_{P1} + F_{P2} - F_{P3}) d$$
$$= F_1 d_1 + F_2 d_2 - F_3 d_3$$

所以　　　　　　　$M_R = M_1 + M_2 + M_3$

若作用在同一平面内有 n 个力偶，则上式可推广为

$$M_R = M_1 + M_2 + \cdots + M_n = \sum M_i \tag{4-4}$$

由此可知，平面力偶系的合成结果还是一个力偶，合力偶矩等于力偶系中各分力偶矩的代数和。

二、平面力偶系的平衡条件

既然平面力偶系可合成为一个合力偶，当合力偶矩等于零时力偶系中各力偶对物体的转动效应的总和为零；这时，物体处于平衡状态；反之，若物体在平面力偶系的作用下转动效应为零，即物体平衡，则该力偶系的力偶矩必定为零。因此，平面力偶系平衡的必要和充分条件是：**力偶系中各力偶矩的代数和等于零**。用计算式表示为

$$\sum M_i = 0 \tag{4-5}$$

上式称为平面力偶系的平衡方程。利用平面力偶系的平衡，可以求解其中一个（力偶的）未知量。

[**例4-3**]　图 4-12a 所示的梁 AB 受一力偶的作用，力偶矩 $M = 10\text{kN} \cdot \text{m}$，梁长 $l = 4\text{m}$，$\alpha = 30°$。梁自重不计，求支座的反力。

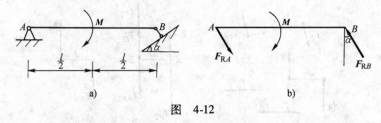

图　4-12

[**解**]　取梁 AB 为研究对象，梁在力偶和 A、B 两处的支座反力作用下平衡。因为力偶只能用力偶来平衡，所以，A、B 支座处的两个反力必定要组成一个力偶。B 支座是可动铰支座，其支座反力 F_{RB} 必垂直于支承面，所以，A 支座的反力 F_{RA} 一定与 F_{RB} 等值、反向、平行，F_{RA} 与 F_{RB} 构成一个力偶。图 4-12b 为梁 AB 的受力图。由力偶系的平衡方程（4-5）式得

$$\sum M_i = 0$$

$$-M + F_{RB} \cdot l \cdot \cos\alpha = 0$$

$$F_{RB} = M/(l \cdot \cos\alpha) = 10/(4 \times 0.866)\text{kN} = 2.9\text{kN}$$

$$F_{RA} = F_{RB} = 2.9\text{kN}$$

反力的实际指向与假设指向相同，如图 4-12b 所示。

[**例4-4**]　不计重量的水平杆 AB，受到固定铰支座 A 和连杆 DC 的约束，如图 4-13a 所

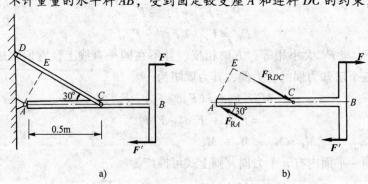

图　4-13

示。在杆 AB 的 B 端有一力偶作用，力偶矩的大小为 $M = 100\text{N} \cdot \text{m}$。求固定铰支座 A 的反力 F_{RA} 和连杆 DC 的反力 F_{RDC}。

[**解**] 以杆 AB 为研究对象。由于力偶必须由力偶来平衡，因此支座 A 与连杆 DC 的两个反力必定组成一个力偶来与力偶（F、F'）平衡。连杆 DC 的反力 F_{RDC} 沿杆 DC 的轴线，固定铰支座 A 的反力 F_{RA} 的作用线必定与 F_{RDC} 平行，而且 $F_{RA} = -F_{RDC}$。假设它们的指向如图 4-13b 所示，它们的作用线之间的垂直距离为

$$AE = AC\sin 30 = (0.5 \times 0.5)\text{m} = 0.25\text{m}$$

由平面力偶系的平衡条件得

$$\sum M_i = 0, \quad -M - F_{RA} \cdot AE = 0$$

即

$$-100 - 0.25F_{RA} = 0$$

解得

$$F_{RA} = -(100/0.25)\text{N} = -400\text{N}$$

因而

$$F_{RDC} = -400\text{N}$$

"$-$" 表示力 F_{RA} 与 F_{RDC} 的实际指向都与图中假设的指向相反，即力 F_{RA} 应斜向下，力 F_{RDC} 应斜向上。

复习思考题

1. 力矩与力偶有什么相同点和不同点？

2. 力偶有哪些性质？

3. 如图 4-14 所示，在卷扬机上，抱闸（刹车片）产生的力偶 M（F_1、F_1'）为什么可以与拉力 F_T 平衡？这是否与力偶的性质矛盾？

4. 求图 4-15 所示平面力偶系的合成结果，图上的坐标单位为 m。已知 $F_1 = 10\text{N}$，$F_2 = 20\text{N}$，$F_3 = 30\text{N}$。

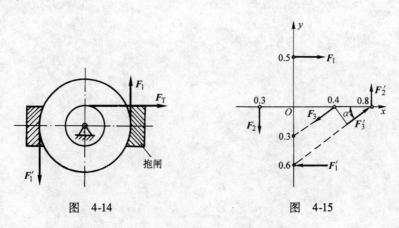

图 4-14　　　　　　　图 4-15

5. 构件的荷载及支承情况如图 4-16 所示，杆长 $l = 4\text{m}$，求支座 A、B 的约束反力。

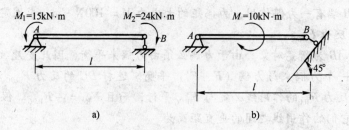

图 4-16

6. 分别根据力矩的定义及合力矩定理求图4-17 所示力 F 对 O 点之矩。

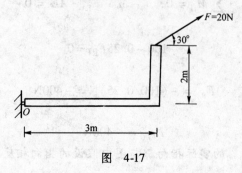

图 4-17

第五章 平面一般力系

学习目标：掌握应用力的平移定理简化平面一般力系的方法，了解简化结果；熟练掌握应用平面一般力系的平衡条件及其平衡方程求解平面一般力系的平衡问题。

　　平面一般力系是指在同一平面内作用于物体上的所有力，其作用线既不完全相交于一点，也不完全互相平行。在工程实际中，经常遇到平面一般力系的问题，即作用在物体上的力都分布在同一个平面内，或近似地分布在同一平面内，但它们的作用线任意分布，所以平面一般力系又称平面任意力系。

　　本章讨论平面一般力系的简化和平衡问题。

第一节　力的平移定理

　　如图 5-1a 所示，设 F 是作用于刚体上 A 点的一个力。点 B 是刚体上位于力作用面内的任意一点，在 B 点加上两个等值反方向的力 F' 和 F''，使它们与力 F 平行，且 $F = F' = F''$，如图5-1b所示。显然，三个力 F、F'、F'' 组成的新力系与原来的一个力 F 等效。由于这三个力可看作是一个作用在点 B 的力 F' 和一个力偶（F，F''）。这样一来，原来作用在点 A 的力，现在被一个作用在点 B 的力 F' 和一个力偶（F，F''）等效替换。也就是说，可以把作用于点 A 的力平移到另一点 B，但必须同时附加上一个相应的力偶，这个力偶称为附加力偶，如图 5-1c 所示。很明显，附加力偶的矩为

$$M = Fd$$

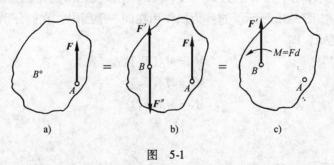

图　5-1

　　式中，d 为附加力偶的力偶臂。由图易见，d 就是点 B 到力 F 的作用线的垂直距离，因此 Fd 也等于力 F 对点 B 的矩，即

$$M_B(F) = Fd$$

所以有

$$M = M_B(F)$$

由此得到力的平移定理：**作用在刚体上任一点的力可以平行移到刚体上任一点，但必须**

同时附加一个力偶，这个力偶的力偶矩等于原来的力对新作用点的矩。

　　力的平移定理是研究平面一般力系的理论基础，它不仅是力系向一点简化的依据，而且可以用来解释一些实际问题。例如，攻螺纹时，必须用两手握扳手，而且用力要相等。为什么不允许用一只手扳动扳手呢（图 5-2a）？因为作用在扳手 AB 一端的力 F，与作用在点 C 的一个力 F' 和一个矩为 M 的力偶矩（图 5-2b）等效。这个力偶使丝锥转动，而这个力 F' 是折断丝锥的原因。

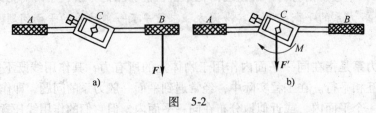

图　5-2

　　反过来，根据力的平移定理可知，在平面内的一个力和一个力偶，也可以用一个力来等效替换。该力的大小及方向都与原力相同，作用点位置由原力的方向以及力偶的力偶矩的转向确定。

第二节　平面一般力系向作用面内一点的简化

　　应用力的平移定理可以对作用于刚体上的平面一般力系进行简化。

一、平面一般力系向平面内一点的简化

　　设刚体受一个平面一般力系作用，现在用向一点简化的方法来简化这个力系。为了具体说明力系向一点简化的方法和结果，我们设想只有三个力 F_1、F_2、F_3 作用在刚体上，如图 5-3a所示，在平面内任取一点 O，称为简化中心。应用力的平移定理，把每个力都平移到简化中心点 O。这样，得到作用于点 O 的力 F_1'、F_2'、F_3'，以及相应的附加力偶，其力偶矩分别为 M_1、M_2、M_3，如图 5-3b 所示。这些力偶作用在同一平面内，它们分别等于力 F_1、F_2、F_3 对简化中心 O 点之矩，即

$$M_1 = M_O(F_1)$$
$$M_2 = M_O(F_2)$$
$$M_3 = M_O(F_3)$$

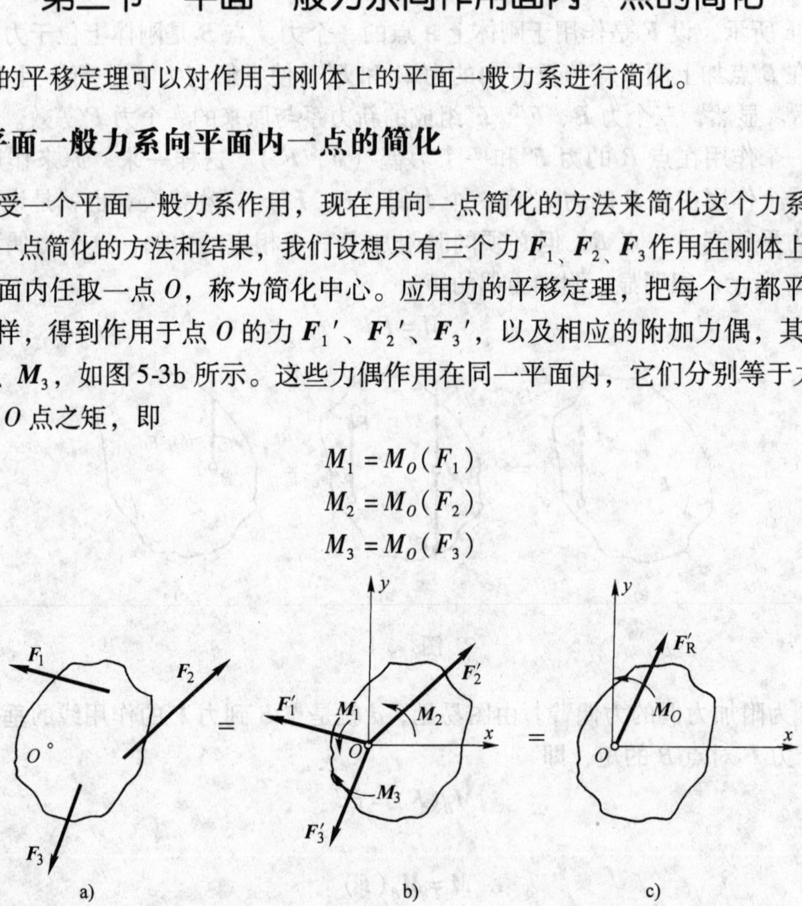

a)　　　　　　　　　b)　　　　　　　　　c)

图　5-3

这样，平面一般力系分解成了两个力系：平面汇交力系和平面力偶系。然后，再分别对这两个力系进行合成。

平面汇交力系 F_1'、F_2'、F_3' 可按平行四边形法则或三角形法则合成为一个力 F_R'，也作用于点 O，并等于 F_1'、F_2'、F_3' 的矢量和，如图 5-3c 所示。因为 F_1'、F_2'、F_3' 各力分别与 F_1、F_2、F_3 各力大小相等、方向相同，所以

$$F_R' = F_1 + F_2 + F_3 \tag{5-1a}$$

而对于平面力偶系 M_1、M_2、M_3 合成后，仍为一个力偶，合力偶的力偶矩 M_O 等于各力偶矩的代数和。注意附加力偶矩等于力对简化中心 O 点的矩，所以

$$M_O = M_1 + M_2 + M_3 = M_O(F_1) + M_O(F_2) + M_O(F_3) \tag{5-1b}$$

即合力偶的力偶矩等于原来各力对点 O 之矩的代数和。

那么，对于力的数目为 n 的平面一般任意力系，不难推广为

$$F_R' = F_1 + F_2 + \cdots + F_n = \sum_{i=1}^{n} F \tag{5-1}$$

$$M_O = M_1 + M_2 + \cdots + M_n = M_O(F_1) + M_O(F_2) + \cdots + M_O(F_n) = \sum_{i=1}^{n} M_O(F) \tag{5-2}$$

平面一般力系中所有各力的矢量和 F_R'，称为该力系的**主矢**；而这些力对于任选的简化中心 O 点的矩的代数和 M_O，称为该力系对于简化中心的**主矩**。

上面所得的简化结果可以陈述如下：

在一般情形下，平面一般力系向作用面内任选一点 O 简化，可以得到一个力和一个力偶。这个力等于该力系的主矢，作用在简化中心；这个力偶的矩等于该力系对于简化中心的主矩。由于**主矢等于各力的矢量和**，所以，**它与简化中心的位置选择无关**。而**主矩等于各力对简化中心之矩的代数和**，取不同的点为简化中心，各力的力臂将发生改变，则各力对简化中心的矩也会改变，所以**在一般情况下主矩与简化中心的选择有关**。因此，以后如果说到主矩时，必须指出是力系对于哪一点的主矩。

可以应用解析法求出力系的主矢的大小和方向。过点 O 建坐标系 Oxy，如图 5-3b 所示，则有

$$F_{Rx}' = F_{1x} + F_{2x} + \cdots + F_{nx} = \sum F_x \tag{5-3}$$

$$F_{Ry}' = F_{1y} + F_{2y} + \cdots F_{ny} = \sum F_y \tag{5-4}$$

式中，F_{Rx}' 和 F_{Ry}' 以及 F_{1x}、F_{2x}、$\cdots$、F_{nx} 和 F_{1y}、F_{2y}、$\cdots$、F_{ny} 分别为主矢 F_R' 以及原力系中各力 F_1、F_2、$\cdots$、F_n 在 x 轴和 y 轴上的投影。于是，主矢 F_R' 的大小和方向分别由下列两式确定

$$F_R' = \sqrt{(F_{Rx}')^2 + (F_{Ry}')^2} = \sqrt{\left(\sum F_x\right)^2 + \left(\sum F_y\right)^2} \tag{5-5}$$

$$\tan\alpha = \frac{\left|\sum F_y\right|}{\left|\sum F_x\right|} \tag{5-6}$$

式中，α 为主矢与 x 轴间成的最小锐角。

二、固定端支座

建筑物的雨篷或阳台梁的一端插入墙内嵌固，它是一种典型的约束形式，称为固定端支

座或固定端约束。下面讨论固定端支座的约束反力。

一端嵌固的梁如图 5-4a 所示。当 AC 端完全被固定时，在 AC 段将会提供足够的反力与作用于梁 AB 上的主动力平衡。一般情况下，AC 端所受的力是分布力，可以看成是平面一般力系，如果将这些力向梁端 A 的简化中心处简化。将得到一个力 F_{RA} 和一个力偶 M_A。F_{RA} 便是反力系向 A 端简化的主矢，M_A 便是主矩，如图 5-4b 所示。因此在受力分析中，我们通常认为固定端支座的约束反力为作用于梁端的一个约束力和一个约束力偶，因为约束力的方向未知，所以也可以将约束力看成水平方向和竖直方向的两个分力，如图 5-4c 所示。

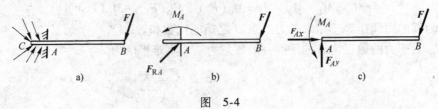

图 5-4

[例 5-1] 将图示 5-5 所示平面一般力系向点 O 简化。已知 $F_1 = 150N$、$F_2 = 200N$、$F_3 = 300N$，力偶的臂等于 8cm，$F = 200N$。

[解] (1) $F'_{Rx} = \sum F_x = (-150 \times \frac{\sqrt{2}}{2} - 200 \times \frac{2\sqrt{5}}{5} - 300 \times \frac{\sqrt{10}}{10})N = -379.82N$

$F'_{Ry} = \sum F_y = (-150 \times \frac{\sqrt{2}}{2} + 200 \times \frac{\sqrt{5}}{5} - 300 \times \frac{3\sqrt{10}}{10})N = -301.23N$

$F'_R = \sqrt{(\sum F_x)^2 + (\sum F_y)^2} = \sqrt{(-379.82)^2 + (-301.23)^2}\,N = 484.77N$

$\tan\alpha = \frac{|\sum F_y|}{|\sum F_x|} = \frac{|-301.23|}{|-379.82|} = 0.793$

$\alpha = 38.41°$

(2) $M_O = \sum M_O(F) = (150 \times \frac{\sqrt{2}}{2} \times 0.1 + 200 \times \frac{\sqrt{5}}{5} \times 0.2 - 200 \times 0.08)\,N \cdot m$

$= 12.50N \cdot m$

主矢和主矩如图 5-5b 所示。

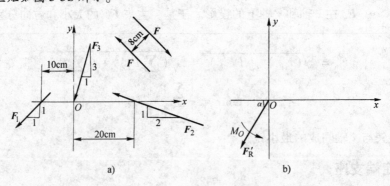

图 5-5

三、平面一般力系的简化结果讨论

平面一般力系向作用面内一点简化的结果，可能有以下三种情况。

1. 平面一般力系简化为一个力偶的情形：$F_R' = 0$，$M_O \neq 0$

此时，作用于简化中心 O 的力相互平衡，因而相互抵消。但是，附加的力偶系并不平衡，可合成为一个力偶，即为原力系的合力偶，力偶矩等于

$$M_O = \sum M_O(F_i)$$

因为力偶对于平面内任意一点的矩都相同，因此当力系合成为一个力偶时，主矩与简化中心的选择无关。

2. 平面一般力系简化为一个合力的情形

（1）$F_R' \neq 0$，$M_O = 0$　此时一个作用在点 O 的力 F_R' 与原力系等效。显然，F_R' 就是这个力系的合力，所以合力的作用线通过简化中心 O。

（2）$F_R' \neq 0$，$M_O \neq 0$（图 5-6a）　此时，将矩为 M_O 的力偶用两个力 F_R 和 F_R'' 表示，并令 $F_R = F_R' = -F_R''$（图 5-6b）。于是可将作用于点 O 的力 F_R' 和力偶（F_R、F_R''）合成为一个作用在点 O' 的力 F_R，如图 5-6c 所示。这个力 F_R 就是原力系的合力。合力的大小等于主矢；合力的作用线在点 O 的哪一侧，需根据主矢和主矩的方向确定；而合力作用线到点 O 的距离 d，可按下式算得

$$d = \frac{M_O}{F_R'}$$

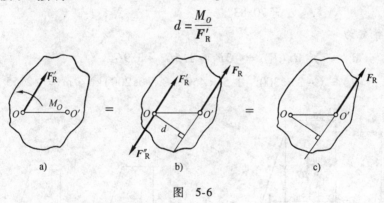

图　5-6

3. 平面一般力系平衡的情形：$F_R' = 0$，$M_O = 0$

这种情形将在下节详细讨论。

四、平面一般力系的合力矩定理

下面证明，平面一般力系的合力矩定理。

由图 5-6b 易见，合力 F_R 对点 O 的矩为

$$M_O(F_R) = F_R d = M_O$$

由力系向一点简化的理论可知，分力（即原力系的各力）对点 O 的矩的代数和等于主矩，即

$$\sum M_O(F) = M_O$$

所以

$$M_O(F_R) = \sum M_O(F)$$

由于简化中心 O 是任意选取的，故上式有普遍意义，可叙述如下：**平面一般力系的合力对作用面内任一点之矩等于力系中各力对同一点之矩的代数和**。这就是合力矩定理。

[**例5-2**]　重力坝受力情形如图5-7所示。设 $G_1 = 450$kN，$G_2 = 200$kN，$F_1 = 300$kN，$F_2 = 70$kN。求力系的合力 F_R 的大小和方向，以及合力作用线到点 O 的水平距离 x。

[**解**]　(1) 先将力系向点 O 简化，求得其主矢 F_R' 和主矩 M_O（图5-7b）。主矢 F_R' 在 x、y 轴上的投影为

$$F_{Rx} = \sum F_x = F_1 - F_2\cos\theta = \left(300 - 70 \times \frac{9}{\sqrt{9^2 + 2.7^2}}\right)kN = 232.95kN$$

$$F_{Ry} = \sum F_y = -G_1 - G_2 - F_2\sin\theta = \left(-450 - 200 - 70 \times \frac{2.7}{\sqrt{9^2 + 2.7^2}}\right)kN = -670.11kN$$

主矢 F_R' 的大小为

$$F_R' = \sqrt{\left(\sum F_x\right)^2 + \left(\sum F_y\right)^2} = \sqrt{(232.95)^2 + (-670.11)^2} = 709.45kN$$

主矢 F_R' 的方向为

$$\tan\alpha = \frac{\left|\sum F_y\right|}{\left|\sum F_x\right|} = \frac{|-670.11|}{|232.95|} = 2.877$$

$$\alpha = 70.83°$$

对点 O 的主矩为

$$M_O = \sum M_O(F) = -3F_1 - 1.5G_1 - 3.9G_2$$
$$= (-3 \times 300 - 1.5 \times 450 - 3.9 \times 200)kN \cdot m = -2355 \ kN \cdot m$$

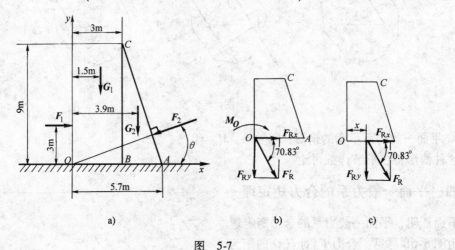

图 5-7

(2) 合力的大小和方向与主矢相同。其作用线位置的值可根据合力矩定理求得（图5-7c），即

$$M_O = M_O(F_R) = M_O(F_{Rx}) + M_O(F_{Ry})$$

其中

$$M_O(F_{Rx}) = 0$$

所以

$$M_O = M_O(F_{Ry}) = F_{Ry}x$$

解得

$$x = \frac{M_O}{F_{Ry}} = \frac{2355}{670.11} \text{ m} = 3.5\text{m}$$

第三节　平面一般力系的平衡

一、平面一般力系的平衡条件和平衡方程

现在讨论静力学中最重要的情形，即平面一般力系的主矢和主矩都等于零的情形。

$$\left.\begin{array}{l} F_R' = 0 \\ M_O = 0 \end{array}\right\} \tag{5-7}$$

显然，由 $F_R' = 0$ 可知，作用于简化中心 O 的力 F_1、F_2、…、F_n 相互平衡。又由 $M_O = 0$ 可知，附加力偶也相互平衡。所以，$F_R' = 0$，$M_O = 0$，说明了在这样的平面一般力系作用下，刚体是处于平衡的，这就是刚体平衡的充分条件。反过来，如果已知刚体平衡，则作用力应当满足上式的两个条件。事实上，假如 F_R' 和 M_O 其中有一个不等于零，则平面任意力系就可以简化为合力或合力偶，于是刚体就不能保持平衡，所以式（5-7）又是平衡的必要条件。

于是，**平面一般力系平衡的必要和充分条件是：力系的主矢和力系对于平面内任一点的主矩都等于零。**

这些平衡条件可用下列解析式表示

$$\left.\begin{array}{l} \sum F_x = 0 \\ \sum F_y = 0 \\ \sum M_O(F) = 0 \end{array}\right\} \tag{5-8}$$

由此可得**平面一般力系平衡的解析条件是：所有各力在两个任意选取的坐标轴中每一轴上的投影的代数和分别等于零，以及各力对于任意一点的矩的代数和也等于零。**通常将式（5-8）称为平面一般力系平衡方程的一般式。

应当指出，上式方程个数为三个，所以研究一个平面一般力系的平衡问题，一次只能求出三个未知数。

下面举例说明求解平面一般力系平衡问题的方法和主要步骤。

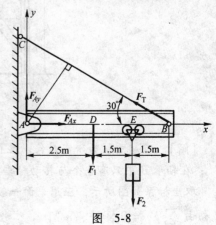

图 5-8

[**例 5-3**]　起重机的水平梁 AB，A 端以铰链固定，B 端用拉杆 BC 拉住，如图 5-8 所示。梁重 $F_1 = 6$kN，荷载重 $F_2 = 15$kN。梁的尺寸如图所示。试求拉

杆的拉力和铰链 A 的约束反力。

[**解**]　（1）选取梁 AB 与重物一起为研究对象。

（2）画受力图。梁除了受已知力 F_1 和 F_2 作用外，还受未知力拉杆拉力 F_T 和铰链的约束反力 F_{RA} 作用。因杆 BC 为二力杆，故拉力 F_T 沿连线 BC；约束反力 F_{RA} 的方向未知，故分解为两个分力 F_{Ax} 和 F_{Ay}。这些力的作用线可近似认为分布在同一平面内。

（3）列平衡方程。由于梁处于平衡，因此这些力必然满足平面一般力系的平衡方程。取坐标轴如图所示，应用平面一般力系的平衡方程求解。

由 $\sum F_x = 0$，得 $\qquad F_{Ax} - F_T \cos 30° = 0$

由 $\sum F_y = 0$，得 $\qquad F_{Ay} + F_T \sin 30° - F_1 - F_2 = 0$

由 $\sum M_A(F) = 0$，得 $\qquad F_T \times AB \times \sin 30° - F_1 \times AD - F_2 \times AE = 0$

代入有关数据，得

$$F_{Ax} - F_T \cos 30° = 0$$

$$F_{Ay} + F_T \sin 30° - 6 - 15 = 0$$

$$F_T \times 5.5 \times \sin 30° - 6 \times 2.5 - 15 \times 4 = 0$$

解得

$$F_T = 27.27 \text{kN}$$

$$F_{Ax} = 23.62 \text{kN}$$

$$F_{Ay} = 7.37 \text{kN}$$

[**例 5-4**]　起重机重 $F_1 = 10 \text{kN}$，可绕铅直轴转动；起重机的挂钩上挂一重为 $F_2 = 40 \text{kN}$ 的重物，如图 5-9 所示。起重机的重心 C 到转动轴的距离为 1.5m，其他尺寸如图所示。求在止推轴承 A 和轴承 B 处的反作用力。

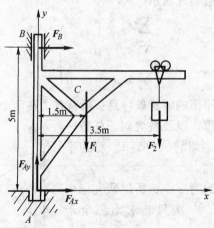

图　5-9

[**解**]　以起重机为研究对象。在止推轴承 A 中只有两个反力：水平反力 F_{Ax} 和铅垂反力 F_{Ay}；在轴承 B 中只有一个与转动轴垂直的反力 F_B，其方向暂设为向右。

取坐标系如图所示，应用平面一般力系的平衡方程求解。

由 $\sum F_x = 0$，得 $\qquad F_{Ax} + F_B = 0$

由 $\sum F_y = 0$，得　　　　　　　　　$F_{Ay} - F_1 - F_2 = 0$

由 $\sum M_A(F) = 0$，得　　　　　　$-F_B \times 5 - F_1 \times 1.5 - F_2 \times 3.5 = 0$

由此可得

$$F_{Ay} = F_1 + F_2 = (10 + 40)\text{kN} = 50\text{kN}$$

$$F_B = -0.3F_1 - 0.7F_2 = -0.3 \times 10 - 0.7 \times 40\text{kN} = -31\text{kN}$$

$$F_{Ax} = -F_B = 31\text{kN}$$

F_B 为负值，说明它的方向与假设的方向相反，即应指向左。

[例5-5]　图5-10所示的水平横梁 AB，在 A 端用铰链固定，在 B 端为一滚动支座。梁的长为 $4a$，梁重 G，重心在梁的中点 C。在梁的 AC 段上受均布荷载 q 作用，在梁的 BC 段上受力偶作用，力偶矩 $M = Ga$。试求 A 和 B 处的支座反力。

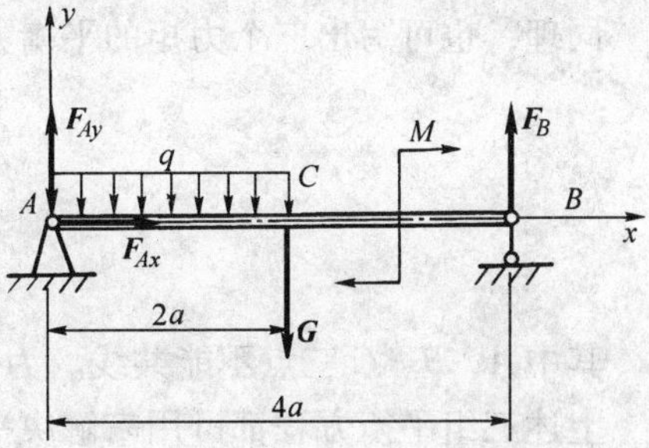

[解]　选梁 AB 为研究对象。它所受的主动力有：均布荷载 q，重力 G 和矩为 M 的力偶。它所受的约束反力有：铰链 A 的约束反力，通过点 A，但方向不定，故用两个分力 F_{Ax} 和 F_{Ay} 代替；滚动支座处 B 的约束反力 F_B，铅直向上。

取坐标系如图所示，列出平衡方程求解。

图　5-10

由 $\sum F_x = 0$，得　　　　　　　$F_{Ax} = 0$

由 $\sum F_y = 0$，得　　　　　　　$F_{Ay} - q \times 2a - G + F_B = 0$

由 $\sum M_A(F) = 0$，得　　　　　$F_B \times 4a - M - G \times 2a - q \times 2a \times a = 0$

解得

$$F_{Ax} = 0$$

$$F_{Ay} = \frac{G}{4} + \frac{3}{2}qa$$

$$F_B = \frac{3}{4}G + \frac{1}{2}qa$$

从上述例题可见，选取适当的坐标轴和力矩中心，可以减少每个平衡方程中的未知量的数目。在平面一般力系情形下，**矩心应取在两未知力的交点上，而坐标轴（投影轴）应当与尽可能多的未知力相垂直。**

在例 [5-5] 中，若以方程 $\sum M_B(F) = 0$ 来取代方程 $\sum F_y = 0$，可以不解联立方程直接求得 F_{Ay} 值。因此在计算某些问题时，采用力矩方程往往比投影方程简便。下面介绍平面一般力系平衡方程的其他两种形式。

三个平衡方程中有一个投影方程和两个力矩方程的形式，即二矩式

$$\left. \begin{array}{l} \sum F_x = 0 \\ \sum M_A(F) = 0 \\ \sum M_B(F) = 0 \end{array} \right\} \qquad (5-9)$$

其中 A、B 两点的连线不能与 x 轴垂直。

为什么上述形式的平衡方程也能满足力系平衡的必要和充分条件呢？这是因为，如果力系对点 A 的主矩等于零，则这个力系不可能简化为一个力偶；但可能有两种情形：这个力系或者是简化为经过点 A 的一个力，或者平衡。如果力系对另一点 B 的主矩也同时为零，则这个力系或有一合力沿 A、B 两点的连线，或者平衡（图 5-11）。如果再加上 $\sum F_x = 0$，那么力系如果有合力，则此合力必与 x 轴垂直。因此上式的附加条件（即连线 AB 不能与 x 轴垂直）完全排除了力系简化为一个合力的可能性，故所研究的力系必为平衡力系。

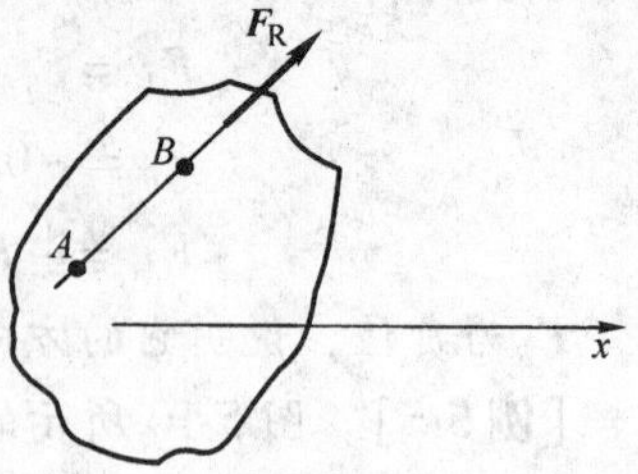

图 5-11

同理，也可写出三个力矩的平衡方程的形式，即三矩式

$$\left.\begin{array}{l} \sum M_A(F) = 0 \\ \sum M_B(F) = 0 \\ \sum M_C(F) = 0 \end{array}\right\} \tag{5-10}$$

其中 A、B、C 三点不能共线。为什么必须有这个附加条件，读者可自行论证。

上述三组平衡方程都可用来解决平面一般力系平衡问题。而究竟选取用哪一组方程，需根据具体条件确定。对于受平面一般力系作用的单个刚体的平衡问题，只可以写出三个独立的平衡方程，求解三个未知量。任何第四个方程只是前三个方程的线性组合，因而不是独立的。但是我们可以利用这个方程来校核计算的结果。

二、平面平行力系的平衡方程

平面平行力系是平面一般力系的一种特殊情形。

如图 5-12 所示，设物体受平面平行力系 F_1、F_2、…、F_n 的作用。如选取 x 轴与各力垂直，则不论力是否平衡，每一个力在 x 轴上投影恒等于零，即 $\sum F_x \equiv 0$。于是，平行力系的独立平衡方程的数目只有两个，即

$$\left.\begin{array}{l} \sum F_y = 0 \\ \sum M_O(F) = 0 \end{array}\right\} \tag{5-11}$$

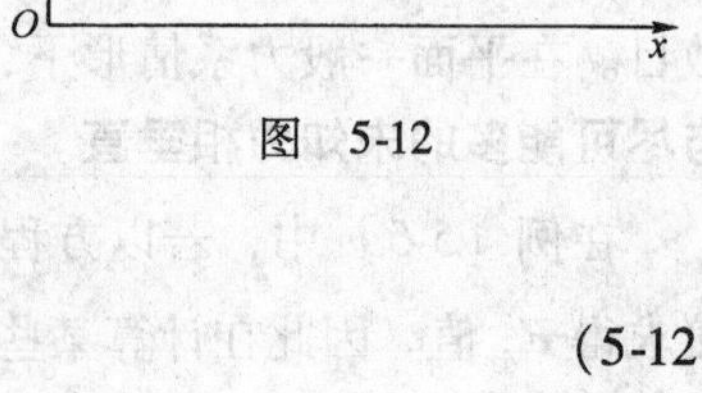

平面平行力系的平衡方程，也可用两个力矩方程的形式，即

图 5-12

$$\left.\begin{array}{l} \sum M_A(F) = 0 \\ \sum M_B(F) = 0 \end{array}\right\} \tag{5-12}$$

其中 A、B 两点的连线不得与各力作用线平行。

第四节 物体系统的平衡

在工程实际中，如组合构架、三铰拱等结构，都是由几个物体组成的系统。研究它们的

平衡问题，不仅要求出系统所受的未知外力，而且还要求出它们中间相互作用的内力，这时，就要把某些物体分开来单独研究。此外，即使不要求出内力，对于物体系统的平衡问题，有时也要把一些物体分开来研究，才能求出所有的未知外力。

当物体系统平衡时，组成该系统的每一个物体都处于平衡状态，因此对于每一个受平面一般力系作用的物体，均可写也三个平衡方程。如物体系统由 n 个物体组成，则共有 $3n$ 个独立方程。如系统中有的物体受平面汇交力系或平面平行力系作用时，则系统的平衡方程数目相应减少。当系统中的未知量数目等于独立平衡方程的数目时，则所有未知数都能由平衡方程求出，这样的问题就是物体系统的平衡问题。

在求解物体系统的平衡问题时，可以选每个物体为研究对象，列出全部的平衡方程，然后求解；也可先取整个系统为研究对象，列出平衡方程，这样的方程因不包含内力，式中未知量较少，解出部分未知量后，再从系统中选取某些物体作为研究对象，列出另外的平衡方程，直至求出所有的未知量为止。总的原则是：使每一个平衡方程中的未知量尽可能地减少，最好是只含有一个未知量，以避免求解联立方程。

[**例 5-6**] 图 5-13a 所示为曲轴冲床简图，由轮 I、连杆 AB 和冲头 B 组成。A、B 两处为铰链连接。$OA = R$，$AB = l$。如忽略摩擦和物体的自重，当 OA 在水平位置、冲压力为 F 时，求：（1）作用在轮 I 上的力偶矩的大小。（2）轴承 O 处的约束反力。（3）连杆 AB 受的力。（4）冲头给导轨的侧压力。

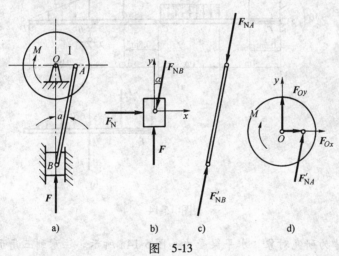

图 5-13

[**解**]（1）首先以冲头为研究对象。冲头受冲压阻力、导轨反力以及连杆（二力构件）的作用力作用，方向如图 5-13b 所示，为一平面汇交力系。

设连杆与铅直线的夹角为 α，按图示坐标轴列平衡方程。

由 $\sum F_x = 0$，得 $\qquad\qquad F_N - F_{NB}\sin\alpha = 0$

由 $\sum F_y = 0$，得 $\qquad\qquad F - F_{NB}\cos\alpha = 0$

由上两式解得

$$F_{NB} = \frac{F}{\cos\alpha}$$

$$F_N = F\tan\alpha$$

F_{NB} 为正值，说明假设的方向是对的，即连杆受压力（图5-13c）。冲头对导轨的侧压力的大小等于 F_N。

（2）再以轮 O 为研究对象。轮 O 受平面一般力系作用，包括矩为 M 的力偶，连杆作用力 F'_{NA} 以及轴承的反力 F_{Ox}、F_{Oy}（图5-13d）。按图示坐标轴列平衡方程。

由 $\sum F_x = 0$，得 $\qquad F_{Ox} + F'_{NA}\sin\alpha = 0$

由 $\sum F_y = 0$，得 $\qquad F_{Oy} + F'_{NA}\cos\alpha = 0$

由 $\sum M_O(F) = 0$，得 $\qquad F'_{NA}R\cos\alpha - M = 0$

解得 $\qquad\qquad\qquad\qquad F_{Ox} = -F\tan\alpha$

$$F_{Oy} = -F$$

$$M = FR$$

[**例5-7**]　如图5-14a所示，水平梁由 AC 和 CD 两部分组成，它们在 C 处用铰链相连。梁的 A 端固定在墙上，B 处为滚动支座。已知：$F_1 = 20\text{kN}$，$F_2 = 10\text{kN}$，均布荷载 $q_1 = 5\text{kN/m}$，梁的 BD 段受线性分布荷载，在 D 端为零，在 B 处达最大值 $q_2 = 6\text{kN/m}$。试求 A 和 B 处的约束反力。

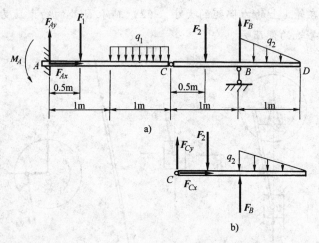

图　5-14

[**解**]　选整体为研究对象。水平梁受力如图5-14a所示。注意到三角形分布荷载的合力作用在离点 B 为 $\frac{1}{3}BD$ 处，它的大小等于三角形的面积，即 $\frac{1}{2}q_2 \times 1$。按图示坐标轴列平衡方程。

由 $\sum F_x = 0$，得 $\qquad F_{Ax} = 0$

由 $\sum F_y = 0$，得 $\qquad F_{Ay} + F_B - F_1 - F_2 - q_1 \times 1 - \frac{1}{2}q_2 \times 1 = 0$

由 $\sum M_A(F) = 0$，得

$$M_A + F_B \times 3 - F_1 \times 0.5 - F_2 \times 2.5 - q_1 \times 1 \times 1.5 - \frac{1}{2}q_2 \times 1 \times \left(3 + \frac{1}{3}\right) = 0$$

以上三个方程包含四个未知量，无法求解。故应再选 DC 为研究对象，受力如图5-14b

所示，列平衡方程。

由 $\sum M_C(F) = 0$，得 $\qquad F_B \times 1 - \dfrac{1}{2}q_2 \times 1 \times (1 + \dfrac{1}{3}) - F_2 \times 0.5 = 0$

解得 $\qquad F_B = 9\text{kN}$

代入前面的三个方程，解得

$$F_{Ax} = 0$$
$$F_{Ay} = 29\text{kN}$$
$$M_A = 25.5\text{kN} \cdot \text{m}$$

[例5-8] 结构受力如图5-15a所示，已知 $AC = FB = 2\text{m}$，$CG = GE = 1\text{m}$。试求 CD 和 EF 杆所受的力。

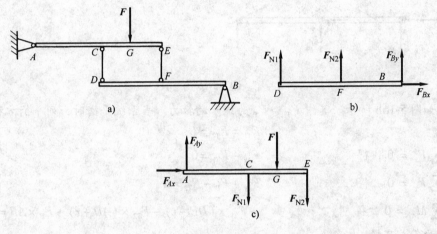

图 5-15

[解] 分析：CD 和 EF 杆均为二力杆，它们所受的力和它们对其他物体所施加的力均通过杆的中心线，或者受拉或者受压。既然题目只要求计算这两个未知力，我们选择研究对象和方程式时应尽量避免出现其他未知力。因此显然不宜选择整体作为研究对象，因为那样所涉及的力全是外部约束反力。现分别取上下两个横梁 AE 杆和 DB 杆作为研究对象，选择合适的平衡方程，这样就可以很方便地求出 CD 杆和 EF 杆的内力。具体作法如下。

（1）以 DB 杆为研究对象，画出受力图，如图5-15b所示，图中 F_{N1}、F_{N2} 分别为 CD 杆和 EF 杆对 DB 的作用力，并假设杆件受拉。对 B 点取力矩，列平衡方程。

由 $\sum M_B(F) = 0$，得 $\qquad -4F_{N1} - 2F_{N2} = 0$

解得 $\qquad F_{N2} = -2F_{N1}$

（2）以 AE 杆为研究对象，受力如图5-15c所示。对 A 点取矩，列平衡方程。

由 $\sum M_A(F) = 0$，得 $\qquad -2F_{N1} - 3F - 4F_{N2} = 0$

将上两式联立求解得 $\qquad F_{N1} = \dfrac{F}{2}(\text{拉}), F_{N2} = -F(\text{压})$

[例5-9] 滑轮构架支承如图5-16所示，物体重 $G = 12\text{kN}$，若 $AD = DB = 1\text{m}$，$CD = DE = 0.75\text{m}$，不计杆和滑轮自重及各处摩擦力，试求 A 铰和 B 支座反力以及 BC 杆的内力。

[解] （1）首先考虑 A 和 B 支座的反力。此时可将支架与滑轮一起作为研究对象，其

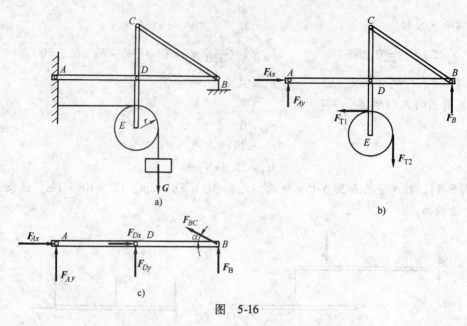

图 5-16

受力分析如图5-16b所示。其中F_{T1}、F_{T2}为绳子的拉力。当系统平衡时，列平衡方程。

$$F_{T1} = F_{T2} = G$$

由 $\sum F_x = 0$，得　　　　　$F_{Ax} - F_{T1} = 0$

由 $\sum F_y = 0$，得　　　　　$F_{Ay} + F_B - F_{T2} = 0$

由 $\sum M_A = 0$，得　　　　　$-F_{T1} \times (DE - r) - F_{T2} \times (AD + r) + F_B \times AB = 0$

解上面各式可得

$$F_{Ax} = F_{T1} = 12\text{kN}$$

$$F_B = \frac{F_{T1} \times (DE - r) + F_{T2} \times (AD + r)}{AB} = \left(\frac{12 \times 1.75}{2}\right)\text{kN} = 10.5\text{kN}$$

$$F_{Ay} = F_{T2} - F_B = (12 - 10.5)\text{kN} = 1.5\text{kN}$$

（2）取杆AB作为研究对象（这样才能显示出BC杆的内力），AB杆的受力图如图5-16c所示。其中F_{Dx}、F_{Dy}为杆通过铰链D作用于AB杆上的力，F_{BC}是杆CB对AB杆的作用力。因为BC杆为二力杆，所以F_{BC}沿BC方向。此处先假设BC为拉杆，将杆AB所受的全部外力向D点取力矩，此时F_{Dx}、F_{Dy}不出现在平衡方程中。

由 $\sum M_D(F) = 0$，得　$F_B \times BD + F_{BC} \times \sin\alpha \times BD - F_{Ay} \times AD = 0$

则　　　$F_{BC} = \frac{F_{Ay} \times AD - F_B \times BD}{BD \times \sin\alpha} = \left(\frac{1.5 \times 1 - 10.5 \times 1}{1 \times 0.6}\right)\text{kN} = -15\text{kN}$

求得F_{BC}为负值，说明力的方向与假设相反，即BC杆实际上受压，压力为15kN。

复习思考题

1. 如图5-17所示，司机操作转向盘驾驶汽车时，可用双手对转向盘施加一力偶，也可用单手对转向盘施加一个力。这两种方式能否得到同样的效果？这是否说明一个力与一个力偶等效？为什么？

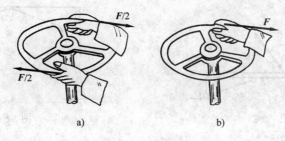

图　5-17

2. 如图5-18所示为一小船横断面示意图。重为 G 的人站在正中时，使船平移下沉一距离；若人站在船弦时，船不但下沉一段距离，还侧倾一定的角度。为什么？

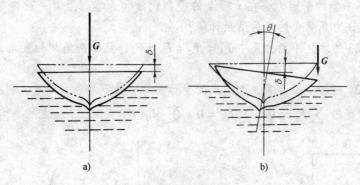

图　5-18

3. 简化中心的选取对平面力系的简化的最后结果是否有影响？为什么？

4. 如图5-19所示作用在物体上的一般力系：F_1、F_2、F_3、F_4 各力分别作用于 A、B、C、D 四点，且画出的力多边形刚好闭合，问该力系是否平衡？为什么？

5. 如图5-20所示，当球拍的力作用在乒乓球边缘点时，该球将作何种运动？

① 沿方向作直线运动。② 作旋转运动。③ 同时作直线运动和顺时针方向旋转。④ 同时作直线运动和逆时针方向旋转。

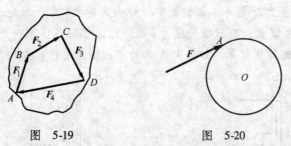

图　5-19　　　　　图　5-20

6. 如图5-21所示，梁由三根链杆支承，求约束反力时，应用平衡方程 $\sum M_A(F) = 0$、$\sum M_B(F) = 0$ 和 $\sum M_C(F) = 0$ 或 $\sum M_A(F) = 0$、$\sum M_C(F) = 0$ 和 $\sum F_y = 0$ 能否求出？为什么？

7. 三铰刚架的 AC 段上作用一力偶，其力偶矩为 M（图5-22），当求 A、B、C 约束反力时，能否将 M 移到右段 BC 上？为什么？

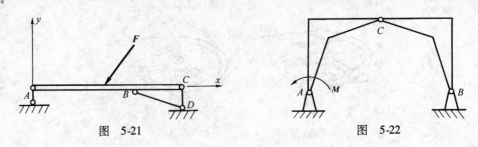

图 5-21   图 5-22

8. 已知平面一般力系向某点简化得到一个合力，试问能否选一适当的简化中心，把力系简化为一个合力偶？反之，如平面一般力系向一点简化得到一个力偶，能否选一适当的简化中心，使力系简化为一个合力？为什么？

9. 已知一不平衡的平面力系在 x 轴上的投影代数和为零，且对平面内某一点之矩的代数和为零，试问该力系简化的最后结果如何？

10. 如图 5-23 所示，平面力系中 $F_1 = F_2 = F_3 = F_4$，且各夹角均为直角，试将力系由点 A 向点 B 简化。

11. 如图 5-24 所示平行力系，如选取的坐标系的 y 轴不与各力平行，则平面平行力系的平衡方程是否可写出 $\sum F_x = 0$、$\sum F_y = 0$、$\sum M_O(F) = 0$ 三个独立的平衡方程？为什么？

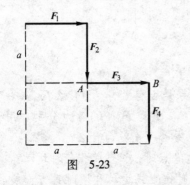

图 5-23

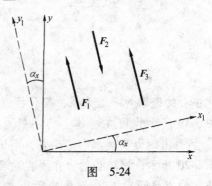

图 5-24

12. 某厂房柱，高 9m，柱上段 BC 重 $F_1 = 8kN$，下段 CO 重 $F_2 = 37kN$，柱顶水平力 $F_3 = 6kN$，各力作用位置如图 5-25 所示。以柱底中心 O 点为简化中心，求这三个力的主矢和主矩。

13. 如图 5-26 所示铰盘，有三根长度为 l 的铰杠，杠端各作用一垂直于杠的力 F。求该力系向铰盘中心 O 点的简化结果。如果向 A 点简化，结果怎样？为什么？

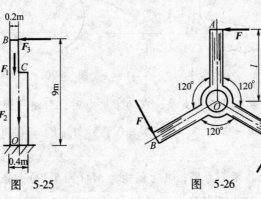

图 5-25   图 5-26

14. 不平衡的平面一般力系，已知 $\sum F_x = 0$，且 $\sum M_O(F) = -10\,\text{N}\cdot\text{m}$，其中 O 点为简化中心，又知该力系合力作用线到 O 点的距离为 1m，试求此合力的大小和方向，并标出合力作用线的位置。

15. 如图 5-27 所示等边三角形板 ABC，边长 a，今沿其边缘作用大小均为 F 的力，各力的方向如图 5-27a 所示，试求三力的合力结果。若三力的方向改变成如图 5-27b 所示，其合成结果如何？

16. 重力坝受力情况如图 5-28 所示。设坝的自重 $G_1 = 9600\text{kN}$，$G_2 = 21600\text{kN}$。水压力 $F = 10120\text{kN}$，试将这个力系向坝底 O 点简化，并求其最后的简化结果。

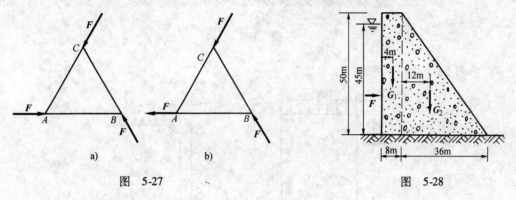

图 5-27　　　　　　　　图 5-28

17. 求图 5-29 所示各梁的支座反力。

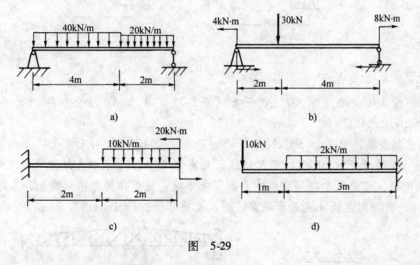

图 5-29

18. 求图 5-30 所示多跨静定梁的支座反力。

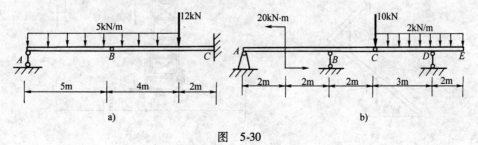

图 5-30

19. 如图 5-31 所示，起重工人为了把高 10m，宽 1.2m，重量 $G = 200$kN 的塔架立起来，首先用垫块将其一端垫高 1.56m，而在其另一端用木桩顶住塔架，然后再用卷扬机拉起塔架。试求当钢丝绳处于水平位置时，钢丝绳的拉力需多大才能把塔架拉起？并求此时木桩对塔架的约束反力（提示：木桩对塔架可视为铰链约束）。

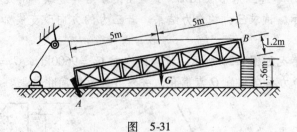

图 5-31

20. 求图 5-32 所示刚架的支座反力。

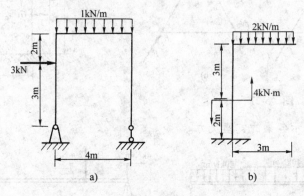

图 5-32

21. 匀质杆 ABC 挂在绳索 AD 上而平衡（图 5-33）。已知 AB 段长为 l，重为 G；BC 段长为 $2l$，重为 $2G$，$\angle ABC = 90°$，求 α 角。

22. 塔式起重机，重 $G_1 = 500$kN（不包括平衡锤重 G_2）作用于点 C，如图 5-34 所示。跑车 E 的最大起重量 $F = 250$kN，离 B 轨最远距离 $l = 10$m，为了防止起重机左右翻倒，需在 D 处加一平衡锤，要使跑车在满载或空载时，起重机在任何位置都不致翻倒，求平衡锤的最小重量 G_2 和平衡锤到左轨 A 的最大距离。跑车自重不计，$e = 1.5$m，$b = 3$m。

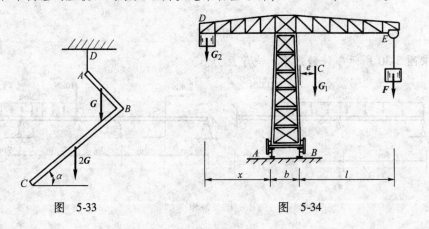

图 5-33　　　　　　图 5-34

第六章 轴向拉伸与压缩

学习目标：了解轴向拉压时构件的受力与变形特点；掌握轴向拉压时构件的内力、应力、变形的计算；理解胡克定律；掌握强度条件及应用。

第一节 轴向拉伸与压缩的概念

在房屋建筑工程中，经常见到这样一些构件，如图 6-1a 所示的砖柱，图 6-1b 所示的起重架中的杆 *AC* 和 *BC*，它们的受力与变形形式都是轴心拉伸或压缩。

这些受拉或受压的杆件虽外形各有差异，加载方式也并不相同，但它们的共同特点是：作用于杆件上的外力合力的作用线与杆件轴线重合，杆件变形是沿轴线方向的伸长或缩短。所以，若把这些杆件的形状和受力情况进行简化，都可以简化成图 6-2 所示的受力简图。图中用实线表示受力前的外形，虚线表示变形后的形状。

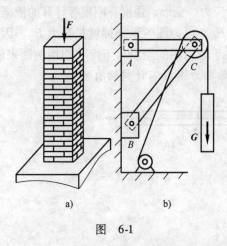

图 6-1

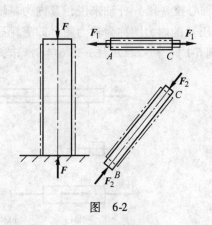

图 6-2

一、轴向拉伸或压缩时横截面上的内力

求内力的基本方法是截面法，它不但在本节中用于求轴心拉（压）杆的内力，而且将在以后各节中用于求其他各种变形形式杆件的内力，因此应着重掌握它。下面通过对图 6-3a 所示的轴心受压杆求横截面的内力，来阐明截面法。

1）沿欲求内力的横截面，假想地把构件截开为两部分。任取一部分截离体作为研究对象，而弃去另一部分（图 6-3b 或图 6-3c）。

2）在截离体的截面上加上原有的内力，代替截去

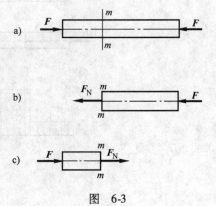

图 6-3

部分对截离体的作用，使截离体得以像未截开之前一样处于平衡状态。这里，杆件左右两段在横截面上相互作用的内力是一个分布力系，其合力为 F_R。由截离体的平衡条件可知，轴心拉（压）杆横截面的内力，只能是轴心力。因为外力的作用线与杆件轴线重合，内力的合力的作用线也必然与杆件的轴线重合，所以称为**轴力**。习惯上，把拉伸时的轴力规定为正，压缩时的轴力规定为负。在求轴力的时候，通常把轴力设成拉力，即假设轴力的箭头是背离截面的。

3）建立所取研究对象的平衡方程，并解出所欲求的内力，这里是轴力 F_N。由平衡方程 $\sum F_x = 0$，得

$$-F_N - F = 0$$
$$F_N = -F$$

在这里求出 F_N 的结果为负，说明横截面上轴力与假设的方向（或性质）相反，是压力。

二、轴向拉（压）杆的内力图

若沿杆件轴线作用的外力多于两个，则在杆件各部分的横截面上的轴力不尽相同。逐次地运用截面法，可求得杆件上所有的横截面上的内力。以与杆件轴线平行的横坐标轴 x 表示各横截面位置，以纵坐标表示相应的内力值，这样作出的内力图形称为内力图。内力图清晰、完整地表示出杆件的各横截面上的内力，是进而进行应力、变形、强度、刚度等计算的依据。

对轴心拉（压）杆轴来说，其内力是轴力 F_N，内力图的纵坐标就是轴力 F_N。因此，轴心拉（压）的内力图称为轴力图，即 F_N 图。关于轴力图的绘制，下面我们用例题来说明。

[例6-1] 轴心拉压杆如图 6-4a 所示，求作轴力图（不计杆的自重）。

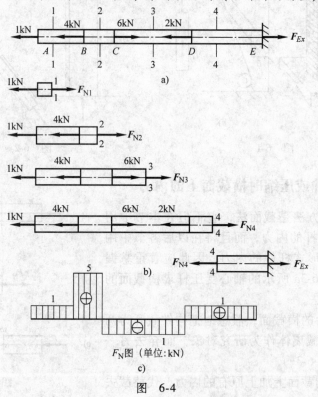

图 6-4

[**解**]　一般来说，解题首先应识别问题的种类。由该杆的受力特点，可知它的变形是轴心拉压，其内力是轴力 F_N。

由杆件的整体平衡条件求出支座反力。对于本例题这类具有自由端的构件或结构，一般以取含自由端的一段为截离体较好，这样可免求支座反力。

用截面法求内力。各截离体如图所示，由各截离体的平衡条件求得各段中的轴力。

AB 段：由 $\sum F_x = 0$，得

$$F_{N1} - 1\text{kN} = 0$$
$$F_{N1} = 1\text{kN}$$

BC 段：由 $\sum F_x = 0$，得

$$F_{N2} - (4+1)\text{kN} = 0$$
$$F_{N2} = 5\text{kN}$$

CD 段：由 $\sum F_x = 0$，得

$$F_{N3} + (6-4-1)\ \text{kN} = 0$$
$$F_{N3} = -1\text{kN}$$

DE 段：由 $\sum F_x = 0$，得

$$F_{N4} + (-2+6-4-1)\text{kN} = 0$$
$$F_{N4} = 1\text{kN}$$

如果在前面已求得右端支座反力，则也可以取含支座端一段截离体求解。如求 DE 段中的 F_{N4}（图 6-4b）：

由 $\sum F_x = 0$ 得

$$F_{N4} - F_{Ex} = 0$$
$$F_{N4} = F_{Ex} = 1\text{kN}$$

根据杆上各段截面 F_N 值作轴力图，如图 6-4c 所示。

内力图一般都应与受力图对正。对 F_N 图而言，当杆水平放置或倾斜放置时，正值应画在与杆件轴线平行的横坐标轴的上方或斜上方，而负值则画在下方或斜下方，并必须标出符号 + 或 −，如图 6-4c 所示。当杆件竖直放置时，正负值可分别画在一侧并标出 + 或 −。内力图上必须标全横截面的内力值及其单位，还应适当地画出一些垂直于横坐标轴的纵坐标线。内力图旁应标明为何种内力图。横坐标轴名称 x 可以不标出，纵坐标 F_N 也可以不画。当熟练时，各截离体图亦可不必画出。

[**例6-2**]　竖柱 AB 如图 6-5a 所示，其横截面为正方形，边长为 a，柱高 h；材料的堆密度为 γ；柱顶受荷载 F 作用。求作它的轴力图。

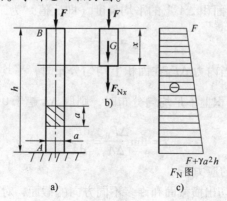

图　6-5

[解] 由受力特点识别该柱子属于轴心拉压杆，其轴力是 F_N。

考虑柱子的自重荷载，以竖向的 x 坐标表示横截面位置，则该柱各横截面的轴力是 x 的函数。对任意 x 截面取上段为研究对象，截离体如图 6-5b 所示。图中，F_{Nx} 是任意 x 截面的轴力；$G = \gamma a^2 x$ 是该段截离体的自重。

由 $\sum F_x = 0$，得

$$F_{Nx} + F + G = 0$$

$$F_{Nx} = -F - \gamma a^2 x \qquad (0 \leqslant x \leqslant h)$$

上式称为该柱的轴力方程。该轴力方程是 x 的一次函数，故只需求得两点连成直线，即得 F_N 图，如图 6-5c 所示。

当 $x \to 0$ 时，得 B 下邻截面的轴力为

$$F_{NBA} = -F$$

当 $x \to h$ 时，得 A 上邻截面的轴力为

$$F_{NAB} = -F - \gamma a^2 h$$

应注意式中符号及其意义，第二个下角标表示所求内力的截面处，第三个下角标表示杆件上有关的相邻截面。以后，表示这种相邻截面的其他内力都用此法。

第二节　轴向拉压时横截面上的正应力

上节已经详细讨论了轴向拉压时的内力及内力图，本节来讨论构件的应力。由内力计算构件横截面上各点处的应力，是为对构件作强度计算作准备。

上节讨论的内力，是构件横截面上的内力，并未涉及横截面的形状和尺寸。而只根据轴力并不能判断杆件是否有足够的强度。例如用同一材料制成粗细不同的两根杆，在相同的拉力下，两杆的轴力自然是相同的。但当拉力逐渐增大时，细杆必定先被拉断。这说明拉杆的强度不仅与轴力的大小有关，而且与横截面面积有关。所以必须用横截面上的应力来度量杆件的受力程度。

一、截面上一点处的应力的概念

如图 6-6 所示，某一受力的构件截离体，在截面上某点处取微小面积 ΔA，ΔA 上微内力的合力为 ΔF_R。内力 ΔF_R 在面积 ΔA 上的平均集度（即比值）为

$$f_m = \frac{\Delta F_R}{\Delta A} \tag{6-1a}$$

f_m 称为 ΔA 上的平均应力。当内力 ΔF_R 在面积上均匀分布时，平均应力即称为该截面上该点处的应力；当内力 ΔF_R 在面积上不是均匀分布时，则取 ΔA 趋于 0 时 $\dfrac{\Delta F_R}{\Delta A}$ 的极限值，即

$$f = \lim_{\Delta A \to 0} \frac{\Delta F_R}{\Delta A} = \frac{\mathrm{d} F_R}{\mathrm{d} A} \tag{6-1b}$$

f 称为该截面上该点处的应力。

过构件上的某一点可以切出横截面和许多不同方向的截面，对这些不同方向的截面来说，该点处的应力值是不同的。因此，说到一点处的应力，应该指明是对哪个方向的截面而言。

上述的应力 f，也称为该截面上该点处的总应力。为了便于计算，总是把它分解为两个分量，如图 6-7b 所示，垂直于截面的分量 σ 称为正应力，其正负规定与轴力 F_N 相同，并分别称为拉应力和压应力；平行于截面的分量 τ 称为切应力，其正负规定与剪力 F_Q 相同。

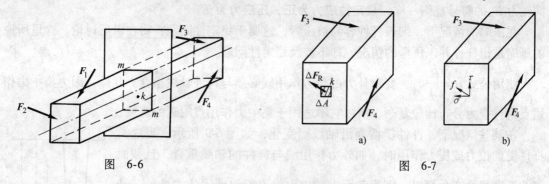

图 6-6　　　　　　　　　　　　　图 6-7

应力是矢量。应力的量纲是 $\dfrac{[力]}{[长度^2]}$，其基本单位是 N/m^2 或 Pa（帕斯卡），工程上常用 MPa（兆帕）和 GPa（吉帕），其换算关系为

$$1Pa = 1N/m^2$$
$$1MPa = 1 \times 10^6 Pa = 1N/mm^2$$
$$1GPa = 1 \times 10^9 Pa$$

二、轴向拉（压）时横截面上的正应力

在拉（压）杆的横截面上，与轴力 F_N 对应的应力是正应力 σ。我们研究的材料是连续的，由于横截面上到处都存在着内力，若以 A 表示横截面的面积，则各微面积 dA 上的内力元素 σdA 组成一个垂直于横截面的平行力系，其合力就是轴力 F_N。于是得静力关系

$$F_N = \int_A \sigma dA \tag{a}$$

因为还不知道 σ 在横截面上的分布规律，只由上式并不能确立 F_N 与 σ 之间的关系。这就必须从研究杆件的变形入手，以确定应力的分布规律。

拉伸变形前，在等直杆的侧面上画垂直于杆轴的直线 ab 和 cd，如图 6-8 所示。拉伸变形后，发现 ab 和 cd 仍为直线，且仍然垂直于轴线，只是分别平行地移至 $a'b'$ 和 $c'd'$。根据这一现象，提出如下的假设：**变形前原为平面的横截面，变形后仍保持为平面。**这就是著名的**平面假设**，由这一假设可以推断，拉杆所有纵向纤维的伸长相等。又因我们研究的材料是均匀的，各纵向纤维的性质相同，因而其受力也就一样。所以杆件横截面上的内力是均匀分布的，即在**横截面上各点处的正应力都相等**，σ 等于常量。于是由式 $F_N = \int_A \sigma dA$ 得出

图 6-8

$$F_N = \sigma \int_A dA = \sigma A \tag{b}$$

$$\sigma = \frac{F_N}{A} \tag{6-2}$$

这就是拉杆横截面上正应力 σ 的计算公式。当为压力时，它同样可用于压应力计算。同轴力 F_N 的符号规则一样，**规定拉应力为正，压应力为负**。

在压缩的情况下，细长杆件容易被压弯，这属于稳定性问题，将在以后讨论。这里所说的压缩是指杆件并未压弯的情况，即不涉及稳定性问题。

使用公式 $\sigma = \frac{F_N}{A}$ 时，要求外力的合力作用线必须与杆件轴线重合。此外，因为集中力作用点附近应力分布比较复杂，所以它不适用于集中力作用点附近的区域。

在某些情况下，杆件横截面沿轴线而变化，如图 6-9 所示。当这类杆件受到拉力或压力作用时，如外力作用线与杆件的轴线重合，且截面尺寸沿轴线的变化缓慢，则横截面上的应力仍可近似地用公式 $\sigma = \frac{F_N}{A}$ 计算。这时横截面面积不再是常量，而是轴线坐标 x 的函数。若以 A_x 表示坐标为 x 处的横截面的面积，F_{Nx} 和 σ_x 表示横截面上的轴力和应力，由公式 $\sigma = \frac{F_N}{A}$ 得

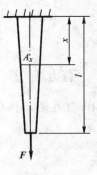

$$\sigma_x = \frac{F_{Nx}}{A_x} \tag{6-3}$$

图 6-9

[**例 6-3**] 如图 6-10 所示为一悬臂起重机，斜杆 AB 为直径 $d = 20\text{mm}$ 的钢杆，荷载 $F = 15\text{kN}$。当 F 移到点 A 时，求斜杆 AB 横截面上的应力。

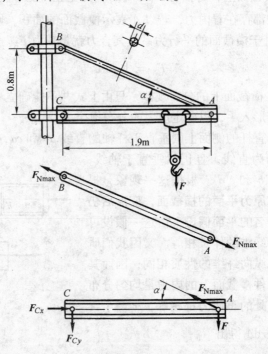

图 6-10

[**解**]　当荷载 F 移到 A 点时，斜杆 AB 受到的拉力最大，设其值为 F_{Nmax}，由横梁的平衡条件 $\sum M_C = 0$，得

$$F_{Nmax} \sin\alpha \times AC - F \times AC = 0$$

$$F_{Nmax} = \frac{F}{\sin\alpha}$$

由三角形 ABC 的几何形状可求出

$$\sin\alpha = \frac{BC}{AB} = \frac{0.8}{\sqrt{0.8^2 + 1.9^2}} = 0.388$$

代入 F_{Nmax} 的表达式，得

$$F_{Nmax} = \frac{F}{\sin\alpha} = \left(\frac{15}{0.388}\right) \text{kN} = 38.7\text{kN}$$

即斜杆 AB 的轴力为

$$F_{NAB} = F_{Nmax} = 38.7\text{kN}$$

由此求得 AB 杆横截面上的应力为

$$\sigma = \frac{F_{NAB}}{A} = \frac{38.7 \times 10^3}{\frac{\pi}{4} \times 20^2}\text{N}/\text{mm}^2 = 123\text{MPa}$$

三、直杆受轴向拉伸或压缩时斜截面上的应力

前面讨论了直杆轴向拉伸或压缩时，横截面上正应力的计算，今后将用这一应力作为强度计算的主要依据。但通过对不同材料进行实验研究表明，拉（压）杆的破坏并不都是沿横截面发生，有时是沿斜截面发生的。因此，为了更全面地研究拉（压）杆的强度，应进一步分析斜截面上的应力。

如图 6-11a 所示，设直杆的轴向拉力为 F，横截面面积为 A。由公式 $\sigma = \frac{F_N}{A}$ 可知，横截面上正应力 σ 为

$$\sigma = \frac{F_N}{A} = \frac{F}{A}$$

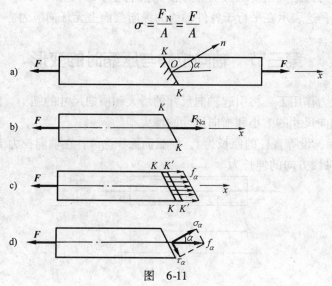

图　6-11

设与横截面成 α 角的斜截面 K-K 的面积为 A_α，则 A_α 与 A 之间的关系为

$$A_\alpha = \frac{A}{\cos\alpha}$$

如图 6-11b 所示，若沿斜截面 K-K 假想地把杆件分成两部分，以 F_α 表示斜截面 K-K 上的内力，由左段的平衡条件可知

$$F_\alpha = F$$

仿照证明横截面上正应力均匀分布的方法，也可得出斜截面上应力均匀分布的结论。若以 f_α 表示斜截面 K-K 上的应力，于是有

$$f_\alpha = \frac{F_\alpha}{A_\alpha} = \frac{F}{A_\alpha}$$

把 $A_\alpha = \dfrac{A}{\cos\alpha}$ 代入上式，并注意到 $\sigma = \dfrac{F}{A}$，得

$$f_\alpha = \frac{F}{A}\cos\alpha = \sigma\cos\alpha$$

如图 6-11d 所示，把应力分解成垂直于斜截面的正应力 σ_α 和平行于斜截面的切应力 τ_α，则有

$$\left.\begin{array}{l} \sigma_\alpha = f_\alpha\cos\alpha = \sigma\cos^2\alpha \\[2mm] \tau_\alpha = f_\alpha\sin\alpha = \sigma\cos\alpha\sin\alpha = \dfrac{\sigma}{2}\sin2\alpha \end{array}\right\} \tag{6-4}$$

由上式可知，σ_α 和 τ_α 都是 α 的函数，所以斜截面的方位不同，截面上的应力也就不同。当 $\alpha = 0$ 时，斜截面 K-K 成为垂直于轴线的横截面，σ_α 达到最大值，且

$$\sigma_{\alpha max} = \sigma$$

当 $\alpha = 45°$ 时，τ_α 达到最大值，且

$$\tau_{\alpha max} = \frac{\sigma}{2}$$

可见，轴向拉伸（压缩）时，在杆件的横截面上正应力为最大值；在与杆件轴线成45°的斜截面上，切应力为最大值。最大切应力在数值上等于最大正应力的1/2。此外，当 $\alpha = 90°$ 时，$\sigma_\alpha = \tau_\alpha = 0$，这表示在平行于杆件轴线的纵向截面上无任何应力。

第三节　轴向拉伸与压缩时的变形

直杆在轴向拉力作用下，将引起轴向尺寸的增大和横向尺寸的缩小。反之，在轴向压力作用下，将引起轴向尺寸的缩小和横向尺寸的增大。

如图 6-12 所示，设等直杆的原长为 l，横截面面积为 A。在轴向拉力 F 作用下，长度由 l 变为 l_1。杆件在轴线方向的伸长为

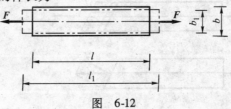

图　6-12

$$\Delta l = l_1 - l$$

对 Δl，规定杆件受拉伸长时 Δl 为正，受压缩短时 Δl 为负。显然，杆件的伸长量 Δl 与杆件的原长 l 有关，为了消除杆件长度的影响，将 Δl 除以 l，得杆件轴线方向单位长度的伸长量，用以说明杆件在轴向的变形程度，称为轴向拉压杆的**纵向线应变**，用 ε 表示

$$\varepsilon = \frac{\Delta l}{l} \tag{6-5}$$

上式也可改写为

$$\Delta l = \varepsilon l \tag{6-5a}$$

若纵向线应变 ε 为已知，则可以由上式求得轴向拉压杆的纵向变形 Δl。由此可见，杆件的变形是杆件各点应变的总和。

研究表明，在轴向拉压杆的正应力 σ 和纵向线应变 ε 之间，存在正比关系，即

$$\sigma \propto \varepsilon$$

引入比例常数 E，上式可写为

$$\sigma = E\varepsilon \tag{6-6}$$

式中，E 是比例常数，称为材料的**弹性模量**，常用单位是 MPa，E 的值随材料不同而不同，它的具体值可由实验来测定。几种常用材料的 E 值见表6-1。

表 6-1　几种常用材料的 E 和 μ 的约值

材料名称	E/GPa	μ
碳　　　钢	196 ~ 216	0.24 ~ 0.28
合　金　钢	186 ~ 206	0.25 ~ 0.30
灰　铸　铁	78.5 ~ 157	0.23 ~ 0.27
铜及其合金	72.6 ~ 128	0.31 ~ 0.42
铝　合　金	70	0.33

式（6-6）称为材料的**单向胡克定律**。其意义为：**当应力不超过材料的比例极限时，应力与应变成正比。**

若把 $\sigma = \dfrac{F_N}{A}$、$\varepsilon = \dfrac{\Delta l}{l}$ 两式代入式（6-6）中得

$$\Delta l = \frac{F_N l}{EA} = \frac{Fl}{EA} \tag{6-7}$$

上式表明：**应力不超过比例极限时，杆件的伸长 Δl 与拉力 F 及杆件的原长度 l 成正比，与横截面面积 A 成反比。**这是胡克定律的另一表达式。以上结果同样可以用于轴向压缩的情况，只要把轴向拉力改为压力，把伸长改为缩短就可以了。

从 $\Delta l = \dfrac{F_N l}{EA} = \dfrac{Fl}{EA}$ 看出，对长度相同，受力相等的杆件，EA 越大则变形越小，所以 EA 称为杆件的**抗拉（或抗压）刚度**。

若杆件变形前的横向尺寸为 b，变形后为 b_1，则横向线应变为

$$\varepsilon' = \frac{\Delta b}{b} = \frac{b_1 - b}{b} \tag{6-8}$$

试验结果表明：当应力不超过比例极限时，横向线应变 ε' 与纵向线应变 ε 之比的绝对

值是一个常数，即

$$\mu = \left| \frac{\varepsilon'}{\varepsilon} \right| \tag{6-9}$$

μ 称为横向变形系数或泊松比，是一个没有量纲的量。

因为当杆件轴向伸长时，横向缩小；而轴向缩短时，横向增大。所以 ε' 和 ε 的符号总是相反的。这样，ε' 和 ε 的关系可以写成

$$\varepsilon' = -\mu\varepsilon \tag{6-10}$$

和弹性模量 E 一样，泊松比也是材料固有的弹性常数。表 6-1 中摘录了几种常用材料的 E 和 μ 值。

当横截面尺寸或轴力沿杆件轴线变化而并非常量时，上述计算变形的方法应稍作变化。在变截面的情况下，如果截面尺寸沿轴线的变化是平缓的，且外力作用线与轴线重合，如图 6-13 所示。这时如用相邻横截面从杆中取出长度为 dx 的微段，并以 A_x 和 $\boldsymbol{F}_{Nx}$ 分别表示横截面面积和横截面上的轴力，把公式 $\Delta l = \dfrac{F_N l}{EA}$ 应用于这一微段，求得微段的伸长为

$$d(\Delta l) = \frac{F_{Nx} dx}{EA_x}$$

将上式积分，得杆件的伸长为

$$\Delta l = \int_l \frac{F_{Nx} dx}{EA_x} \tag{6-10a}$$

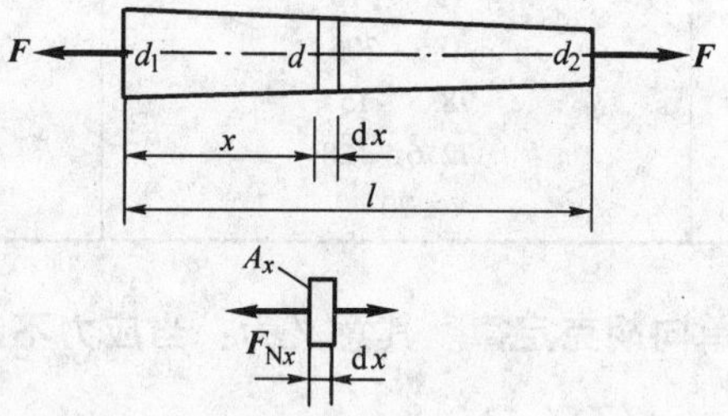

图　6-13

在等截面杆的情况下，当轴力不是常量时，也可按上述方法计算变形。

[例6-4] 如图 6-14 所示，阶梯杆受轴向荷载作用。杆件材料的抗拉、抗压性能相同。$l_1 = 100\text{mm}$，$l_2 = 50\text{mm}$，$l_3 = 200\text{mm}$；材料的 $E = 2 \times 10^5 \text{MPa}$，$\mu = 0.3$。求：（1）各段的纵向线应变。（2）全杆的纵向变形。（3）各段直径的改变量。

[解] （1）求得 AB、BC、CD 三段的内力分别为

$$F_{NAB} = F_{NBC} = -4\text{kN}$$

$$F_{NCD} = 3\text{kN}$$

AB、BC、CD 三段的应力分别为

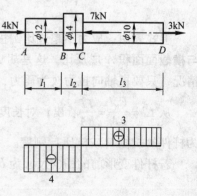

图　6-14

$$\sigma_{AB} = \frac{4F_{NAB}}{\pi \times 12^2} = -(\frac{4 \times 4 \times 10^3}{\pi \times 12^2}) \text{MPa} = -35.4 \text{MPa}$$

$$\sigma_{BC} = \frac{4F_{NBC}}{\pi \times 14^2} = -(\frac{4 \times 4 \times 10^3}{\pi \times 14^2}) \text{MPa} = -26.0 \text{MPa}$$

$$\sigma_{CD} = \frac{4F_{NCD}}{\pi \times 10^2} = (\frac{4 \times 3 \times 10^3}{\pi \times 10^2}) \text{MPa} = 38.2 \text{ MPa}$$

则可求得 AB、BC、CD 三段的纵向线应变为

$$\varepsilon_{AB} = \frac{\sigma_{AB}}{E} = \frac{-35.4}{2 \times 10^5} = -1.77 \times 10^{-4}$$

$$\varepsilon_{BC} = \frac{\sigma_{BC}}{E} = \frac{-26.0}{2 \times 10^5} = -1.3 \times 10^{-4}$$

$$\varepsilon_{CD} = \frac{\sigma_{CD}}{E} = \frac{38.2}{2 \times 10^5} = 1.91 \times 10^{-4}$$

（2）杆的纵向变形

$$\begin{aligned}\Delta l &= \varepsilon_{AB} l_1 + \varepsilon_{BC} l_2 + \varepsilon_{CD} l_3 \\ &= (-1.77 \times 10^{-4} \times 100 - 1.3 \times 10^{-4} \times 50 + 1.91 \times 10^{-4} \times 200) \text{mm} \\ &= 1.4 \times 10^{-2} \text{mm}\end{aligned}$$

（3）各段直径的变化

$$\Delta d_{AB} = \varepsilon'_{AB} d_{AB} = -\mu \varepsilon_{AB} d_{AB} = -0.3 \times (-1.77 \times 10^{-4}) \times 12 \text{mm} = 6.37 \times 10^{-4} \text{mm}$$

$$\Delta d_{BC} = \varepsilon'_{BC} d_{BC} = -\mu \varepsilon_{BC} d_{BC} = -0.3 \times (-1.3 \times 10^{-4}) \times 14 \text{mm} = 5.46 \times 10^{-4} \text{mm}$$

$$\Delta d_{CD} = \varepsilon'_{CD} d_{CD} = -\mu \varepsilon_{CD} d_{CD} = -0.3 \times 1.91 \times 10^{-4} \times 10 \text{mm} = -5.73 \times 10^{-4} \text{mm}$$

[**例6-5**] 图6-15所示结构中，AB 为刚性杆，B 端受荷载 $F = 10 \text{kN}$ 作用。拉杆 CD 的横截面面积 $A = 4 \text{cm}^2$，材料的 $E = 200 \text{GPa}$。$\angle ACD = 45°$，求 B 端的竖向位移 Δ_{By}。

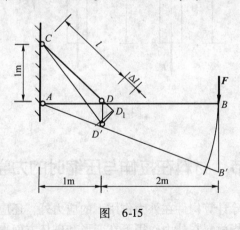

图 6-15

[**解**] 取 AB 杆为研究对象，由 $\sum M_A = 0$ 求得 CD 杆中的拉力为

$$F_{NCD} = \frac{F \times 3}{1 \times \sin 45°} = \frac{10 \times 3}{0.707} \text{kN} = 42.43 \text{kN}$$

则拉杆 CD 的纵向变形

$$\Delta l = \frac{F_{NCD}l_{CD}}{EA} = \frac{42.43 \times 10^3 \times 1.414 \times 10^3}{200 \times 10^3 \times 4 \times 10^2} \text{mm} = 0.75 \text{mm}$$

如图 6-15，由于变形微小，则 D、B 点实际移动的圆弧线可用其切线 DD'、D_1D'、BB' 代替。根据几何关系得

$$\overline{DD'} = \frac{\Delta l}{\cos 45°} = \frac{0.75}{0.707} \text{mm} = 1.06 \text{mm}$$

则 B 端的竖向位移

$$\Delta_{By} = \overline{BB'} = 3\overline{DD'} = 3 \times 1.06 \text{mm} = 3.18 \text{mm} \quad (向下)$$

[例 6-6]　如图 6-16 所示等截面直杆，已知其原长 l、横截面积 A、材料的堆密度 γ、弹性模量 E，直杆受自重和下端处集中力 F 作用。求该杆下端面的竖向位移 Δ_{By}。

[解]　取截离体如图所示，求得内力

$$F_{Nx} = F + G = F + \gamma A x$$

在 x 截面处取微段 $\mathrm{d}x$ 如图 6-16 所示。由于是微段，所以可以略去两端内力的微小差值，则微段的变形

$$\mathrm{d}\Delta l = \frac{F_{Nx}\mathrm{d}x}{EA}$$

积分得全杆的变形就是 B 端竖向位移

$$\Delta_{By} = \Delta l = \int_0^l \frac{F_{Nx}\mathrm{d}x}{EA} = \int_0^l \frac{F + \gamma A x}{EA}\mathrm{d}x = \frac{Fl}{EA} + \frac{\gamma l^2}{2E}$$

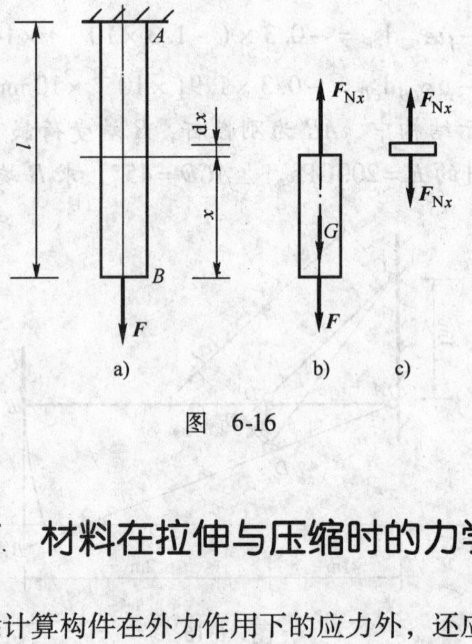

图　6-16

第四节　材料在拉伸与压缩时的力学性能

分析构件的强度时，除计算构件在外力作用下的应力外，还应了解材料的力学性能。所谓材料的力学性能主要是指材料在外力作用下在变形和破坏方面表现出来的特性。了解材料的力学性能主要通过试验的方法。

一、材料拉伸时的力学性能

在室温下，以缓慢平稳加载的方式进行的拉伸试验，称为常温、静载拉伸试验。它是确

定材料力学性能的基本试验。拉伸试件的形状如
图6-17所示，中间为较细的等直部分，两端加粗。在中
间等直部分取长为 l 的一段作为工作段，l 称为标距。
为了便于比较不同材料的试验结果，应将试件加工成标
准尺寸。对圆截面试件，标距 l 与横截面直径 d 有两种
比例：$l=10d$ 和 $l=5d$，分别称为长试件和短试件。

对矩形截面试件，标距 l 与横截面面积 A 之间的

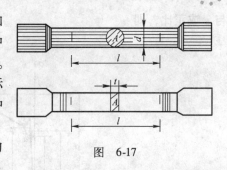

关系规定为：$l=11.3\sqrt{A}$ 和 $l=5.65\sqrt{A}$。

图　6-17

由国家规定的试验标准，对试件的形状、加工精度、试验条件等都有具体的规定。试验
时使试件受轴向拉伸，通过观察试件从开始受力直到拉断的全过程，了解试件受力与变形之
间的关系，从而确定材料力学性能的各项指标。由于材料品种很多，常以典型塑性材料低碳
钢和典型脆性材料铸铁为代表，来说明材料在拉伸时的力学性能。

（一）低碳钢在拉伸时的力学性能

低碳钢一般是指碳的质量分数在 0.3% 以下的碳素钢。在拉伸试验中，低碳钢表现出来
的力学性能最为典型，在工程上，低碳钢也是使用较广的钢材之一。

试件装上试验机后，缓缓加载。试验机的示力盘上指出一系列拉力 F 的数值，表示相
应的拉力 F 值，测距仪同时测出试件标距 l 的伸长量 Δl。以纵坐标表示拉力 F，横坐标表示
伸长量 Δl。根据测得的一系列数据，作图表示 F 和 Δl 的关系，如图6-18 所示，称为拉伸图
或 F—Δl 曲线。

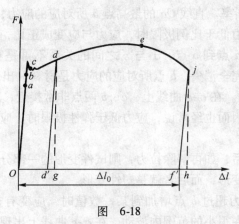

图　6-18

F—Δl 曲线与试件尺寸有关。为了消除试件尺寸的影响，把拉力除以试件横截面的原始
面积 A，得出试件横截面上的正应力：$\sigma=\dfrac{F}{A}$；同时，把伸长量 Δl 除以标距的原始长度 l，

得到试件在工作段内的应变：$\varepsilon=\dfrac{\Delta l}{l}$。以 σ 为纵坐标，ε 为横坐标，作图表示 σ 与 ε 的关

系，如图6-19 所示，称为应力应变图或 σ-ε 曲线。

1. σ-ε 曲线的四个阶段

根据试验结果分析，低碳钢的 σ-ε 曲线可以分为如下四个阶段：

（1）弹性阶段　在拉伸的初始阶段，σ 与 ε 的关系为直线 Oa，这表示在这一阶段内 σ

与 ε 成正比，即

$$\sigma \propto \varepsilon$$

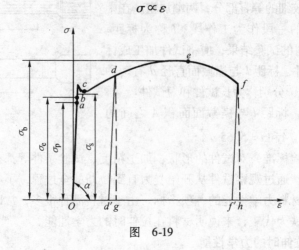

图 6-19

或者把它写成等式

$$\sigma = E\varepsilon$$

这就是拉伸或压缩的胡克定律。式中 E 为与材料有关的比例常数（弹性模量）。由公式 $\sigma = E\varepsilon$，并从 $\sigma\text{-}\varepsilon$ 曲线的直线部分看出

$$E = \frac{\sigma}{\varepsilon} \tag{6-11}$$

所以 E 是直线 Oa 的斜率。直线 Oa 的最高点 a 所对应的应力，用 σ_p 来表示，称为材料的比例极限。可见，当应力低于比例极限时，应力与应变成正比，材料服从胡克定律。

超过比例极限后，从 a 点到 b 点，σ 与 ε 之间的关系不再是直线。但变形仍然是弹性的，即解除拉力后变形将完全消失。b 点所对应的应力是材料只出现弹性变形的极限值，称为弹性极限，用 σ_e 来表示。在 $\sigma\text{-}\varepsilon$ 曲线上，a、b 两点非常接近，所以工程上对弹性极限和比例极限并不严格区分。因而也经常说，应力低于弹性极限时，应力与应变成正比，材料服从胡克定律。

在应力大于弹性极限后，如再解除拉力，则试件变形的一部分随之消失，但有一部分变形不能消失。前者是弹性变形，而后者就是塑性变形。

（2）屈服阶段　当应力超过 b 点增加到某一数值时，应变有非常明显的增加，而对应的应力值先是下降，然后在很小的范围内波动，在 $\sigma\text{-}\varepsilon$ 曲线上出现接近水平线的小锯齿形线段。这种应力先是下降然后即基本保持不变，而应变显著增加的现象，称为屈服或流动。在屈服阶段内的最高应力和最低应力分别称为上屈服极限和下屈服极限。上屈服极限的数值与试件形状、加载速度等因素有关，一般是不稳定的。下屈服极限则有比较稳定的数值，能够反应材料的性质。通常把下屈服极限称为**屈服极限或流动极限，用 σ_s 来表示**。

表面磨光的试件在应力达到屈服极限时，表面将出现与轴线大致成45°倾角的条纹，如图 6-20 所示。这是由于材料内部晶格之间相对滑移而成的，称为滑移线。因为拉伸时在与杆轴线成45°的斜截面上，剪应力为最大值，可见屈服现象的出现与最大剪应力有关。

当材料屈服时，将引起显著的塑性变形。由于材料的塑性变形将影响其正常工作，所以屈服极限 σ_s 是衡量材料强度的重要指标。

（3）强化阶段　经过屈服阶段后，材料又恢复了抵抗变形的能力，要使它继续变形必须增加拉力。这种现象称为材料的强化。在图 6-19 中，强化阶段中的最高点 e 所对应的应力，是材料所能承受的最大应力，称为**强度极限，用 σ_b 表示**。在强化阶段中，试件的横向尺寸有明显的缩小。

（4）局部变形阶段　过 e 点后，在试件的某一局部范围内，横向尺寸突然缩小，形成颈缩现象，如图 6-21 所示。由于在颈缩部分横截面面积迅速减小，使试件继续伸长所需的拉力也相应减少。在 $\sigma\text{-}\varepsilon$ 图中，用横截面原始面积 A 算出的应力 $\sigma = \dfrac{F}{A}$ 随之下降。降落到 f 点，试件被拉断。

图　6-20　　　　　　　　　　图　6-21

因为应力到达强度极限后，试件出现颈缩现象，随后即被拉断，所以强度极限 σ_b 是衡量材料强度的另一重要指标。

2. 延伸率和断面收缩率

试件拉断后，弹性变形消失，而塑性变形依然保留。试件的长度由原始长度 l 变为 l_1。用百分比表示的比值 δ 称为延伸率

$$\delta = \frac{l_1 - l}{l} \times 100\% \tag{6-12}$$

试件的塑性变形越大，延伸率 δ 也就越大。因此，延伸率是衡量材料塑性的重要指标。低碳钢的延伸率很高，其平均值约为 $\delta = 20\% \sim 30\%$，这说明低碳钢的塑性性质很好。

工程上通常按延伸率的大小把材料分成两大类，$\delta \geqslant 5\%$ 的材料称为塑性材料，如碳钢、黄铜、铝合金等；而把 $\delta < 5\%$ 的材料称为脆性材料，如灰铸铁、玻璃、陶瓷等。

试件拉断后，若以 A_1 表示颈缩处的最小横截面面积，用百分比表示的比值

$$\psi = \frac{A - A_1}{A} \times 100\% \tag{6-13}$$

ψ 称为断面收缩率，也是衡量材料塑性的重要指标；式中 A 为试件横截面的原始面积。

3. 卸载定律及冷作硬化

在低碳钢的拉伸试验中，如把试件拉到超过屈服极限的 d 点，然后逐渐卸除拉力，$\sigma\text{-}\varepsilon$ 曲线将沿着斜直线 dd' 回到 d' 点。斜直线 dd' 近似地平行于 Oa。这说明在卸载过程中，应力和应变按直线规律变化，这就是卸载定律。拉力完全卸除后，$\sigma\text{-}\varepsilon$ 图中，$d'g$ 表示消失了的弹性变形，而 Od' 表示不再消失的塑性变形。

卸载后，如在短期内再次加载，则应力和应变关系大致上沿卸载时的斜直线 $d'd$ 变化，直到 d 点后，又沿曲线 def 变化。可见在再次加载过程中，直到 d 点以前，材料的变形是弹性的，过 d 点后才开始出现塑性变形。比较图 6-19 中的 Oabcdef 和 $d'def$ 两条曲线，可见在第二次加载时，其比例极限（亦即弹性阶段）得到了提高，但塑性变形和延伸率却有所降低。这表示：在常温下把材料预拉到强化阶段，产生塑性变形，然后卸载，当再次加载时，将使材料的比例极限提高而塑性降低。这种现象称为**冷作硬化**。冷作硬化现象经退火后又可

消除。

工程上经常利用冷作硬化来提高材料的弹性。如起重用的钢索和建筑用的钢筋，常用冷拔工艺以提高强度。又如对某些零件进行喷火处理，使其表面发生塑性变形，形成冷硬层，以提高零件表面层的强度。但另一方面，零件初加工后，由于冷作硬化使材料变脆变硬，给下一步加工造成困难，且容易产生裂纹，此时需要在工序之间安排退火，以消除冷作硬化的影响。

（二）其他塑性材料在拉伸时的力学性能

工程上常用的塑性材料，除低碳钢外，还有中碳钢、某些高碳钢和合金钢、铝合金、青铜、黄铜等。图 6-22 中是几种塑性材料的 $\sigma\text{-}\varepsilon$ 曲线。其中有些材料，如 16Mn 钢，和低碳钢一样，有明显的弹性阶段、屈服阶段、强化阶段和局部变形阶段 。有些材料，如黄铜，没有屈服阶段，但其他三阶段却很明显。

对于没有明显屈服阶段的塑性材料，通常以产生 0.2% 的塑性应变所对应的应力作为屈服极限，并称为**条件屈服极限，用 $\sigma_{0.2}$ 来表示**，如图 6-23 所示。

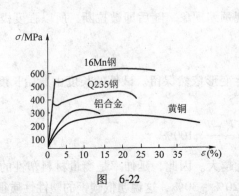

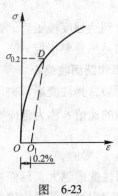

图 6-22   图 6-23

各类碳素钢中随碳的质量分数的增加，屈服极限和强度极限相应增高，但延伸率降低。例如合金钢、工具钢等高强度钢，其屈服极限较高，但塑性性质却较差。

在我国，结合国内资源，近年来发展了普通低合金钢，如 16Mn、15 MnTi 等。这些低合金钢的生产工艺和成本与普通钢相近，但有强度高、韧性好等良好的性能，目前使用颇广。

（三）铸铁拉伸时的力学性能

灰铸铁拉伸时的应力—应变关系是一段微弯曲线，如图 6-24所示，没有明显的直线部分。在较小的拉力下就被拉断，没有屈服和颈缩现象，拉断前的应变很小，延伸率也很小。所以，灰铸铁是典型的脆性材料 。

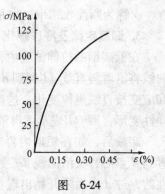

由于铸铁的 $\sigma\text{-}\varepsilon$ 图没有明显的直线部分，弹性模量 E 的数值随应力的大小而变。但在工程中铸铁的拉力不能很高，而在较低的拉应力下，则可近似地认为变形服从胡克定律。通常取曲线的割线代替曲线的开始部分，并以割线的斜率作为弹性模量，称为**割线弹性模量**。

图 6-24

铸铁拉断时的最大应力即为其强度极限，因为没有屈服现象，强度极限是衡量强度的唯一指标。铸铁等脆性材料抗拉强度很低，所以不宜作为抗拉零件的材料。

铸铁经球化处理成为球墨铸铁后，力学性能有显著变化，不但有较高的强度，还有较好的塑性性能。国内不少工厂成功地用球墨铸铁代替钢材制造曲轴、齿轮等零件。

二、材料在压缩时的力学性能

金属材料的压缩试件，一般制成很短的圆柱，以免试验时被压弯。圆柱高度约为直径的1.5~3 倍。

低碳钢压缩时的曲线如图 6-25 所示。试验结果表明：低碳钢压缩时的弹性模量 E、屈服极限 σ_s，都与拉伸时大致相同。屈服阶段以后，试件越压越扁，横截面面积不断增大，试件抗压能力也继续增高，因而压缩时得不到其强度极限。

由于可以从拉伸试验了解到低碳钢压缩时的主要性质，所以不一定要进行压缩试验。

图 6-26 表示铸铁压缩时的 $\sigma\text{-}\varepsilon$ 曲线。试件仍然在较小的变形下突然破坏。破坏断面与轴线大致成45°~50°的倾角。表明这类试件是由于斜截面因剪切而破坏。铸铁的抗压强度极限比它的抗拉强度极限高4~5 倍。其他脆性材料，如混凝土、石料等，抗压强度也远高于抗拉强度。

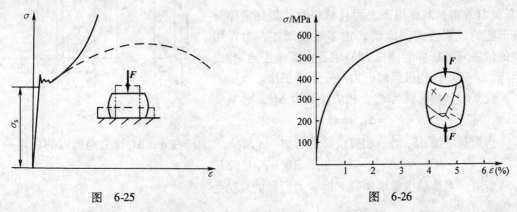

图 6-25   图 6-26

脆性材料抗拉强度低，塑性性能差，但抗压能力强，而且价格低廉，宜作为抗压零件的材料。铸铁坚硬耐磨，易于浇铸成形状复杂的零部件，广泛地用于铸造成机床床身、机座、缸体及轴承座等受压零部件。因此，其压缩试验比拉伸试验更为重要。

综上所述，衡量材料力学性能的指标主要有：比例极限（或弹性极限）σ_p、屈服极限 σ_s、强度极限 σ_b、弹性模量 E、延伸率 δ 和断面收缩率 ψ 等。表6-2 列出了几种常用材料在常温、静载下的主要力学性能。

表6-2 几种常用材料的主要力学性能

材料名称	屈服极限 σ_s/MPa	强度极限 σ_b/MPa		延伸率 δ（%）
		受 拉	受 压	
Q235 钢	220~240	370~460		25~27
16Mn 钢	280~340	470~510		19~31
灰铸铁		98~390	640~1300	<0.5
C20 混凝土		1.6	14.2	
C30 混凝土		2.1	21	
红松（顺纹）		96	32.2	

三、拉（压）杆的变形能

所谓"变形能"，是指弹性体由于变形而得到的一种能量，在恢复原状过程中，这些能量释放出来可以做功。例如弓因弯曲变形而储存能量，释放时能将箭射出一定距离；钟表的发条拧紧以后，在其放松过程中可以使钟表运行，这也是利用发条因弹性变形而储存的能量。因为这种能量是弹性体由于弹性变形而得到的，所以称为**弹性变形能**或简称**变形能**。

弹性体受力时发生变形，弹性体上外力作用点将发生位移，外力将在相应的位移上做功。如果略去其他能量的微小损失，则根据能量守恒原理，外力做的功 W 全部转变为物体的变形能 U，即

$$U = W \tag{6-14}$$

变形能的单位与功的单位相同，为 J，$1J = 1N \cdot m$。根据 $U = W$ 可以解决杆件变形的有关问题，这种解决问题的方法称为能量法。

现在以图 6-27 所示的拉杆为例进一步说明拉（压）杆在静荷载作用下，而且材料服从胡克定律时变形能的计算公式。荷载 F 由零缓慢增加，力作用点的位移（即杆件的伸长 Δl）也是由零缓慢地增加，当应力未超出比例极限时，力与变形成正比。

设某时刻的荷载为 F_1，相应位移为 Δl_1，则

$$F_1 = \Delta l_1 \tan\alpha$$

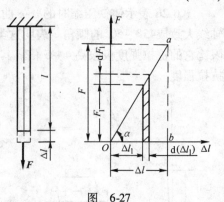

图　6-27

当荷载增加 $\mathrm{d}F_1$ 时，相应位移也增加 $\mathrm{d}(\Delta l_1)$，力 F_1 在 $\mathrm{d}(\Delta l_1)$ 方向所做的功为

$$\mathrm{d}W = F_1 \mathrm{d}(\Delta l_1)$$

所以，当荷载由零增加到 F 时，力所做的总功为

$$W = \int_0^{\Delta l} F_1 \mathrm{d}(\Delta l_1) = \int_0^{\Delta l} \Delta l_1 \tan\alpha \mathrm{d}(\Delta l_1)$$

$$= \frac{1}{2}\tan\alpha(\Delta l)^2 = \frac{1}{2}F \cdot \Delta l$$

这就是图 6-27 所示 $\triangle Oab$ 的面积。

由 $U = W$ 可知，积储在杆内的变形能为

$$U = \frac{1}{2}F \cdot \Delta l \tag{6-15}$$

第五节　轴向拉压时的强度计算

以上各节介绍了材料的力学性能。在这一基础上，现在讨论轴向拉（压）时杆件的强度计算。通常把材料破坏时的应力称为**危险应力**或**极限应力**。对于塑性材料，当应力到达屈服极限 σ_s（或 $\sigma_{0.2}$）时，零件将发生明显的塑性变形，影响其正常工作，一般认为这时材料已经破坏，因而把屈服极限 σ_s（或 $\sigma_{0.2}$）作为塑性材料的极限应力；对于脆性材料，直到断裂也无明显的塑性变形，所以断裂是脆性材料破坏的唯一标志，因而断裂时的强度极限

σ_b 就是脆性材料的极限应力。

一、许用应力和安全系数

为了保证构件有足够的强度，构件在载荷作用下的应力（工作应力）显然应低于极限应力。因此，强度计算中，把极限应力除以一个大于 1 的系数，并将所得结果称为**许用应力**，用 $[\sigma]$ 来表示。对塑性材料

$$[\sigma] = \frac{\sigma_s}{n_s} \qquad (6\text{-}16a)$$

对脆性材料

$$[\sigma] = \frac{\sigma_b}{n_b} \qquad (6\text{-}16b)$$

式中，系数 n_s 和 n_b 称为安全系数，其值均大于 1。

常用材料的许用应力列于表 6-3 中。

表 6-3　常用材料的许用应力

材料名称	许用应力 $[\sigma]$ /MPa	
	轴向拉伸	轴向压缩
Q235 钢	170	170
16Mn 钢	230	230
灰铸铁	34 ~ 54	160 ~ 200
C20 混凝土	0.44	7
C30 混凝土	0.6	10.3
红松（顺纹）	6.4	10

二、轴向拉（压）时的强度条件

为确保轴向拉伸（压缩）杆件有足够的强度，把许用应力作为杆件实际工作应力的最高限度，即要求工作应力不超过材料的许用应力。于是，得强度条件如下

$$\sigma = \frac{F_N}{A} \leqslant [\sigma] \qquad (6\text{-}17)$$

根据上述强度条件，可以解决以下三种类型的强度计算问题。

（1）强度校核　若已知构件尺寸、载荷数值和材料的许用应力，即可用强度条件 $\sigma = \frac{F_N}{A} \leqslant [\sigma]$，验算构件是否满足强度要求。

（2）设计截面　若已知构件所承担的载荷及材料的许用应力，可把强度条件 $\sigma = \frac{F_N}{A} \leqslant [\sigma]$ 改写成 $A \geqslant \frac{F_N}{[\sigma]}$，由此即可确定构件所需的横截面面积。

（3）确定许可载荷　若已知构件的尺寸和材料的许用应力，根据强度条件 $\sigma = \frac{F_N}{A} \leqslant [\sigma]$，可有 $F_{Nmax} \leqslant [\sigma] A$，由此就可以确定构件所能承担的最大轴力。根据构件的最大轴力又可以确定工程结构的许可荷载。

下面举例说明上述三种类型的强度计算问题。

[**例6-7**]　原木直杆的大、小头直径及所受轴心荷载如图6-28所示，B截面是杆件的中点截面。材料的许用拉应力$[\sigma_t]=6.5\text{MPa}$，许用压应力$[\sigma_c]=10\text{MPa}$。试对该杆作强度校核。

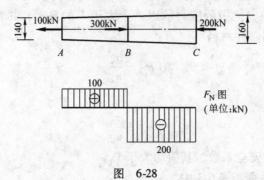

图　6-28

[**解**]　(1) 根据直杆受力情况求得F_N图，如图6-28所示。

(2) 可判断A右邻截面和B右邻截面是危险截面，危险截面上的任一点是危险点。

(3) 截面几何参数

$$A_A=\frac{\pi d_A^2}{4}=\frac{3.14\times140^2}{4}\text{mm}^2=1.54\times10^4\ \text{mm}^2$$

$$A_B=\frac{\pi d_B^2}{4}=\frac{3.14\times150^2}{4}\text{mm}^2=1.77\times10^4\ \text{mm}^2$$

(4) 计算危险点应力，并作强度校核

A右邻截面上

$$\sigma_{max}=\frac{F_{NAB}}{A_A}=\frac{100\times10^3}{1.54\times10^4}\text{N/mm}^2=6.5\text{MPa}=[\sigma_t]$$

B右邻截面上

$$|\sigma_{cmax}|=\frac{|F_{NBC}|}{A_B}=\frac{200\times10^3}{1.77\times10^4}\text{N/mm}^2=11.3\text{MPa}>[\sigma_c]$$

所以构件危险（可能破坏）。

[**例6-8**]　如图6-29所示，砖柱柱顶受轴心荷载F作用。已知砖柱横截面面积$A=0.3\text{m}^2$，自重$G=40\text{kN}$，材料容许压应力$[\sigma_c]=1.05\text{MPa}$。试按强度条件确定柱顶的容许荷载$[F]$。

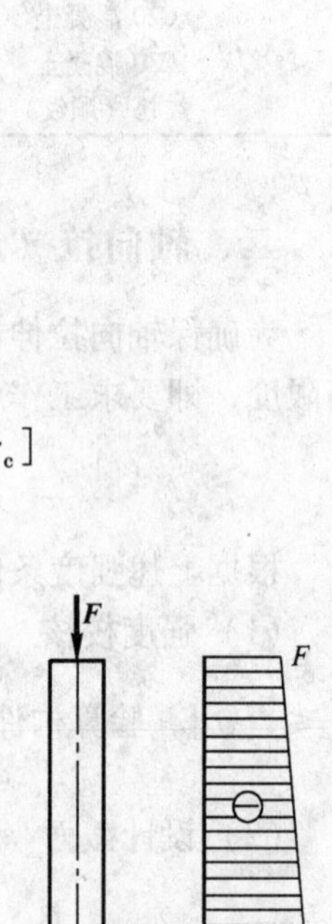

[**解**]　(1) 根据砖柱受力情况求得F_N图，如图6-29所示。

(2) 判断柱底截面是危险截面，其上任一点都是危险点。

(3) 由强度条件计算

$$F_{Nmax}\leq[\sigma_c]A=1.05\times10^6\text{N/m}^2\times0.3\text{m}^2=315\text{kN}$$

即　　　　　　　　$[F]+40\text{kN}=315\text{kN}$

$$[F]=(315-40)\text{kN}=275\text{kN}$$

图　6-29

[**例6-9**]　如图6-30所示，桁架的AB杆拟用直径$d=25\text{mm}$的圆钢，AC杆拟用木材。已知钢材的$[\sigma]=170\text{MPa}$，木材的$[\sigma_c]=10\text{MPa}$。试校核AB杆的强度，并确定AC杆的横

截面积。

[**解**] (1) 取节点 A 求内力,得

$$F_{NAB} = 60\text{kN}, \quad F_{NAC} = -52\text{kN}$$

(2) 校核 AB 杆。

$$\sigma_{max} = \frac{F_{NAB}}{A_{AB}} = \frac{4 \times 60 \times 10^3}{3.14 \times 25^2} \text{ N/mm}^2 = 122.3\text{MPa} < [\sigma] =$$

170MPa,所以 AB 杆安全。

(3) 确定 AC 杆的横截面积。

$$A_{AC} \geqslant \frac{|F_{NAC}|}{[\sigma_c]} = \frac{52 \times 10^3}{10 \times 10^6}\text{m}^2 = 5.2 \times 10^{-3}\text{ m}^2$$

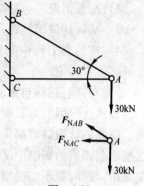

图 6-30

[**例6-10**] 如图 6-31 所示,槽钢截面杆,两端受轴心荷载 $F = 330\text{kN}$ 作用,杆上需钻三个直径 $d = 17\text{mm}$ 的通孔,材料的许用应力 $[\sigma] = 170\text{MPa}$。试确定所需槽钢的型号。

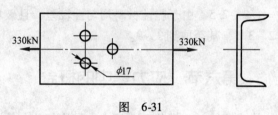

图 6-31

[**解**] (1) 求内力,$F_N = 330\text{kN}$。

(2) 判断危险截面:在开两孔处截面,其上任一点是危险点。

(3) 根据强度条件计算所需截面面积

$$A \geqslant \frac{F_N}{[\sigma]} = \frac{330 \times 10^3}{170 \times 10^6} = 1.94 \times 10^{-3} \text{ m}^2$$

查得槽钢⊏14b 的毛面积 $A_m = 2.131 \times 10^{-3} \text{ m}^2$,腰厚 $d = 8\text{mm}$,得净面积

$$A_n = (2.131 \times 10^{-3} - 2 \times 0.008 \times 0.017)\text{m}^2 = 1.859 \times 10^{-3} \text{ m}^2$$

实际工作应力

$$\sigma_{max} = \frac{F_N}{A_n} = \frac{330 \times 10^3}{1.859 \times 10^{-3}} = 177.5 \times 10^6 \text{ N/m}^2 = 177.5 \text{ MPa} > [\sigma]$$

超过程度为 $\dfrac{177.5 - 170}{170} \times 100\% = 4.4\%$

实际工程中,为了不致于改用高一号的型钢造成浪费,允许工作应力大于许用应力,但不超过 5%,所以这里选用槽钢⊏14b 是符合工程要求的。

从以上讨论看出,安全系数(许用应力)的选定,涉及正确处理安全与经济之间的关系。因为从安全的角度考虑,应加大安全系数,降低许用应力,这就难免要增加材料的消耗,出现浪费;相反,如从经济的角度考虑,势必要减小安全系数,使许用应力值变高,这样可少用材料,但有损于安全。所以应合理地权衡安全与经济两个方面的要求,而不应片面地强调某一方面的需要。

至于确定安全系数,应考虑以下因素:

1）材料的材质，包括材料组成的均匀程度，质地好坏，是塑性材料还是脆性材料等。

2）荷载情况，包括对荷载的估计是否准确，是静载荷还是动载荷等。

3）实际构件简化过程和计算方法的精确程度。

4）构件在工程中的重要性，工作条件，损坏后造成后果的严重程度，维修的难易程度等。

5）对减轻结构自重和提高结构机动性的要求。

上述这些因素都影响安全系数的确定。例如材料的均匀程度较差，分析方法的精度不高，荷载估计粗糙等都是偏于不安全的因素，这时就要适当地增加安全系数的数值，以补偿这些不利因素的影响。又如某些工程结构对减轻自重的要求高，材料质地好，而且不要求长期使用，这时就不妨适当地提高许用应力的数值。可见在确定安全系数时，要综合考虑到多方面的因素，对具体情况作具体分析。随着原材料质量的日益提高，制造工艺和设计方法的不断改进，对客观世界认识的不断深化，安全系数的确定必将日益趋向于合理。

许用应力和安全系数的具体数据，有关业务部门有一些规范可供参考。在静载的情况下，对塑性材料可取 $n_s = 1.2 \sim 2.5$。由于脆性材料均匀性较差，且破坏是突然发生，有更大的危险性，所以取 $n_b = 2 \sim 3.5$，甚至取到 $3 \sim 9$。

第六节　应力集中的概念

等截面直杆受轴向拉伸或压缩时，横截面上的应力是均匀分布的。但由于实际需要，一些构件必须有切口、切槽等，以致在这些部位上截面尺寸发生突然的变化。实验结果和理论分析表明，在构件尺寸突然改变的横截面上，应力并不是均匀分布的。例如开有圆孔和带有切口的板条，如图 6-32 所示，当其受轴向拉伸时，在圆孔和切口附近的局部区域内，应力将剧烈增加，但在离开这一区域稍远处，应力就迅速降低而趋于均匀。这种因杆件外形突然变化而引起局部应力急剧增大的现象，称为**应力集中**。

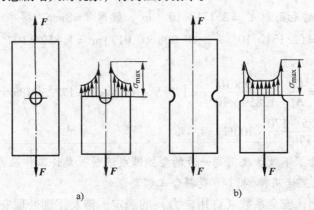

图　6-32

设在发生应力集中的截面上的最大应力为 σ_{max}，同一截面上的平均应力为 σ_m，则比值

$$\alpha = \frac{\sigma_{max}}{\sigma_m}$$

称为**理论应力集中系数**。它反映了应力集中的程度，是一个大于 1 的系数。实验结果表明：截面尺寸改变得越急剧、角越尖、孔越小，应力集中的程度就越严重。因此，构件上应尽可能地避免带尖角的孔和槽，在阶梯轴的轴肩处要用圆弧过渡，而且在结构允许的范围内，应尽量使圆弧半径大一些。

各种材料对应力集中的敏感程度并不相同。塑性材料有屈服阶段，当局部的最大应力 σ_{max} 到达屈服极限 σ_s 时，该处材料的变形可以继续增长，而应力却不再加大。如外力继续增加，增加的力就由截面尚未屈服的材料来承担，使截面上其他点的应力相继增大到屈服极限，如图 6-33 所示。这就使截面上的应力逐渐趋于平均，降低了应力不均匀程度，也限制了最大应力 σ_{max} 的数值。因此，用塑性材料制成的构件在静载作用下，可以不考虑应力集中的影响。脆性材料没有屈服阶段，当荷载增加时，应力集中处的最大应力 σ_{max} 一直领先，不断增长，首先到达强度极限 σ_b，该处将首先产生裂纹。所以对于脆性材料制成的构件，应力集中的危害性显得严重。因此，即使在静载下，也应考虑应力集中对构件承载能力的削弱。但是像灰铸铁这类材料，其内部的不均匀性和缺陷往往是产生应力集中的主要因素，而构件外形改变所引起的应力集中就可能成为次要因素，对构件的承载能力不一定造成明显的影响。

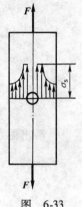

图 6-33

当构件受周期性变化的应力或受冲击荷载作用时，不论是塑性材料还是脆性材料，应力集中对构件的强度都有严重的影响，往往是构件破坏的根源，应引起充分的重视。

复习思考题

1. 试述轴心拉压杆的受力及变形特点，并指出图 6-34 所示结构中哪些部位属于轴向拉伸或压缩。

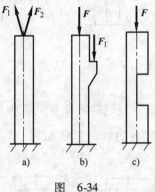

图 6-34

2. 在试验之前应怎样确定试验机读盘上的量程？

3. 低碳钢单向拉伸的曲线可分为哪几个阶段？对应的强度指标是什么？其中哪一个指标是强度设计的依据？

4. 材料的两个延性指标是什么？

5. 简述低碳钢单向拉伸试验中的屈服现象。

6. 材料的弹性模量 E 标志材料的何种性能？

7. 如图 6-35 所示结构，用低碳钢制造杆①、铸铁制造杆②，是否合理？

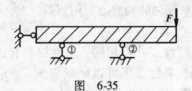

图　6-35

8. 求图 6-36 所示各杆指定截面上的轴力。

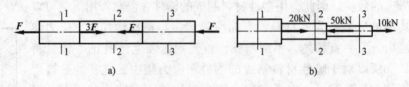

a)　　　　　　　　　　　b)

图　6-36

9. 画出图 6-37 所示各杆的轴力图。

a)　　　　　　　　　　　b)

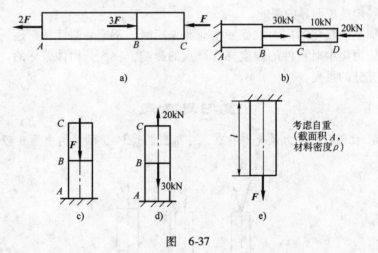

c)　　　d)　　　e)

图　6-37

10. 直杆受力如图 6-38 所示，它们的横截面面积为 A 及 $A_1 = \dfrac{A}{2}$，弹性模量为 E，试求：
（1）各段横截面上的应力 σ。（2）杆的纵向变形 Δl。

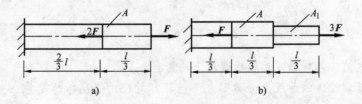

a)　　　　　　　　　　　b)

图　6-38

11. 横梁 AB 支承在支座 A、B 上，两支柱的横截面面积都是 $A = 9 \times 10^4 \text{mm}^2$，作用在梁

上的荷载可沿梁移动，其大小如图6-39所示，求支座柱子的最大正应力。

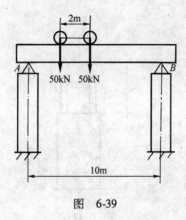

图 6-39

12. 如图6-40所示板件，受轴向拉力 $F = 200$kN 作用，试求：（1）互相垂直的两斜面 AB 和 AC 上的正应力和剪应力。（2）这两个斜面上的剪应力有何关系？

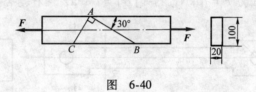

图 6-40

13. 拉伸试验时，Q235 钢试件直径 $d = 10$mm，在标矩 $l = 100$mm 内的伸长量 $\Delta l = 0.06$mm。已知 Q235 钢的比例极限 $\sigma_P = 200$MPa，弹性模量 $E = 200$GPa，此时试件的应力是多少？所受的拉力是多大？

14. 平板拉伸试样如图6-41所示，宽 $b = 29.8$mm，厚 $h = 4.1$mm。拉伸试验时，每增加 3kN 拉力，测得轴向应变 $\varepsilon = 120 \times 10^{-6}$，横向应变 $\varepsilon' = -38 \times 10^{-6}$。求材料的弹性模量 E 及泊松比 μ。

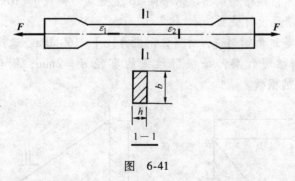

图 6-41

15. 设低碳钢的弹性模量 $E_1 = 210$GPa，混凝土的弹性模量 $E_2 = 28$GPa，试求：（1）在正应力 σ 相同的情况下，钢和混凝土的应变的比值。（2）在应变 ε 相同的情况下，钢和混凝土的正应力的比值。（3）当应变 $\varepsilon = -0.00015$ 时，钢和混凝土的正应力。

16. 截面为方形的阶梯砖柱如图6-42所示。上柱截面面积 $A_1 = 240 \times 240$mm^2，高 $H_1 = 3$m；下柱截面面积 $A_2 = 370 \times 370$mm^2，高 $H_2 = 4$m。荷载 $F = 40$kN，砖砌体的弹性模量 $E = $

3GPa，砖柱自重不计，试求：（1）柱子上、下段的应力。（2）柱了上、下段的应变。（3）柱子的总缩短量。

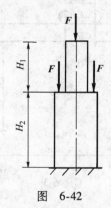

图 6-42

17. 一矩形截面木杆，两端的截面被圆孔削弱，中间的截面被两个切口减弱，如图6-43所示。杆端承受轴向拉力 $F = 70$kN，已知 $[\sigma] = 7$MPa，问杆是否安全？

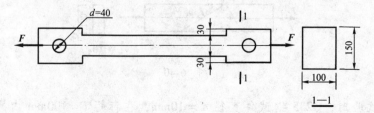

图 6-43

18. 如图6-44所示，杆①为直径 $d = 16$mm 的圆截面钢杆，许用应力 $[\sigma]_1 = 140$MPa；杆②为边长 $a = 100$mm 的正方形截面木杆，许用应力 $[\sigma]_2 = 4.5$MPa。已知结点 B 处挂一重物 $W = 36$kN，试校核两杆的强度。

19. 如图6-45所示雨篷结构简图，水平梁 AB 上受均匀荷载 $q = 10$kN/m，B 端用斜杆 BC 拉住，试按下列两种情况设计截面。

（1）斜杆由两根等边角钢制造，材料许用应力 $[\sigma] = 160$MPa，选择角钢的型号。

（2）若斜杆用钢丝绳代替，每根钢丝绳的直径 $d = 2$mm，钢丝的许用应力 $[\sigma] = 160$MPa，求所需钢丝的根数。

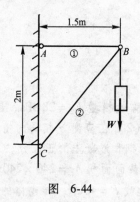

图 6-44

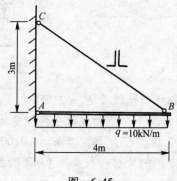

图 6-45

20. 悬臂起重机如图 6-46 所示，小车可在 *AB* 梁上移动，斜杆 *AC* 的截面为圆形，许用应力 $[\sigma]$ = 170MPa。已知小车荷载 *F* = 15kN，试求杆 *AC* 的直径 *d*。

21. 如图 6-47 所示结构中，*AC*、*BD* 两杆材料相同，许用应力 $[\sigma]$ = 160MPa，弹性模量 *E* = 200GPa，荷载 *F* = 60kN。试求两杆的横截面面积。

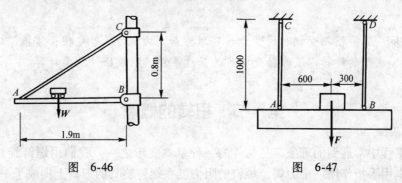

图 6-46   图 6-47

22. 如图 6-48 所示起重架，在 *D* 点作用荷载 *F* = 30kN，若杆 *AD*、*ED*、*AC* 的许用应力分别为 $[\sigma]_1$ = 40MPa、$[\sigma]_2$ = 100MPa、$[\sigma]_3$ = 100MPa，求三根杆所需的面积。

23. 如图 6-49 所示结构中，杆①为钢杆，A_1 = 1000mm^2，$[\sigma]_1$ = 160MPa，杆②为木杆，A_2 = 20000mm^2，$[\sigma]_2$ = 7MPa。求结构的许可荷载 $[F]$。

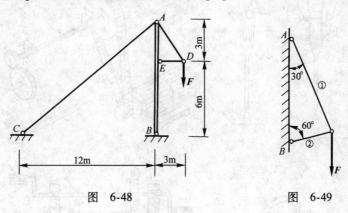

图 6-48   图 6-49

第七章 扭 转

学习目标：了解圆轴受扭时的受力与变形特点，切应力互等定理；掌握圆轴受扭时的内力、应力、变形的计算以及圆轴受扭时的强度条件、刚度条件及其计算。

第一节 扭转的概念

扭转是工程中常遇到的现象，是构件的一种基本变形之一。我们用螺钉旋具拧螺钉时，在螺钉旋具上用手指作用一个力偶，螺钉的阻力就在螺钉旋具的刀口上构成了一个方向相反的力偶，这两个力偶都是作用在垂直于杆轴的平面内的，这时，螺钉旋具杆就产生了扭转变形（图7-1a）。这种受力形式在机械传动部分最为常见，如机器的传动轴（图7-1b），汽车方向盘操纵杆（图7-1c），卷扬机轴（图7-1d）等。

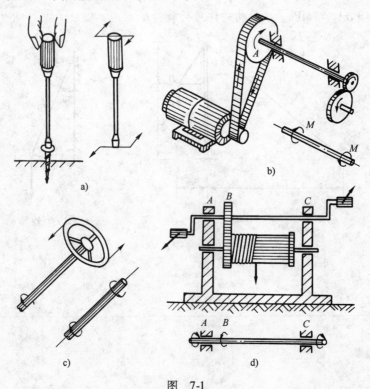

图 7-1

各种产生扭转变形的构件，虽然外力作用在构件上的方式有所不同，但都可以简化为在垂直于杆轴的平面内，作用着一对大小相等、方向相反的力偶（图7-2）。**扭转变形的特点是各截面绕杆轴线发生相对转动**。杆件任意两截面间的相对角位移称为扭转角，图7-2中的 φ 角就是 B 截面相对于 A 截面的扭转角。

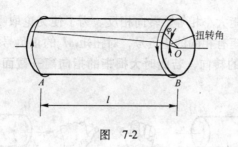

图　7-2

本章只讨论圆截面杆扭转时的强度和刚度计算。工程上常把以扭转变形为主的杆件称为轴。

第二节　扭转时的内力、扭矩图

一、外力偶矩

为了求出圆轴扭转时截面上的内力，必须先计算出轴上的外力偶矩。作用在轴上的外力偶矩往往不是直接给出的，而是根据所给定的轴的传递功率 P 和转速 n 算出来的。

设在外力偶矩 M 的作用下轴的角速度为 ω，则轴的传递功率 P 计算如下

$$P = M\omega$$

因 $\omega = 2\pi n/60$，故

$$M = \frac{P}{\omega} = \frac{60 \times 1000}{2\pi n}P = 9550\frac{P}{n} \tag{7-1}$$

式中　M——外力偶矩（$N \cdot m$）；

$\quad\quad P$——轴的传递功率（kW）；

$\quad\quad n$——转速（r/min）。

二、扭矩

圆轴在外力偶矩的作用下，横截面上将产生内力，求内力的方法仍为截面法。

设有一轴在一对外力偶矩 M 的作用下发生扭转变形，如图 7-3a 所示。现欲求任一截面 C 处的内力，应用截面法用一个垂直于杆轴的平面 $m\text{-}m$ 在截面 C 处将轴截开，并取左段为研究对象，如图 7-3b 所示。为了保持平衡，横截面上必然存在一个内力偶 M_n 与外力偶 M 相互平衡。由平衡条件 $\sum M_x = 0$，可得这个内力偶矩的大小为

$$M_n = M$$

杆件产生扭转变形时，横截面上产生的内力偶矩 M_n 称为**扭矩**，其常用单位为 $N \cdot m$ 或 $kN \cdot m$。

如果取右段为研究对象也可得到截面上的

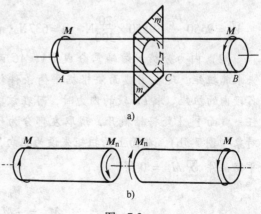

图　7-3

内力偶。与左段的内力偶矩大小相等、转向相反。为了使无论取哪一部分作为研究对象时，所求得的同一截面上的扭矩有相同的正负号，对扭矩 M_n 的正负号按右手螺旋法则作如下规定：**以右手四指代表扭矩的转向，若此时大拇指的指向离开截面时，扭矩为正；反之为负**（图 7-4）。

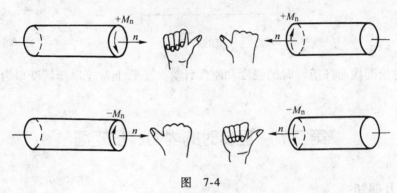

图　7-4

三、扭矩图

当一根轴上有多个外力偶作用时，扭矩需分段计算。为了清楚表明沿杆轴线各截面上扭矩的变化情况，类似轴力图的作法，可绘制扭矩图。扭矩图是表示扭矩沿杆轴线变化的图形。扭矩图的绘制是以平行于轴线的横坐标代表截面位置，以垂直于轴线的纵坐标表示扭矩的数值，正扭矩画在横坐标上方，负扭矩画在横坐标下方。下面举例说明扭矩的计算和扭矩图的绘制。

[**例 7-1**]　传动轴如图 7-5a 所示，主动轮 A 输入功率 $P_A = 50\text{kW}$，从动轮 B、C 输出功率 $P_B = 30\text{kW}$，$P_C = 20\text{kW}$，轴的转速为 $n = 300\text{r/min}$，试画出轴的扭矩图。

[**解**]　（1）外力分析。按式（7-1）求出作用于各轮上的外力偶矩

$$M_A = 9550\frac{P_A}{n} = 9550 \times \frac{50}{300}\text{N} \cdot \text{m} = 1592\text{N} \cdot \text{m}$$

$$M_B = 9550\frac{P_B}{n} = 9550 \times \frac{30}{300}\text{N} \cdot \text{m} = 955\text{N} \cdot \text{m}$$

$$M_C = 9550\frac{P_C}{n} = 9550 \times \frac{20}{300}\text{N} \cdot \text{m} = 637\text{N} \cdot \text{m}$$

（2）内力分析。该轴需分成 BA、AC 两段来求其扭矩。现在用截面法根据平衡条件计算各段内的扭矩。求 BA 段的内力时，可在该段的任一截面 Ⅰ-Ⅰ 处将轴截开，现取左部分为研究对象（图 7-5b），截面上的扭矩先设为正向，由平衡条件 $\sum M_x = 0$ 得

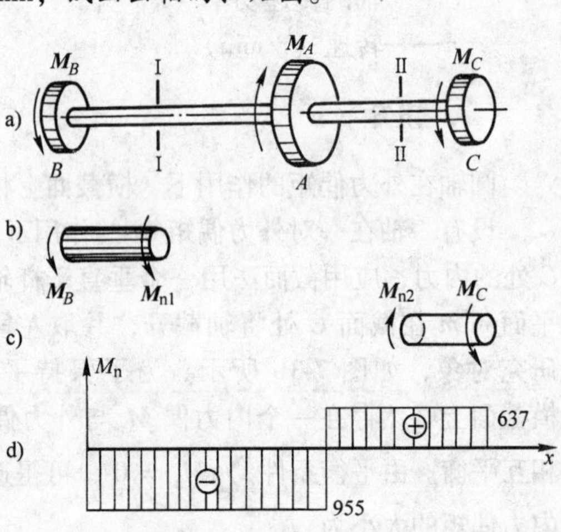

图　7-5

$$M_B + M_{n1} = 0$$

$$M_{n1} = -M_B = -955\text{N} \cdot \text{m}$$

式中负号表示实际扭矩的转向与所假设的相反，为负扭矩。

同理，为求 AC 段的内力，在该段的任一截面 II – II 处将轴截开，取右部分为研究对象（图7-5c），由平衡条件 $\sum M_x = 0$ 得

$$M_C - M_{n2} = 0$$
$$M_{n2} = M_C = 637\text{N} \cdot \text{m}$$

（3）作扭矩图。根据各段轴的扭矩值及其正负号，按一定比例尺量取后作出扭矩图，如图 7-5d 所示。从图中可以看出，在集中力偶作用处，其左右截面扭矩不同，发生突变，突变值等于该处集中力偶的大小；且最大扭矩发生在 BA 段内。

$$|M_n|_{max} = |M_{n1}| = 955\text{N} \cdot \text{m}$$

对同一根轴来说，若把主动轮 A 置于轴的一端，如右端，则轴的扭矩图将如图 7-6 所示。这时轴的最大扭矩是 $|M_n|_{max} = 1592\text{N} \cdot \text{m}$。由此可见，传动轴上主动轮和从动轮安置的位置不同，轴所承受的最大扭矩也就不同。两者相比，显然图 7-5 所示比较合理。

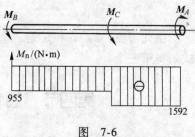

图 7-6

第三节　剪切胡克定律

一、切应变

如图 7-7 所示，当某构件在两个大小相等，方向相反，作用线相距很近的平行外力作用下产生剪切变形时，截面将沿外力的方向产生相对错动。构件内的微立方体 abcd 则变成了平行六面体 $a'b'cd$（图 7-7b）。线段 $a'a$（或 $b'b$）所在的侧面 ab 相对于侧面 cd 的滑移量，称为绝对剪切变形。而 $\dfrac{aa'}{dx} = \tan\gamma \approx \gamma$ 称为**相对剪切变形或切应变**。由图 7-7b 可见，切应变 γ 是直角的改变量，故又称**角应变**，它的单位是 rad（弧度）。切应变 γ 与线应变 ε 是度量变形程度的两个基本量。

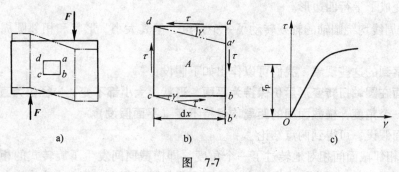

图 7-7

二、剪切胡克定律

实验表明，当切应力不超过材料的剪切比例极限 τ_P 时，切应力 τ 与切应变 γ 成正比

（图 7-7c），即

$$\tau = G\gamma \tag{7-2}$$

式（7-2）称为**剪切胡克定律**。式中的比例常数 G 称为**切变模量**，它反映了材料抵抗剪切变形的能力，它的单位与应力的单位相同。各种材料的 G 值可由实验测定，也可从有关手册中查得。钢材的切变模量 $G = 80 \sim 84\text{GPa}$。

可以证明，对于各向同性材料，弹性模量 E、切变模量 G 和泊松比 μ，这三者之间存在以下关系

$$G = \frac{E}{2(1+\mu)} \tag{7-3}$$

由此可见，E、G 和 μ 是三个互相关联的弹性常数，若已知其中的任意两个，则可由上式求得第三个。

第四节　圆轴扭转时横截面上的应力与变形

通过前面的讨论，我们已解决了轴的内力计算问题，本节将进一步研究圆轴扭转时横截面上的应力和变形。

一、圆轴扭转时横截面上的应力

分析圆轴扭转横截面上的应力时，需要从几何、物理和静力学三个方面来讨论。

（一）变形几何关系

为了求得圆轴扭转时横截面上的应力，必须了解应力在横截面上的分布规律。为此，首先可通过试验观察其表面的变形现象。取一根圆轴，试验前先在它的表面上划两条圆周线和两条与轴线平行的纵向线。试验时，在圆轴两端施加一对力偶矩为 M 的外力偶，使其产生扭转变形，如图 7-8 所示。在变形微小的情况下，可以观察到如下现象：

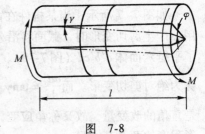

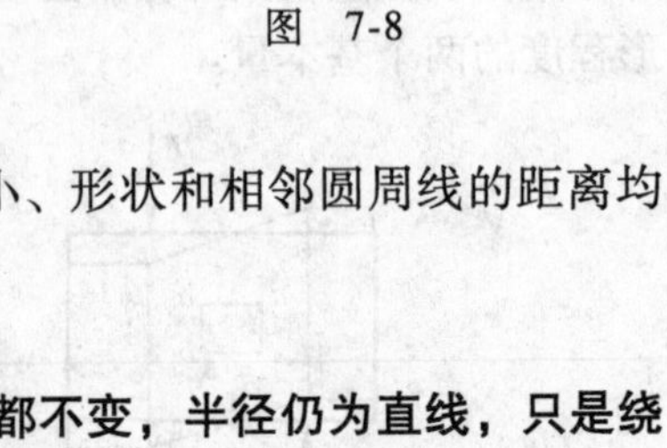

图　7-8

1）两条纵向线均倾斜了相同的角度，使原来轴表面上的小方格变成了平行四边形。

2）各圆周线均绕圆轴的轴线转动了一个角度，但其大小、形状和相邻圆周线的距离均保持不变。

根据观察到的这些现象，我们可以作出如下假设：

各横截面在圆轴扭转变形后仍保持为平面，形状、大小都不变，半径仍为直线，只是绕轴线转动了一个角度，横截面间的距离均保持不变（平面假设）。

根据平面假设，可得到两点结论：

1）由于相邻截面间相对地转过了一个角度，即横截面间发生了旋转式的相对错动，出现了剪切变形，故截面上有切应力存在。又因半径的长度不变，切应力方向必与半径垂直。

2）由于相邻截面的间距不变，所以横截面上没有正应力。

为了分析切应力在横截面上的分布规律，我们从轴中取出长为 dx 微段来研究（图 7-9a）。

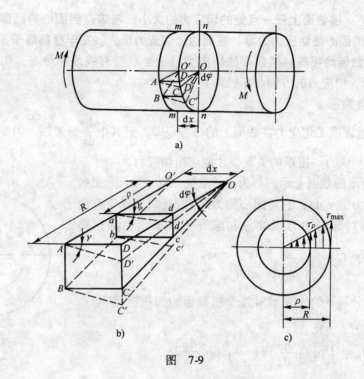

图 7-9

在力偶的作用下，截面 $n-n$ 与 $m-m$ 的相对转角为 $\mathrm{d}\varphi$，轴表面所画的矩形 $ABCD$ 变为平行四边形 $ABC'D'$，其变形程度可用原矩形直角的改变量 γ 表示，称为切应变。现再用过轴线的两径向平面 $OO'AD$ 和 $O\,O'BC$ 切出如图 7-9b 所示楔形块，由图可见在小变形下，轴表面层的切应变为

$$\gamma \approx \tan\gamma = \frac{DD'}{AD} = R\frac{\mathrm{d}\varphi}{\mathrm{d}x}$$

同样离圆心为 ρ 处的切应变为

$$\gamma_\rho = \frac{dd'}{ad} = \rho\frac{\mathrm{d}\varphi}{\mathrm{d}x} \tag{a}$$

上式中，$\dfrac{\mathrm{d}\varphi}{\mathrm{d}x}$ 表示扭转角 φ 沿轴线 x 的变化率，称为**单位长度的扭转角**，简称**单位扭转角**。

对某一个给定平面来说，$\dfrac{\mathrm{d}\varphi}{\mathrm{d}x}$ 是常量，所以切应变 γ_ρ 与 ρ 成正比，即**切应变的大小与该点到圆心的距离成正比。**

（二）物理关系

根据剪切胡克定律，当切应力不超过材料的剪切比例极限 τ_p 时，横截面上距圆心为 ρ 处的切应力 τ_ρ 与该处的切应变 γ_ρ 成正比，即

$$\tau_\rho = G\gamma_\rho$$

将（a）式代入上式，得

$$\tau_\rho = G\rho\frac{\mathrm{d}\varphi}{\mathrm{d}x} \tag{b}$$

式（b）表明：**横截面上任一点处的切应力的大小，与该点到圆心的距离 ρ 成正比。**也就是说，**在截面的圆心处切应力为零，在周边上切应力最大。在半径都等于 ρ 的圆周上各点处的切应力 τ_ρ 的数值均相等。横截面的切应力沿着半径按直线规律分布。**切应力的分布规律如图 7-9c 所示，切应力的方向与半径垂直。

（三）静力学关系

式（b）虽然表明了切应力在截面上的分布规律，但其中 $\dfrac{\mathrm{d}\varphi}{\mathrm{d}x}$ 尚未知，因此必须根据静力平衡条件，建立切应力与扭矩的关系，才能求出切应力。

在图 7-10 所示的截面上距圆心为 ρ 的点处，取一微面积 $\mathrm{d}A$，此面积上的微切力为 $\tau_\rho \mathrm{d}A$，它对圆心的力矩为 $\rho\tau_\rho \mathrm{d}A$，整个截面上各处的微切力对圆心的力矩的总和应等于该截面上的扭矩 M_n，即

$$\int_A \rho\tau_\rho \mathrm{d}A = M_\mathrm{n} \tag{c}$$

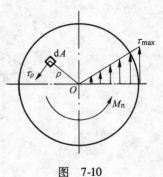

图 7-10

上式中，积分号下的 A 表示对整个横截面的面积进行积分。将（b）式代入（c）式，得

$$M_\mathrm{n} = \int_A \rho\left(G\rho\frac{\mathrm{d}\varphi}{\mathrm{d}x}\right)\mathrm{d}A = \int_A G\rho^2\frac{\mathrm{d}\varphi}{\mathrm{d}x}\mathrm{d}A$$

因 G、$\dfrac{\mathrm{d}\varphi}{\mathrm{d}x}$ 均为常量，故上式可写成

$$M_\mathrm{n} = G\frac{\mathrm{d}\varphi}{\mathrm{d}x}\int_A \rho^2\mathrm{d}A \tag{d}$$

上式中，积分 $\int_A \rho^2\mathrm{d}A$ 与横截面的几何形状和尺寸有关，它表示截面的一种几何性质，称为**截面对圆心的极惯性矩**，用 I_P 表示，即

$$I_\mathrm{P} = \int_A \rho^2\mathrm{d}A$$

I_P 常用单位为 mm^4 或 m^4，于是（d）式可写成

$$M_\mathrm{n} = GI_\mathrm{P}\frac{\mathrm{d}\varphi}{\mathrm{d}x}$$

或

$$\frac{\mathrm{d}\varphi}{\mathrm{d}x} = \frac{M_\mathrm{n}}{GI_\mathrm{P}} \tag{e}$$

将式（e）代入式（b），即得横截面上任一点处的切应力的计算公式为

$$\tau_\rho = \frac{M_\mathrm{n}}{I_\mathrm{P}}\rho \tag{7-4}$$

式中　M_n——横截面上的扭矩（$\mathrm{kN\cdot m}$）；

　　　ρ——横截面上任一点到圆心的距离（m）；

　　　I_P——横截面对圆心的极惯性矩（m^4）。

在式（7-4）中，如取 $\rho = \rho_{\max} = R$，则可得圆轴横截面周边上的最大切应力为

$$\tau_{\max} = \frac{M_n}{I_P} R$$

若令

$$W_P = \frac{I_P}{R}$$

则最大切应力可写成

$$\tau_{\max} = \frac{M_n}{W_P} \tag{7-5}$$

W_P **称为抗扭截面系数**，常用单位为 mm^3 或 m^3。

下面讨论截面的极惯性矩 I_P 和抗扭截面系数 W_P 的计算问题。

1. 圆形截面

对于直径为 D 的圆形截面，可取一距圆心为 ρ、厚度为 $d\rho$ 的圆环作为微面积 dA（图7-11a），则

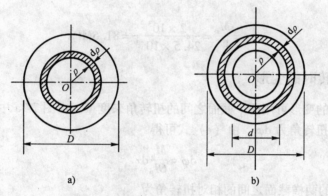

a)   b)

图 7-11

$$dA = 2\pi\rho d\rho$$

$$I_P = \int_A \rho^2 dA = \int_0^{\frac{D}{2}} 2\pi\rho^3 d\rho = \frac{\pi D^4}{32} \approx 0.1 D^4 \tag{7-6}$$

圆形截面的抗扭截面系数为

$$W_P = \frac{I_P}{R} = \frac{I_P}{D/2} = \frac{\pi D^3}{16} \approx 0.2 D^3 \tag{7-7}$$

2. 圆环形截面

对于内径为 d，外径为 D 的空心圆截面（图7-11b），其惯性矩可以采用和圆形截面相同的方法求出

$$I_P = \int_A \rho^2 dA = \int_{d/2}^{D/2} 2\pi\rho^3 d\rho = \frac{\pi}{32}(D^4 - d^4) \approx 0.1(D^4 - d^4) \tag{7-8}$$

若取内外径比 $\alpha = d/D$，则上式可写成

$$I_P = \frac{\pi D^4}{32}(1 - \alpha^4) \approx 0.1 D^4 (1 - \alpha^4) \tag{7-9}$$

圆环形截面的抗扭截面系数为

$$W_P = \frac{I_P}{D/2} = \frac{\pi D^3}{16}(1 - \alpha^4) \approx 0.2 D^3 (1 - \alpha^4) \tag{7-10}$$

[例7-2]　　某实心圆轴，直径 $D = 50\text{mm}$，传递的扭矩 $M_n = 2\text{kN} \cdot \text{m}$，试计算与圆心距离 $\rho = 15\text{mm}$ 的 k 点处的切应力及截面上的最大切应力（图7-12）。

[解]　　扭矩 $M_n = 2\text{kN} \cdot \text{m} = 2 \times 10^3 \text{N} \cdot \text{m}$

截面的极惯性矩和抗扭截面系数分别为

$$I_P = \frac{\pi D^4}{32} = \frac{\pi \times (50 \times 10^{-3})^4}{32} = 61.3 \times 10^{-8} \text{m}^4$$

$$W_P = \frac{\pi D^3}{16} = \frac{\pi \times (50 \times 10^{-3})^3}{16} = 24.5 \times 10^{-6} \text{m}^3$$

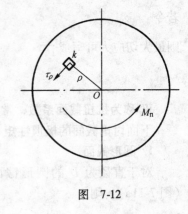

图　7-12

由式（7-4）、式（7-5）得

k 点处的切应力

$$\tau_\rho = \frac{M_n}{I_P}\rho = \frac{2 \times 10^3}{61.3 \times 10^{-8}} \times 15 \times 10^{-3} = 48.9\text{MPa}$$

最大切应力

$$\tau_{max} = \frac{M_n}{W_P} = \frac{2 \times 10^3}{24.5 \times 10^{-6}} = 81.6\text{MPa}$$

二、圆轴扭转时的变形

圆轴在扭转时的变形可用两个截面之间的扭转角来度量。在图7-9a中，两相距 $\mathrm{d}x$ 的两横截面之间的相对扭转角为 $\mathrm{d}\varphi$，由（e）式可得

$$\mathrm{d}\varphi = \frac{M_n}{GI_P}\mathrm{d}x$$

所以相距为 l 的两横截面之间的相对扭转角为

$$\varphi = \int_l \mathrm{d}\varphi = \int_0^l \frac{M_n}{GI_P}\mathrm{d}x$$

对于同一材料制成的等截面圆轴，只在轴的两端受扭矩作用时，沿轴线方向各截面的 M_n、G 和 I_P 均为常量，由上式积分可得等截面圆轴扭转变形的计算公式为

$$\varphi = \frac{M_n}{GI_P}\int_0^l \mathrm{d}x = \frac{M_n l}{GI_P} \tag{7-11}$$

式中　M_n——横截面上的扭矩（$\text{kN} \cdot \text{m}$）；

　　　l——两截面间的距离（m）；

　　　G——轴材料的切变模量（MPa）；

　　　I_P——横截面对圆心的极惯性矩（m^4）。

相对扭转角的单位为 rad（弧度），正负号与扭矩一致。由公式（7-11）可以看出，扭转角 φ 与扭矩 M_n、轴长 l 成正比，与 GI_P 成反比。在扭矩 M_n 一定时，GI_P 越大，φ 就越小，GI_P 反映了截面抵抗扭转变形的能力，称为圆轴截面的抗扭刚度。

若轴上各段内的扭矩不相等或截面不相等（例如阶梯轴），则应分段按式（7-11）计算各段轴两端截面间的相对扭转角，然后相加得到总的扭转角。

$$\varphi = \sum_{i=1}^n \frac{M_{ni} l_i}{GI_{Pi}} \tag{7-12}$$

由式（7-11）表示的扭转角与轴的长度 l 有关，为了消除长度的影响，通常将等式两端

同除以轴长 l 后得单位长度扭转角，并以 θ 表示，即

$$\theta = \frac{\varphi}{l} = \frac{M_n}{GI_P} \tag{7-13}$$

上式中，单位长度扭转角 θ 的单位为 rad/m（弧度/米），在工程实际上常用 （°）/m（度/米）作为 θ 的单位，则

$$\theta = \frac{M_n}{GI_P} \times \frac{180°}{\pi} \tag{7-14}$$

应当指出，由于本节在推导应力和变形公式的过程中引用了胡克定律，因此，上述公式只能在线弹性范围内适用。

第五节　圆轴扭转时的强度与刚度

一、强度计算

为了保证圆轴在扭转时不致因强度不足而破坏，应使轴内的最大工作切应力不超过材料的许用切应力。因此，等截面圆轴的强度条件为

$$\tau_{max} = \frac{M_{nmax}}{W_P} \leqslant [\tau] \tag{7-15}$$

式中　M_{nmax} 为整个圆轴的最大扭矩。因此，在进行扭转强度计算时，必须先画出扭矩图。而对于阶梯轴，由于各段轴的 W_P 不同，τ_{max} 不一定发生在 M_{nmax} 所在的截面上，因此需综合考虑 W_P 和 M_n 两个因素来确定 τ_{max}。

$[\tau]$ 称为材料的许用切应力，可由试验并考虑安全系数，也可按材料的许用拉应力 $[\sigma]$ 的大小，按下式确定

塑性材料　　　　　　　　　　$[\tau] = (0.5 \sim 0.6)[\sigma]$
脆性材料　　　　　　　　　　$[\tau] = (0.8 \sim 1.0)[\sigma]$

二、刚度计算

圆轴扭转时，不仅要满足其强度条件，同时还需满足刚度条件，特别是机械传动轴对刚度的要求比较高。如机床的主轴扭转变形过大，就会影响工件的加工精度和光洁度。因此，工程上常要求圆轴的最大单位长度扭转角 θ_{max} 不超过轴的许用扭转角 $[\theta]$，即

$$\theta_{max} = \frac{M_n}{GI_P} \times \frac{180°}{\pi} \leqslant [\theta] \tag{7-16}$$

式（7-16）就是圆轴扭转时的刚度条件。许用扭转角 $[\theta]$ 的数值可根据工件的加工精度和轴的工作条件，从有关手册中查得。一般规定如下：

精密机器的轴　　　　　　　　$[\theta] = 0.25°/m \sim 0.5°/m$
一般传动轴　　　　　　　　　$[\theta] = 0.5°/m \sim 1.0°/m$
精度较低的轴　　　　　　　　$[\theta] = 1.0°/m \sim 2.5°/m$

圆轴扭转的强度条件和刚度条件也可以解决三类问题，即校核轴的强度和刚度、设计截面尺寸和确定许可传递的功率或力偶矩。

[例7-3] 某汽车传动轴由无缝钢管制成，外径 $D=90\text{mm}$，内径 $d=85\text{mm}$。轴传递的最大力偶矩 $M=1.5\text{kN}\cdot\text{m}$，轴的许用剪应力 $[\tau]=60\text{MPa}$，许用扭转角 $[\theta]=1°/\text{m}$，材料的切变模量 $G=80\text{GPa}$。（1）试校核此轴的强度和刚度。（2）若改用强度相同的实心轴，试设计轴的直径。（3）求空心轴与实心轴的重量的比值。

[解] （1）校核强度和刚度。因传动轴所受的外力偶矩 $M=1.5\text{kN}\cdot\text{m}$，故圆轴各横截面上的扭矩也均为

$$M_n=M=1.5\text{kN}\cdot\text{m}$$

轴的内外径比 $\alpha=d/D=0.944$

截面的极惯性矩和抗扭截面系数分别为

$$I_P=0.1D^4(1-\alpha^4)=0.1\times90^4\times(1-0.944^4)=1.35\times10^6\text{mm}^4$$

$$W_P=\frac{I_P}{D/2}=0.2D^3(1-\alpha^4)=0.2\times90^3\times(1-0.944^4)=3\times10^4\text{mm}^3$$

将以上结果代入式（7-15）和式（7-16），得轴的最大切应力为

$$\tau_{max}=\frac{M_{nmax}}{W_P}=\frac{1.5\times10^3}{3\times10^4\times10^{-9}}=50\times10^6\text{Pa}=50\text{MPa}<[\tau]$$

故轴满足强度要求。

轴的最大单位长度扭转角 θ_{max} 为

$$\theta_{max}=\frac{M_{nmax}}{GI_P}\times\frac{180°}{\pi}=\frac{1.5\times10^3}{80\times10^9\times1.35\times10^6\times10^{-12}}\times\frac{180°}{\pi}=0.8°/\text{m}<[\theta]$$

故轴也满足刚度要求。

（2）求改为实心轴时的直径。为保证两轴有相等的强度，应使两轴的抗扭截面系数相等，所以

$$D'=\sqrt[3]{\frac{3\times10^4}{0.2}}\text{mm}=53.1\text{mm}$$

（3）求两轴的重量比。当两轴的材料相同、长度相等时，它们的重量比将等于横截面面积之比。设空心轴与实心轴的重量分别为 G_1 和 G_2，则

$$\frac{G_1}{G_2}=\frac{A_1}{A_2}=\frac{\frac{\pi}{4}(D^2-d^2)}{\frac{\pi}{4}D'^2}=\frac{D^2-d^2}{D'^2}=\frac{90^2-85^2}{53.1^2}=0.31$$

以上结果表明，在扭转强度相等的条件下，空心轴的重量仅为实心轴的31%，其减轻重量和节约材料是非常明显的。这是因为横截面上的切应力沿半径按线性分布，轴心附近的应力很小，材料没有充分发挥作用。若把轴心附近的材料向边缘移置，便可增大 I_P 和 W_P，充分利用了材料，提高了轴的强度。因此，工程中对于大尺寸的轴常采用空心轴。

[例7-4] 某传动轴如图7-13a所示。已知轮 B 输入的功率 $P_B=30\text{kW}$，轮 A、C、D 分别输出功率为 $P_A=15\text{kW}$、$P_C=10\text{kW}$、$P_D=5\text{kW}$。轴的转速 $n=500\text{r/min}$，$[\tau]=60\text{MPa}$，$[\theta]=1.5°/\text{m}$，$G=80\text{GPa}$。试按强度条件和刚度条件选择轴的直径。

[解] （1）计算外力偶矩

$$M_B=9550\frac{P_B}{n}=9550\times\frac{30}{500}=573\text{N}\cdot\text{m}$$

$$M_A = 9550 \frac{P_A}{n} = 9550 \times \frac{15}{500} = 286.5 \text{N} \cdot \text{m}$$

$$M_C = 9550 \frac{P_C}{n} = 9550 \times \frac{10}{500} = 191 \text{N} \cdot \text{m}$$

$$M_D = 9550 \frac{P_D}{n} = 9550 \times \frac{5}{500} = 95.5 \text{N} \cdot \text{m}$$

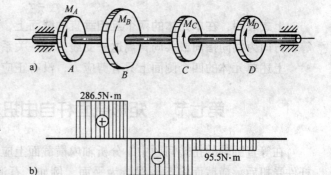

（2）作扭矩图。截面法求出各段轴的扭矩，并作扭矩图如图 7-13b 所示。由扭矩图可知，BC 段轴有最大扭矩，其绝对值为

$$|M_{max}| = 286.5 \text{N} \cdot \text{m}$$

图 7-13

（3）按强度条件选择轴的直径。由强度条件 $\tau_{max} = \frac{M_{nmax}}{W_P} \leqslant [\tau]$，得

$$W_P = \frac{\pi d^3}{16} \geqslant \frac{M_{max}}{[\tau]} = \frac{286.5}{60 \times 10^6}$$

$$d = \sqrt[3]{\frac{16 W_P}{\pi}} \geqslant \sqrt[3]{\frac{16 \times 286.5}{\pi \times 60 \times 10^6}} \text{m} = \approx 0.029 \text{m}$$

（4）按刚度条件选择轴的直径。由刚度条件 $\theta_{max} = \frac{M_n}{G I_P} \times \frac{180°}{\pi} \leqslant [\theta]$，得

$$I_P = \frac{\pi d^4}{32} \geqslant \frac{M_n}{G[\theta]} \times \frac{180°}{\pi} = \frac{286.5}{80 \times 10^9 \times 1.5} \times \frac{180}{\pi}$$

$$d = \sqrt[4]{\frac{32 I_P}{\pi}} \geqslant \sqrt[4]{\frac{32 \times 286.5 \times 180}{\pi^2 \times 80 \times 10^9 \times 1.5}} \text{m} = 34.4 \times 10^{-3} \text{m} \approx 0.035 \text{m}$$

为使轴既满足强度条件又满足刚度条件，应选取直径 $d = 35 \text{mm}$。

第六节　切应力互等定理

在受力物体中，可以围绕任意一点，截取一个边长为 dx、dy、dz 的微小正六面体，该六面体称为单元体，如图 7-14a 所示。若单元体中一对相互平行的平面上，既无正应力，又无剪应力，则可把单元体简化成图 7-14b 所示的平面形式。由于单元体的边长是微量，可以认为应力在平面上均匀分布。

设在此单元体的左右两侧面上，作用有由切应力 τ_x 构成的切力 $\tau_x \text{d}y\text{d}z$ 和 $\tau_x' \text{d}y\text{d}z$。这对大小相等、方向相反的力将构成力偶，其矩为 $(\tau_x \text{d}y\text{d}z)\text{d}x$。然而由于单元体处于平衡状态，因此，在单元体的顶面和底面上，必然有切应力 τ_y 存在，组成逆时针转动的力偶 $(\tau_y \text{d}x\text{d}z)\text{d}y$ 以保持单元体的平衡，即

$$(\tau_x \text{d}y\text{d}z)\text{d}x = (\tau_y \text{d}x\text{d}z)\text{d}y$$

由此得

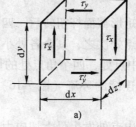
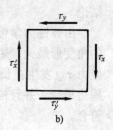

图 7-14

$$\tau_x = \tau_y \tag{7-17}$$

上式表明，在单元体的两个互相垂直的截面上，垂直于该两截面交线的切应力，大小相等、方向为共同指向或共同背离这一交线。这一关系称为**切应力互等定理**。

上述单元体的四个侧面上只有剪应力，没有正应力，这种受力状态称为**纯剪切状态**。

第七节　矩形截面杆自由扭转时的应力与变形

在等直圆轴的扭转问题中，分析轴内横截面上应力的主要根据是平面假设，而非圆截面杆件受扭后，横截面将不再保持为平面。例如，石油钻机的主轴，一些农业机械的传动轴等，其截面就是矩形的。

一、非圆截面杆扭转与圆轴扭转的区别

如果取一矩形截面杆，预先在杆件表面划上沿杆轴线方向的纵线和垂直杆轴线方向的横线（图7-15a），在产生扭转变形后（图7-15b）可以观察到组成横截面周线的一条横线不再保持为直线。由此可以推知，变形后横截面发生了凹凸不平的翘曲。因而，平面假设不能成立；以平面假设为依据的圆轴扭转公式，对非圆截面杆都不再适用。因此，圆轴扭转时应力和变形的计算公式都不能应用于非圆截面杆。本节主要介绍非圆截面杆与圆截面杆扭转的区别，以及矩形截面杆扭转时的主要结果。

非圆截面杆的扭转可分为自由扭转和约束扭转。如扭转时杆横截面的翘曲不受任何约束，则称为自由扭转。在这种情况下，杆件各横截面的翘曲程度完全相同，纵向纤维的长度不因翘曲而改变，杆横截面上只有切应力而无正应力。与此相反，如果因约束条件的限制，扭转时杆各横截面的翘曲程度不同，则称为约束扭转。在这种情况下，杆任意两横截面间纵向纤维的长度将发生改变，因此横截面上除切应力外还产生正应力。一般实体杆件（如矩形或椭圆截面杆）因约束扭转引起的正应力比薄壁杆件（如工字钢或槽钢）小得多，可以忽略不计。这样，实体杆件的约束扭转与自由扭转实际上并无显著差别。

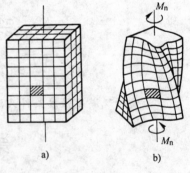

图　7-15

二、矩形截面杆扭转时的最大切应力、扭转角计算公式

非圆截面杆件的扭转问题需要用弹性力学的方法计算，本节只是给出矩形截面杆的一些结论。

由弹性力学可知，矩形截面杆扭转后，四个棱边处小方格的直角不变，截面长边中点处的角变形最大，短边中点处次之，其余各处小方格的角度都有变形。所以横截面上的最大切应力 τ_{max} 发生在长边的中点处，四个角点处的切应力为零，截面周边各点处的切应力方向与周边平行，并且构成一连续的环流（图7-16）。上述结果与前面的实验现象（图7-15）相符合。

在矩形截面长边的中点处发生最大切应力 τ_{max}，其计算公式为

$$\tau_{max} = \frac{M_n}{\alpha h b^2} \qquad (7\text{-}18a)$$

在矩形截面短边的中点处发生较大切应力 τ'_{max}，其计算公式为

$$\tau'_{max} = \gamma \tau_{max} \qquad (7\text{-}18b)$$

单位长度扭转角的计算公式为

$$\theta = \frac{M_n}{GI_P} = \frac{M_n}{\beta h b^3 G} \qquad (7\text{-}19)$$

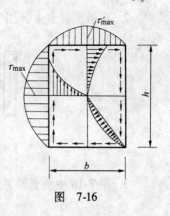

图 7-16

式中 b——矩形截面的短边长度；

       h——矩形截面的长边长度；

       M_n——横截面上的扭矩；

       G——材料的切变模量；

α、β、γ——与截面尺寸 h 和 b 有关的系数，它们的数值可以从表7-1中查出。

表 7-1   矩形截面扭转时的系数 α、β、γ 值

h/b	1.0	1.2	1.5	1.75	2.0	2.5	3.0	4.0	6.0	8.0	10.0	∞
α	0.208	0.219	0.231	0.239	0.246	0.258	0.267	0.282	0.299	0.307	0.312	0.333
β	0.141	0.166	0.196	0.214	0.229	0.249	0.263	0.281	0.299	0.307	0.312	0.333
γ	1.000	0.930	0.858	0.820	0.795	0.767	0.753	0.745	0.743	0.743	0.743	0.743

由表7-1可以看出：当 $h/b \geqslant 4$ 时，可取 $\alpha = \beta$；

当 $h/b > 10$ 时，可取 $\alpha = \beta \approx 1/3$。

[**例7-5**]   一矩形截面杆，$h \times b = 90\text{mm} \times 60\text{mm}$，承受扭矩 $M_n = 2.5\text{kN} \cdot \text{m}$，试计算 τ_{max}。如在截面面积相等的情况下改成圆截面，比较两种截面的最大切应力。

[**解**] （1）矩形截面杆 $h/b = 90/60 = 1.5$，查表7-1得 $\alpha = 0.231$，代入式（7-18），得

$$\tau_{max} = \frac{M_n}{\alpha h b^2} = \frac{2.5 \times 10^3 \text{N} \cdot \text{m}}{0.231 \times (90 \times 10^{-3}\text{m}) \times (60 \times 10^{-3}\text{m})^2} = 33.4 \times 10^6 \text{Pa} = 33.4\text{MPa}$$

$$\text{面积 } A = 90 \times 60 \times 10^{-6}\text{m}^2 = 5.4 \times 10^{-3}\text{m}^2$$

（2）圆形截面 $A = \dfrac{\pi D^2}{4}$，所以

$$D = \sqrt{\frac{4A}{\pi}} = \sqrt{\frac{4 \times 5.4 \times 10^{-3}}{\pi}}\text{m} = 83 \times 10^{-3}\text{m} = 83\text{mm}$$

$$W_P = \frac{\pi D^3}{16} = \frac{\pi (83 \times 10^{-3})^3}{16}\text{m}^3 = 112 \times 10^{-6}\text{m}^3$$

$$\tau_{max} = \frac{M_n}{W_P} = \frac{2.5 \times 10^3}{112 \times 10^{-6}}\text{Pa} = 22.3 \times 10^6 \text{Pa} = 22.3\text{MPa}$$

可见在相同截面积时，矩形截面杆的扭转剪应力比圆截面杆的大。

复习思考题

1. 简述扭矩符号是如何规定的。

2. 从强度观点看，图7-17a、b 两图中三个轮的位置布置哪一种比较合理？

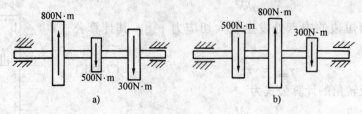

图　7-17

3. 图7-18 中所画切应力分布图是否正确？其中 M_n 为截面上的扭矩。

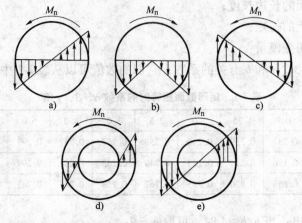

图　7-18

4. 直径 d 和长度 l 都相同，而材料不同的两根轴，在相同的扭矩作用下，它们的最大切应力 τ_{max} 是否相同？扭转角 φ 是否相同？为什么？

5. 若圆轴直径增大一倍，其他条件均不变，那么最大切应力、轴的扭转角将变化多少？

6. 一空心圆轴，外径为 D、内径为 d，其极惯性矩 I_p 和抗扭截面系数 W_p 是否可按下式计算？为什么？

$$I_p = I_{p外} - I_{p内} = \frac{\pi D^4}{32} - \frac{\pi d^4}{32}$$

$$W_p = W_{p外} - I_{p内} = \frac{\pi D^3}{16} - \frac{\pi d^3}{16}$$

7. 试从应力分布的角度说明空心轴较实心轴能更充分地发挥材料的作用。

8. 试述圆轴扭转公式的使用条件。

9. 单位长度扭转角与相对扭转角的概念有何不同？

10. 圆截面杆与非圆截面杆受扭转时，其应力与变形有何不同？为什么？

11. 试用截面法求图7-19 所示杆件各段的扭矩 M_n，并作扭矩图。

12. 已知钢材的弹性模量 $E = 210\text{GPa}$，泊松比 $\mu = 0.31$，试根据 E、G、μ 之间的关系式，求切变模量 G。

13. 圆轴直径 $d = 100\text{mm}$，长 $l = 1\text{m}$，两端作用外力偶矩 $M = 14\text{kN} \cdot \text{m}$，材料的切变模量

$G = 80$GPa，试求：（1）轴上距轴心 50mm、25mm 和 12.5mm 三点处的切应力。（2）最大切应力 τ_{max}。（3）单位长度扭转角 θ。

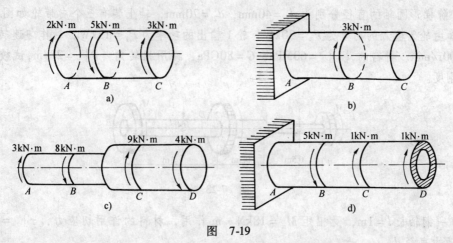

图　7-19

14. 传动轴如图 7-20 所示，已知 $M_A = 1.5$kN·m，$M_B = 1$ kN·m，$M_C = 0.5$kN·m，各段直径分别为 $d_1 = 70$mm，$d_2 = 50$mm。（1）画出扭矩图。（2）求各段轴内的最大切应力和全轴的最大切应力。（3）求 C 截面相对于 A 截面的扭转角、各段的单位长度扭转角及全轴的最大单位长度扭转角。设材料的 $G = 80$GPa。

15. 空心圆轴（图 7-21），外径 $D = 80$mm，内径 $d = 62.5$mm，两端承受扭矩 $M_n = 1$kN·m。

试求：（1）τ_{max} 和 τ_{min}。（2）绘出横截面上切应力分布图。（3）单位长度扭转角，已知 $G = 80$GPa。

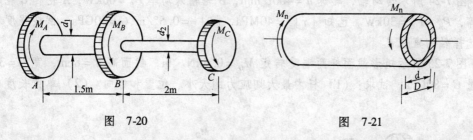

图　7-20　　　　　　　　　　　　图　7-21

16. 图 7-22 所示为扭转角测量装置，已知 $l = 1$m，$\rho = 0.15$m，空心圆轴外径 $D =$

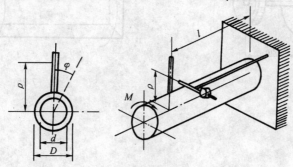

图　7-22

100mm，内径 $d = 90$mm。当外力偶矩 $M = 440$N·m 时，千分表的读数由 0 增至 25 分度（1 分度 $= 0.01$mm），试计算轴材料的切变模量 G。

17. 阶梯形圆轴的直径分别为 $d_1 = 40$mm，$d_2 = 70$mm，轴上装有三个皮带轮如图 7-23 所示。已知由轮 3 输入的功率为 $P_3 = 30$kW，轮 1 输出的功率为 $P_1 = 13$kW，轴作匀速转动，转速 $n = 200$r/min，材料的 $[\tau] = 60$MPa，$G = 80$GPa，许用扭转角 $[\theta] = 2°/$m，试校核轴的强度和刚度。

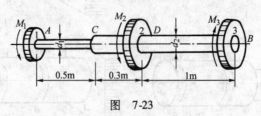

图 7-23

18. 一钢轴长 $l = 1$m，受扭矩 $M_n = 18$kN·m 作用，材料的许用切应力 $[\tau] = 40$MPa，试设计轴的直径 d。

19. 一空心圆轴，外径 $D = 90$mm，内径 $d = 60$mm，（1）求该轴截面的抗扭截面系数 W_p。（2）若改用实心圆轴，在截面面积不变的情况下，求此实心圆轴的直径和抗扭截面系数。（3）计算实心和空心圆轴抗扭截面系数的比值。

20. 某轴两端受外力偶矩 $M = 300$N·m 作用，已知材料的许用切应力 $[\tau] = 70$MPa，试按下列两种情况校核轴的强度。

（1）实心圆轴，直径 $D = 30$mm。

（2）空心圆轴，外径 $D_1 = 40$mm，内径 $d_1 = 20$mm。

21. 图 7-24 所示传动轴，转速 $n = 400$r/min，B 轮输入功率 $P_B = 60$kW，A 轮和 C 轮输出功率相等，$P_A = P_C = 30$kW。已知 $[\tau] = 40$MPa，$[\theta] = 0.5°/$m，$G = 80$GPa。试按强度和刚度条件选择轴的直径 d。

22. 图 7-25 所示矩形截面杆两端受转矩 $M_O = 0.5$kN·m，截面高 $h = 8$cm，宽 $b = 3$cm，切变模量 $G = 80$GPa，试求：（1）杆内最大切应力的大小、位置和方向。（2）单位长度的扭转角。

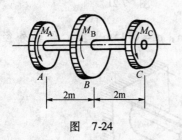

图 7-24

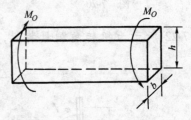

图 7-25

第八章 平面图形的几何性质

学习目标：了解重心、形心、面积静矩、惯性矩、惯性积的定义；掌握确定形心位置的方法以及面积静矩、惯性矩的计算。

材料力学所研究的杆件，其横截面都是具有一定几何形状的平面图形。**与平面图形形状及尺寸有关的几何量**（如面积 A、极惯性矩 I_P、抗扭截面系数 W_P 等）**统称为平面图形的几何性质**，杆件的强度、刚度与这些几何性质密切相关。如直杆拉压时，在相同的材料下，截面面积越大，就越能承受轴力；杆件受扭时，在面积相同的情况下，空心圆截面的抗扭截面系数 W_P 比实心圆截面大，空心圆轴比实心圆轴能承受更大的扭矩。以后在弯曲等其他问题的讨论中，还将遇到平面图形的另外一些几何性质。

第一节 重心与形心

地球上一切物体都受地心引力的作用，重力就是地球对物体的吸引力。如果将物体看作由无数个质点组成，则各质点的重力组成空间平行力系，此力系的合力就是物体的重力。不论物体如何放置，其重力的合力作用线相对于物体总是通过一个确定的点，这个点就称为物体的重心。重心位置在工程上有着重要意义，因此常需要确定物体重心的位置。

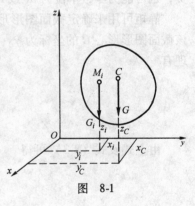

图 8-1

在图 8-1 中，若某小块重为 G_i，在坐标系中的位置为 $(x_i、y_i、z_i)$，则整块物体的重心坐标 $(x_C、y_C、z_C)$ 为

$$
\left.
\begin{aligned}
x_C &= \frac{\sum G_i x_i}{\sum G_i} \\[2mm]
y_C &= \frac{\sum G_i y_i}{\sum G_i} \\[2mm]
z_C &= \frac{\sum G_i z_i}{\sum G_i}
\end{aligned}
\right\}
\tag{8-1}
$$

如物体是均质的，其单位体积重量为 γ，各微小部分的体积是 ΔV_i，整个物体的体积为 $V = \sum \Delta V_i$，则 $\Delta G_i = \gamma \Delta V_i$，$G = \gamma V$，代入公式（8-1）得

$$
x_C = \frac{\sum \Delta V_i x_i}{V} \qquad y_C = \frac{\sum \Delta V_i y_i}{V} \qquad z_C = \frac{\sum \Delta V_i z_i}{V}
\tag{8-2}
$$

由此可见均质物体的重心位置完全取决于物体的几何形状，而与物体的重量无关。**均质物体的重心就是物体几何形状的中心，即形心。**

第二节　面积静矩

一、定义

图 8-2 所示一任意平面图形，其面积为 A。在图形平面内选取坐标系 Oyz，在平面图形内坐标为 z、y 处取一微面积 dA，则乘积 ydA（或 zdA）称为微面积 dA 对 z 轴（或 y 轴）的静矩，而截面图形内每一微面积 dA 与它到 y 轴或 z 轴距离乘积的总和，称为截面对 y 轴或 z 轴的**静矩**，用 S_y 或 S_z 表示，即

$$\left. \begin{array}{l} S_z = \int_A ydA \\ S_y = \int_A zdA \end{array} \right\} \tag{8-3}$$

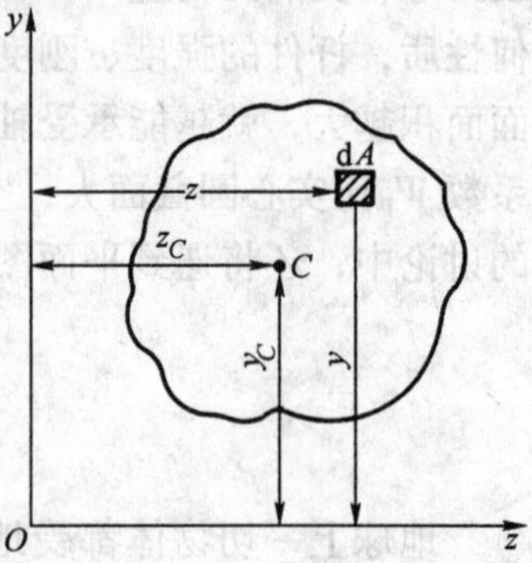

由上式可见，截面的静矩是对某定轴而言的。同一截面对不同坐标轴的静矩不同。静矩为代数量，可能为正，可能为负，也可能为零，单位为 m^3 或 mm^3。

静矩可用来确定截面图形形心的位置。如图 8-2 所示，令该截面图形形心 C 的坐标为 y_C、z_C，根据静力学中的合力矩定理有

$$\int_A ydA = Ay_C$$

$$\int_A zdA = Az_C$$

由上式及式（8-3）可得

$$y_C = \frac{S_z}{A} \qquad z_C = \frac{S_y}{A}$$

即

$$\left. \begin{array}{l} S_z = A \cdot y_C \\ S_y = A \cdot z_C \end{array} \right\} \tag{8-4}$$

即平面图形对 z 轴（或 y 轴）的静矩等于图形面积 A 与形心坐标 y_C（或 z_C）的乘积。当坐标轴通过图形的形心时，其静矩为零；反之，若图形对某轴的静矩为零，则该轴必通过图形的形心。

图 8-2

二、组合图形形心的计算

当截面由若干个简单图形（如矩形、圆形、三角形等）组成时，由静矩的定义可知，截面各组成部分对某一轴的静矩的代数和，等于整个组合截面对同一轴的静矩，即

$$\left. \begin{array}{l} S_z = \sum A_i y_i \\ S_y = \sum A_i z_i \end{array} \right\} \tag{8-5}$$

式中，A_i、z_i、y_i 分别代表任一组成部分的面积及其形心坐标。

将式（8-5）代入式（8-4），可得组合截面形心坐标的计算公式

$$\left.\begin{array}{l} y_C = \dfrac{\sum A_i y_i}{\sum A_i} \\[3mm] z_C = \dfrac{\sum A_i z_i}{\sum A_i} \end{array}\right\} \tag{8-6}$$

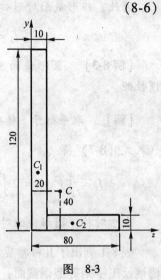

图 8-3

[例8-1] 如图 8-3 所示的截面图形，试求该图形的形心位置。

[解] 选取坐标轴如图所示，把图形分成两个矩形，则

$A_1 = 10 \times 120 = 1200\text{mm}^2$ $A_2 = 10 \times 70 = 700\text{mm}^2$

$z_1 = 5\text{mm}$ $z_2 = 45\text{mm}$

$y_1 = 60\text{mm}$ $y_2 = 5\text{mm}$

代入式（8-6）得

$$z_C = \frac{\sum A_i z_i}{\sum A_i} = \frac{A_1 z_1 + A_2 z_2}{A_1 + A_2} = \frac{1200 \times 5 + 700 \times 45}{1200 + 700} = 20\text{mm}$$

$$y_C = \frac{\sum A_i y_i}{\sum A_i} = \frac{A_1 y_1 + A_2 y_2}{A_1 + A_2} = \frac{1200 \times 60 + 700 \times 5}{1200 + 700} = 40\text{mm}$$

第三节 惯 性 矩

一、惯性矩的定义

如图 8-1 所示，整个图形上微面积 dA 与它到 z 轴（或 y 轴）距离平方的乘积的总和，称为该图形对 z 轴（或 y 轴）的截面惯性矩，用 I_z（或 I_y）表示，即

$$\left.\begin{array}{l} I_z = \int_A y^2 \, dA \\[3mm] I_y = \int_A z^2 \, dA \end{array}\right\} \tag{8-7}$$

同一图形对不同轴的惯性矩是不相同的。同时，因 dA、y^2、z^2 皆为正值，所以惯性矩的数值恒为正，惯性矩的单位是 m^4 或 mm^4。

二、简单图形惯性矩的计算

简单图形的惯性矩可直接用式（8-7）通过积分计算求得。

[例8-2] 矩形截面高为 h、宽为 b。试计算截面对通过形心的轴（简称形心轴）z、y（图 8-4）的惯性矩 I_z 和 I_y。

[解] （1）计算 I_z。取平行于 z 轴的微面积 $dA = b \, dy$，dA 到 z 轴的距离为 y，应用式（8-7）得

$$I_z = \int_A y^2 \, dA = \int_{-h/2}^{h/2} y^2 \cdot b \cdot dy = \frac{bh^3}{12}$$

（2）计算 I_y。取平行于 y 轴的微面积 $dA = h dz$，dA 到 y 轴的距离为 z，应用式（8-7）得

$$I_y = \int_A z^2 dA = \int_{-b/2}^{b/2} z^2 \cdot h \cdot dz = \frac{hb^3}{12}$$

因此，矩形截面对形心轴的惯性矩为

$$I_z = \frac{bh^3}{12} \qquad I_y = \frac{hb^3}{12}$$

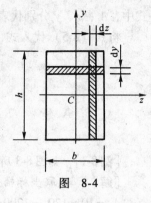

图　8-4

[**例 8-3**]　圆形截面直径为 D（图 8-5）试计算它对形心轴的惯性矩。

[**解**]　取平行于 z 轴的微面积 $dA = 2z dy = 2\sqrt{\left(\frac{D}{2}\right)^2 - y^2} dy$，代入式（8-7）得

$$I_z = \int_A y^2 dA = 2 \int_{-D/2}^{D/2} y^2 \sqrt{\left(\frac{D}{2}\right)^2 - y^2} dy = \frac{\pi D^4}{64}$$

由于对称，圆形截面对任一根形心轴的惯性矩都等于 $\frac{\pi D^4}{64}$。

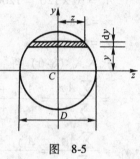

图　8-5

表 8-1 列出了几种常见图形的面积、形心和惯性矩。而角钢、槽钢及工字钢等型钢截面，其惯性矩可在附录型钢规格表中查得。

表 8-1　几种常见图形的面积、形心和惯性矩

序　号	图　形	面　积	形心位置	惯性矩
1	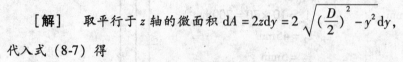	$A = bh$	$z_C = \dfrac{b}{2}$　$y_C = \dfrac{h}{2}$	$I_z = \dfrac{bh^2}{12}$　$I_y = \dfrac{hb^3}{12}$
2		$A = \dfrac{bh}{2}$	$z_C = \dfrac{b}{3}$　$y_C = \dfrac{h}{3}$	$I_z = \dfrac{bh^3}{36}$　$I_{z_1} = \dfrac{bh^3}{12}$
3		$A = \dfrac{\pi D^2}{4}$	$z_C = \dfrac{D}{2}$　$y_C = \dfrac{D}{2}$	$I_z = I_y = \dfrac{\pi D^4}{64}$

（续）

序　号	图　形	面　积	形心位置	惯　性　矩
4		$A = \dfrac{\pi\,(D^2 - d^2)}{4}$	$z_C = \dfrac{D}{2}$ $y_C = \dfrac{D}{2}$	$I_z = I_y = \dfrac{\pi\,(D^4 - d^4)}{64}$
5		$A = \dfrac{\pi R^2}{2}$	$y_C = \dfrac{4R}{3\pi}$	$I_z = \left(\dfrac{1}{8} - \dfrac{8}{9\pi^2}\right)\pi R^4$ $I_y = \dfrac{\pi R^4}{8}$

三、惯性半径、极惯性矩

1. 惯性半径

前面介绍了惯性矩的定义。在工程实际应用中，为方便起见，还经常将惯性矩表示为截面面积 A 与某一长度平方的乘积，即

$$I_z = i_z^2 \cdot A \qquad I_y = i_y^2 \cdot A \tag{8-8}$$

式中，i_y 和 i_z 分别称为截面对 y 轴和 z 轴的惯性半径，单位为 m。由式（8-8）可知，惯性半径可由截面的惯性矩和面积这两个几何量表示为

$$\left. \begin{array}{l} i_z = \sqrt{\dfrac{I_z}{A}} \\[2mm] i_y = \sqrt{\dfrac{I_y}{A}} \end{array} \right\} \tag{8-9}$$

宽为 b、高为 h 的矩形截面，对其形心轴 z 及 y 的惯性半径，可由式（8-9）计算得

$$i_z = \sqrt{\dfrac{I_z}{A}} = \sqrt{\dfrac{bh^3/12}{bh}} = \dfrac{h}{\sqrt{12}}$$

$$i_y = \sqrt{\dfrac{I_y}{A}} = \sqrt{\dfrac{hb^3/12}{bh}} = \dfrac{b}{\sqrt{12}}$$

直径为 D 的圆形截面，由于对称，它对任一根形心轴的惯性半径都相等，由式（8-9）算得

$$i = \sqrt{\dfrac{I}{A}} = \sqrt{\dfrac{\pi D^4/64}{\pi D^2/4}} = \dfrac{D}{4}$$

2. 极惯性矩

在第七章中，曾经介绍了截面极惯性矩的概念，即

$$I_P = \int_A \rho^2 \mathrm{d}A \qquad (8\text{-}10)$$

由图8-6可知，ρ、y、z 之间存在着下列关系

$$\rho^2 = y^2 + z^2$$

所以，由式（8-10）及式（8-7）可知

$$I_P = \int_A (y^2 + z^2)\,\mathrm{d}A$$

或 $$I_P = I_z + I_y \qquad (8\text{-}11)$$

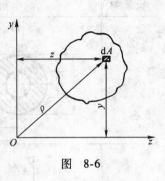

图 8-6

上式说明：截面对任一直角坐标系中两坐标轴的惯性矩之和，等于它对坐标原点的极惯性矩。因此，尽管过一点可以作出无限多对直角坐标轴，但截面对其中每一对直角坐标轴的两个惯性矩之和始终是不变的，且等于截面对坐标原点的极惯性矩。

[**例8-4**] 　计算圆形截面的极惯性矩 I_P。

[**解**] 　圆形的极惯性矩既可直接由式(8-10)积分计算，也可由式（8-11）利用惯性矩计算，现分别用两种方法计算如下。

（1）用式（8-10）积分计算。

如图8-7a所示，取圆环作为微面积，$\mathrm{d}A = 2\pi\rho\mathrm{d}\rho$，代入式（8-10）得

$$I_P = \int_A \rho^2 \mathrm{d}A = \int_0^{\frac{D}{2}} \rho^2 (2\pi\rho\mathrm{d}\rho) = \frac{\pi D^4}{32}$$

这就是第七章式（7-6）的来源。

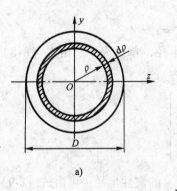 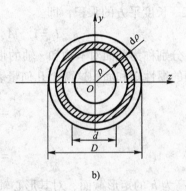

a) 　　　　　　　　　　b)

图 8-7

（2）用式（8-11）计算。利用已知圆截面的惯性矩值（见 [例8-3]）$I_z = I_y = \dfrac{\pi D^4}{64}$，代入式（8-11）得

$$I_P = I_y + I_z = 2I_z = \frac{\pi D^4}{32}$$

[**例8-5**] 　计算内、外径分别为 d 和 D 的空心圆的极惯性矩 I_P。

[**解**] 　取 $\mathrm{d}A = 2\pi\rho\mathrm{d}\rho$，则

$$I_P = \int_A \rho^2 \mathrm{d}A = \int_{d/2}^{D/2} \rho^2 (2\pi\rho)\,\mathrm{d}\rho = \frac{\pi D^4}{32} - \frac{\pi d^4}{32} = \frac{\pi D^4}{32}(1 - \alpha^4)$$

其中 $\alpha = d/D$，这个结果即是第七章式（7-9）的来源。

四、平行移轴公式

同一平面图形对不同坐标的惯性矩各不相同，但它们之间存在一定的关系。现讨论图形对两根互相平行的坐标轴的惯性矩之间的关系。

如图 8-8 所示，C 为截面形心，A 为其面积，z_C 轴和 y_C 轴为形心轴，z 轴与 z_C 轴平行，且相距为 a。y 轴与 y_C 轴平行，其间距离为 b。相互平行的坐标轴之间的关系可表示为

$$y = y_C + a \qquad z = z_C + b \qquad \text{(a)}$$

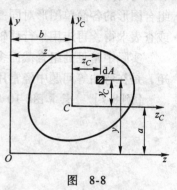

图　8-8

按定义，截面图形对形心轴 y_C、z_C 的惯性矩分别为

$$I_{zC} = \int_A y_C{}^2 \mathrm{d}A \qquad I_{yC} = \int_A z_C{}^2 \mathrm{d}A \qquad \text{(b)}$$

截面图形对 z、y 轴的惯性矩分别为

$$I_z = \int_A y^2 \mathrm{d}A \qquad I_y = \int_A z^2 \mathrm{d}A \qquad \text{(c)}$$

将式（a）代入式（c）并展开，得

$$I_z = \int_A (y_C + a)^2 \mathrm{d}A = \int_A (y_C^2 + 2y_C a + a^2)\mathrm{d}A$$

$$= \int_A y_C^2 \mathrm{d}A + 2a\int_A y_C \mathrm{d}A + a^2 \int_A \mathrm{d}A$$

式中第一项 $\int_A y_C^2 \mathrm{d}A$ 是截面对形心轴 z_C 的惯性矩 I_{zC}；第二项 $\int_A y_C \mathrm{d}A$ 是截面对 z_C 轴的静矩 S_{zC}，因 z_C 轴是形心轴，故 $S_{zC} = 0$；第三项 $\int_A \mathrm{d}A$ 是截面的面积 A，故

$$\left. \begin{array}{l} I_z = I_{zC} + a^2 A \\ I_y = I_{yC} + b^2 A \end{array} \right\} \qquad \text{(8-12)}$$

式（8-12）称为**平行移轴定理**或**平行移轴公式**。它表明截面对任一轴的惯性矩，等于它对平行于该轴的形心轴的惯性矩加上截面面积与两轴间距离平方的乘积。利用此公式可以根据截面对形心轴的惯性矩 I_{yC}、I_{zC} 来计算截面对与形心轴平行的其他轴的惯性矩 I_y、I_z 或者进行相反的运算。从式（8-12）可知，因 $a^2 A$ 及 $b^2 A$ 均为正值，所以在截面对一组相互平行的坐标轴的惯性矩中，对形心轴的惯性矩最小。

平行移轴定理在惯性矩的计算中有广泛的应用。

[例8-6]　用平行移轴定理计算如图 8-9 所示矩形对 y 轴与 z 轴的惯性矩 I_y、I_z。

[解]　由于矩形截面对形心轴 z_C、y_C 的惯性矩分别为

$$I_{zC} = \frac{bh^3}{12} \qquad I_{yC} = \frac{b^3 h}{12}$$

应用平行移轴定理式（8-12）可得

$$I_z = I_{zC} + a^2 A = \frac{bh^3}{12} + \left(\frac{h}{2}\right)^2 bh = \frac{bh^3}{3}$$

$$I_y = I_{yC} + b^2 A = \frac{b^3 h}{12} + \left(\frac{b}{2}\right)^2 bh = \frac{b^3 h}{3}$$

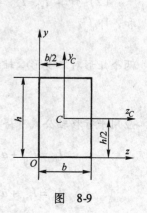

图　8-9

五、组合图形惯性矩的计算

在工程实践中，经常遇到组合图形，有的由矩形、圆形、三角形等几个简单图形组成，有的则由几个型钢截面组合而成。由惯性矩定义可知，组合图形对某轴的惯性矩，等于组成组合图形的各简单图形对同一轴的惯性矩的和。简单图形对本身形心轴的惯性矩可通过积分或查表求得，再应用平行移轴公式，就可计算出组合图形对其形心轴的惯性矩。

实际中常见的组合截面多具有一个或两个对称轴，这种对称组合截面对形心主轴的惯性矩，是在弯曲等问题中经常用到的截面几何性质。下面通过例题来说明其计算方法。

[**例8-7**] 计算图8-10所示 T 形截面对形心轴 z、y 的惯性矩。

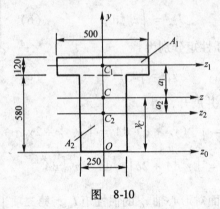

图 8-10

[**解**] （1）求截面形心位置。由于截面有一根对称轴 y，故形心必在此轴上，即
$$z_C = 0$$

为求 y_C，先设 z_0 轴如图，将图形分为两个矩形，这两部分的面积和形心对 z_0 轴的坐标分别为

$$A_1 = 500 \times 120 \text{mm}^2 = 60 \times 10^3 \text{mm}^2, y_1 = (580 + 60) \text{mm} = 640 \text{mm}$$

$$A_2 = 250 \times 580 \text{mm}^2 = 145 \times 10^3 \text{mm}^2, y_2 = \frac{580}{2} \text{mm} = 290 \text{mm}$$

故
$$y_C = \frac{\sum A_i y_i}{A} = \frac{60 \times 10^3 \times 640 + 145 \times 10^3 \times 290}{60 \times 10^3 + 145 \times 10^3} \text{mm} = 392 \text{ mm}$$

（2）计算 I_z、I_y。整个截面对 z、y 轴的惯性矩应等于两个矩形对 z、y 轴惯性矩之和，即

$$I_z = I_{1z} + I_{2z}$$

两个矩形对本身形心轴的惯性矩分别为

$$I_{1z_1} = \frac{500 \times 120^3}{12} \text{mm}^4, \quad I_{2z_2} = \frac{250 \times 580^3}{12} \text{mm}^4$$

应用平行移轴公式可得

$$I_{1z} = I_{1z_1} + a_1^2 A_1 = \left(\frac{500 \times 120^3}{12} + 248^2 \times 500 \times 120 \right) \text{mm}^4 = 37.6 \times 10^8 \text{mm}^4$$

$$I_{2z} = I_{2z_2} + a_2^2 A_2 = \left(\frac{250 \times 580^3}{12} + 102^2 \times 250 \times 580 \right) \text{mm}^4 = 55.7 \times 10^8 \text{mm}^4$$

所以　　　　$I_z = I_{1z} + I_{2z} = (37.6 \times 10^8 + 55.7 \times 10^8) \text{mm}^4 = 93.3 \times 10^8 \text{mm}^4$

y 轴正好经过矩形 A_1 和 A_2 的形心，所以

$$I_y = I_{1y} + I_{2y} = \left(\frac{120 \times 500^3}{12} + \frac{580 \times 250^3}{12} \right) \text{mm}^4$$

$$= (12.5 \times 10^8 + 7.55 \times 10^8) \text{mm}^4 = 20.05 \times 10^8 \text{mm}^4$$

[**例8-8**]　试计算图 8-11 所示由两根 20 号槽钢组成的截面对形心轴 z、y 的惯性矩。

[**解**]　组合截面有两根对称轴，形心 C 就在这两对称轴的交

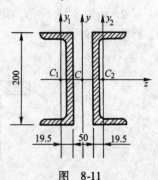

图 8-11

点。由附录型钢表查得每根槽钢的形心 C_1 或 C_2 到腹板边缘的距离为 19.5mm，每根槽钢截面积为

$$A_1 = A_2 = 3.283 \times 10^3 \text{mm}^2$$

每根槽钢对本身形心轴的惯性矩为

$$I_{1z} = I_{2z} = 19.137 \times 10^6 \text{mm}^4$$

$$I_{1y_1} = I_{2y_2} = 1.436 \times 10^6 \text{mm}^4$$

整个截面对形心轴的惯性矩应等于两根槽钢对形心轴的惯性轴之和，故得

$$I_z = I_{1z} + I_{2z} = (19.137 \times 10^6 + 19.137 \times 10^6) \text{mm}^4 = 38.3 \times 10^6 \text{mm}^4$$

$$I_y = I_{1y} + I_{2y} = 2I_{1y} = 2(I_{1y_1} + a^2 \times A_1)$$

$$= 2 \times \left[1.436 \times 10^6 + \left(19.5 + \frac{50}{2} \right)^2 \times 3.283 \times 10^3 \right] \text{mm}^4$$

$$= 15.87 \times 10^6 \text{mm}^4$$

第四节　惯　性　积

如图 8-12 所示，整个截面上微面积 $\mathrm{d}A$ 与它到 y、z 轴距离的乘积的总和称为截面对 y、z 轴的惯性积，用 I_{yz} 表示，即

$$I_{yz} = \int_A yz \mathrm{d}A \tag{8-13}$$

惯性积的数值可能为正、负或零，它的单位是 m^4 或 mm^4。

如果截面具有一个（或一个以上）对称轴，如图 8-13 所示，则对称轴两侧微面积的 $zy\mathrm{d}A$ 值大小相等，符号相反，这两个对称位置的微面积对 z、y 轴的惯性积之和等于零，推

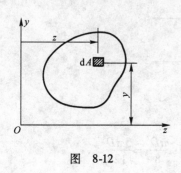

图 8-12

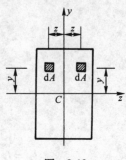

图 8-13

广到整个截面，则整个截面的 $I_{yz}=0$。这说明，只要 z、y 轴之一为截面的对称轴，该截面对两轴的惯性积就一定等于零。

复习思考题

1. 如图 8-14 所示 T 形截面，C 为形心，z 为形心轴，问 z 轴上下两部分对 z 轴的静矩存在什么关系？

2. 如图 8-15 所示，矩形截面 m-m 以上部分对形心轴 z 的静矩和 m-m 以下部分对形心轴 z 的静矩有何关系？

图 8-14　　　　　　　　　　图 8-15

3. 惯性矩、惯性积、极惯性矩是怎样定义的？为什么它们的值有的恒为正？有的可正、可负、还可为零？

4. 图 8-16a 所示矩形截面，若将形心轴 z 附近的面积挖去，移至上下边缘处，成为工字形截面，如图 8-16b 所示，问此两截面对 z 轴的惯性矩哪一个大？为什么？

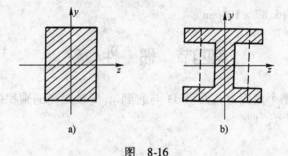

a)　　　　　　　　b)

图 8-16

5. 图 8-17 所示直径为 D 的半圆，已知它对 z 轴的惯性矩 $I_z=\dfrac{\pi D^4}{128}$，则其对 z_1 轴的惯性矩如下计算是否正确？为什么？

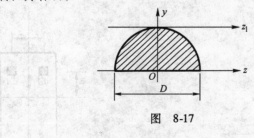

图 8-17

$$I_{z_1}=I_1+a^2A=\frac{\pi D^4}{128}+\left(\frac{D}{2}\right)^2\cdot\frac{\pi D^2}{8}=\frac{5\pi D^4}{128}$$

6. 惯性半径与惯性矩有何关系？惯性半径 i_z 是否就是图形形心到该轴的距离？

7. 试计算图 8-18 所示各截面图形对 z_C 轴的静矩。

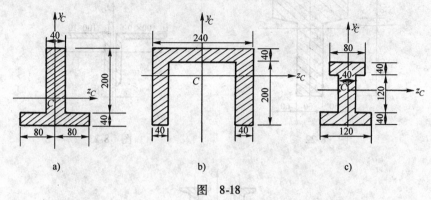

图　8-18

8. 图 8-19 所示截面图形，试求：（1）形心 C 的位置。（2）阴影部分对 z 轴的静矩。

9. 计算图 8-20 所示矩形截面对其形心轴 z 的惯性矩。已知 $b = 150\text{mm}$，$h = 300\text{mm}$。如按图中虚线所示，将矩形截面的中间部分移至两边缘变成工字形，计算此工字形截面对 z 轴的惯性矩，并求出工字形截面的惯性矩较矩形截面的惯性矩增大的百分比。

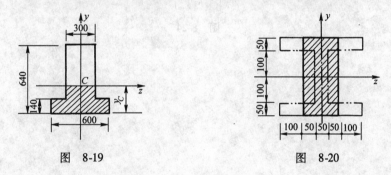

图　8-19　　　　　　　　　　　　　图　8-20

10. 计算图 8-21 所示各图对形心轴 z_C、y_C 的惯性矩。

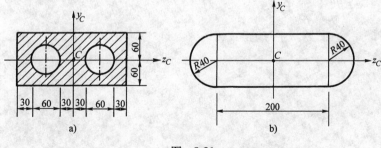

图　8-21

11. 计算图 8-22 所示图形对其形心轴 z 的惯性矩。

12. 计算图 8-23 所示组合图形对形心主轴的惯性矩。

13. 要使图 8-24 所示两个 10#工字钢组成的截面对两个形心主轴的惯性矩相等，求距离 a 的值。

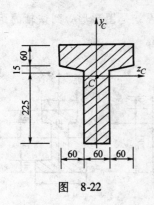

图 8-22

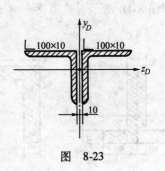

图 8-23

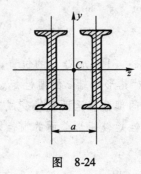

图 8-24

第九章 梁 的 弯 曲

学习目标：了解梁受弯时的受力与变形特点；掌握梁的应力和变形的计算以及梁的强度条件与刚度条件及其应用；熟练掌握梁受弯时的内力计算及内力图的绘制。

第一节 概 述

一、弯曲变形和平面弯曲变形的概念

杆件受到垂直于杆轴的外力作用或在纵向对称平面内受到力偶的作用时，杆件的轴线由直线弯成曲线，这种变形称为弯曲。以弯曲变形为主要变形的杆件称为梁。

弯曲变形是工程实际和日常生活中最常见的一种变形。例如建筑物中的楼面梁，受到楼面荷载、梁的自重和柱（或墙）的作用力，将发生弯曲变形（图9-1）；再如阳台的挑梁（图9-2）、门窗过梁等也都是以弯曲变形为主的构件。

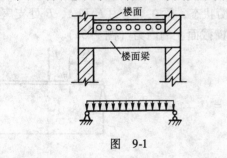

图 9-1

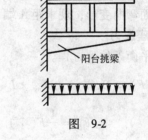

图 9-2

工程中大多数梁的横截面都具有对称轴，如图9-3所示为具有对称轴的各种截面形状。截面的对称轴与梁轴线所组成的平面称为纵向对称平面（图9-4）。如果梁上的外力和外力偶都作用在梁的纵向对称平面内，且各力都与梁的轴线垂直，则梁的轴线将在纵向对称平面内由直线弯成一条曲线，这种弯曲变形又称为**平面弯曲变形**。平面弯曲是弯曲变形中最简单，也是最常见的。本章主要讨论等截面直梁的平面弯曲问题。

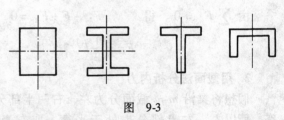

图 9-3

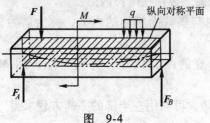

图 9-4

二、梁的分类

梁的结构形式很多，按支座情况可以分为以下几种。

（1）简支梁　梁的一端是固定铰支座，另一端是可动铰支座（图9-5a）。

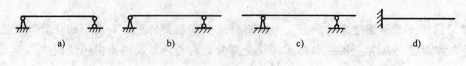

图 9-5

（2）外伸梁　其支座形式与简支梁相同，但梁的一端或两端伸出支座之外（图9-5b、c）。

（3）悬臂梁　梁的一端固定，而另一端是自由的（图9-5d）。

第二节　直梁平面弯曲时横截面上的内力

一、梁的内力——剪力和弯矩

梁在外力作用下各横截面上的内力仍然用截面法来分析。

设一简支梁跨中受一集中力 F 的作用处于平衡状态，梁在集中力 F 和 A、B 处支座反力作用下产生平面弯曲变形，现求距 A 端 x 处 m-m 横截面上的内力（图9-6a）。

1. 计算支座反力

根据静力平衡条件列方程。

由 $\sum M_A(F) = 0$,得 $\quad F_{By} \times L - F \times \dfrac{1}{2}L = 0$

$$F_{By} = \frac{1}{2}F(\uparrow)$$

由 $\sum F_y = 0$, 得 $\quad F_{Ay} - F + F_{By} = 0$

$$F_{Ay} = \frac{1}{2}F(\uparrow)$$

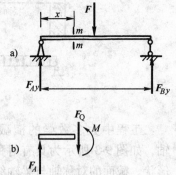

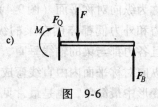

2. 用截面法分析内力

假想将梁沿 m-m 截面分为左、右两半部分，由于整体平衡，所以左、右半部分也处于平衡。取左半部为研究对象（图9-6b），由平衡条件 $\sum F_y = 0$ ，$\sum M_O(F) = 0$（O 为 m-m 截面的形心）可判断 m-m 截面上必存在两种内力：

1）作用在纵向对称面内与横截面相切的内力，称为剪力，用 F_Q 表示，常用单位是 N 或 kN。

2）作用面与横截面垂直的内力偶矩，称为弯矩，用 M 表示，常用单位为 N·m 或 kN·m。

图 9-6

m-m 截面上的剪力和弯矩，可利用左半部的平衡方程求得

由 $\sum F_y = 0$ ，得

$$F_{Ay} - F_Q = 0$$

$$F_Q = F_{Ay} = \frac{1}{2}F$$

由 $\sum M_o(F) = 0$ ，得

$$-F_{Ay}x + M = 0$$

$$M = F_{Ay}x = \frac{1}{2}Fx$$

如果取梁的右半部为研究对象（图9-6c），用同样方法也可求得截面上的剪力和弯矩。但必须注意，分别以左半部和右半部为研究对象求出的剪力 F_Q 和弯矩 M 数值是相等的，而方向和转向则是相反的，因为它们是作用力和反作用力的关系。

二、剪力和弯矩的正负号

为使从左半部、右半部梁求得同一截面上的内力 F_Q 和 M 具有相同的正负号，并由正负号反映变形的情况，对剪力和弯矩的正负号作如下规定。

（1）剪力的正负号　当截面上的剪力 F_Q 使所考虑的研究对象有顺时针方向转动趋势时取正号；反之取负号（图9-7）。

（2）弯矩的正负号　截面上的弯矩使所考虑的研究对象产生向下凸的变形时为正；反之为负（图9-8）

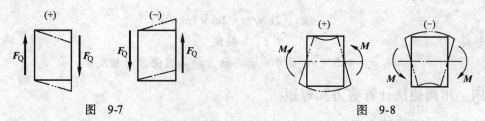

图 9-7　　　　　　　　　　　　　　　　图 9-8

三、用截面法计算指定截面内力

用截面法计算指定截面的剪力和弯矩的步骤和方法如下。

1）计算支座反力。

2）用假想的截面在欲求内力处将梁切成左、右两部分，取其中一部分为研究对象。

3）画研究对象的受力图。画研究对象的受力图时，对于截面上未知的剪力和弯矩，均假设为正向。

4）建立平衡方程，求解剪力和弯矩。

计算出的内力值可能为正值或负值，当内力值为正值时，说明内力的实际方向与假设方向一致，内力为正剪力或正弯矩；当内力值为负值时，说明内力的实际方向与假设的方向相反，内力为负剪力或负弯矩。

[例9-1]　　外伸梁受力如图9-9a所示，求1-1、2-2截面上的剪力和弯矩。

[解]　（1）求支座反力。取整体为研究对象，设支座反力 F_{Ay}、F_{By} 的方向向上，列平衡方程。

由 $\sum M_A(F) = 0$ 得

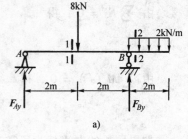

$$-8kN \times 2m + F_{By} \times 4m - 2kN/m \times 2m \times 5m = 0$$
$$F_{By} = 9kN(\uparrow)$$

由 $\sum F_y = 0$ 得

$$F_{Ay} - 8kN + F_{By} - 2kN/m \times 2m = 0$$
$$F_{Ay} = 3kN(\uparrow)$$

（2）求1-1截面的内力。将梁沿1-1截面切开，取左半部为研究对象，其受力图如图9-9b所示，则

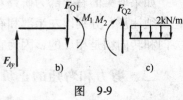

图 9-9

由 $\sum F_y = 0$ 得

$$F_{Ay} - F_{Q1} = 0 \qquad F_{Q1} = F_{Ay} = 3kN$$

由 $\sum M_1(F) = 0$ 得

$$-2F_{Ay} + M_1 = 0 \qquad M_1 = 2F_{Ay} = 6kN \cdot m$$

（3）求2-2截面的内力。将梁沿2-2截面切开，取右半部为研究对象，其受力图如图9-9c所示，则

由 $\sum F_y = 0$，得

$$F_{Q2} - 2kN/m \times 2m = 0$$

由 $\sum M_2(F) = 0$，得

$$-M_2 - 2kN/m \times 2m \times 1m = 0$$

解得

$$F_{Q2} = 4kN$$

$$M_2 = -4kN \cdot m（负号表示实际方向与假设方向相反）$$

四、用简捷法计算剪力和弯矩

从截面法计算内力中可归纳出计算剪力和弯矩的规律。

1. 计算剪力的规律

截面上剪力的大小等于该截面一侧（左侧或右侧）所有竖向外力（包括支座反力）的代数和。

外力的正负号：外力对所求截面产生顺时针方向转动趋势时，取正号；反之取负号，可记为"顺转剪力正"。

2. 计算弯矩的规律

截面上弯矩的大小等于该截面一侧（左侧或右侧）所有外力（包括支座反力）对该截面形心的力矩的代数和。

外力的正负号：将所求截面固定，另一端自由，外力使所考虑的梁段产生向下凸的变形时，取正号；反之取负号，可记为"下凸弯矩正"。

注意：以上都假设内力为正向，如果计算结果为正值，说明内力是正向的，如果计算结果是负值，说明内力是负向的。

[例9-2] 简支梁的受荷载情况如图9-10所示，试求1-1、2-2、3-3、4-4截面的内力。

[解]   （1）求支座反力。取整体为研究对象，设支座反力 F_{Ay}、F_{By} 方向向上，列平衡方程。

由 $\sum M_A(F) = 0$ ，得 $F_{By} \times 8m - 10kN/m \times$

$4m \times 6m + 40kN \cdot m - 20kN \times 2m = 0$

$\sum M_B(F) = 0$ ，得 $-F_{Ay} \times 8m + 10kN/m \times$

$4m \times 2m + 40kN \cdot m + 20kN \times 6m = 0$

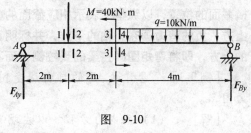

图 9-10

解得 $F_{Ay} = 30kN(\uparrow)$

$F_{By} = 30kN(\uparrow)$

（2）求各截面的内力。

1-1 截面：$F_{Q1} = F_{Ay} = 30kN$

$M_1 = F_{Ay} \times 2m = 30kN \times 2m = 60kN \cdot m$

2-2 截面：$F_{Q2} = F_{Ay} - F = 30kN - 20kN = 10kN$

$M_2 = F_{Ay} \times 2m = 30kN \times 2m = 60kN \cdot m$

3-3 截面：$F_{Q3} = F_{Ay} - F = 30kN - 20kN = 10kN$

$M_3 = F_{Ay} \times 4m - F \times 2m = 30kN \times 4m - 20kN \times 2m = 80kN \cdot m$

4-4 截面：$F_{Q4} = -F_{By} + q \times 4m = -30kN + 10kN/m \times 4m = 10kN$

$M_4 = F_{By} \times 4m - q \times 4m \times 2m = 30kN \times 4m - 10kN/m \times 4m \times 2m = 40kN \cdot m$

分析上例可知，从 1-1 截面经过集中力 F 作用处过渡到 2-2 截面时，截面上的剪力发生了变化（称为突变），突变的绝对值等于该集中力的大小，而弯矩无变化。从 3-3 截面经过集中力偶作用处过渡到 4-4 截面时，弯矩发生突变，突变的绝对值等于该集中力偶矩的大小，而剪力无变化。所以求集中力作用面上的剪力时，必须偏左或偏右计算，而求集中力偶作用面上的弯矩时，同样要偏左或偏右计算。

第三节　剪力图和弯矩图

通过计算梁的内力，可以看到，梁在不同位置的横截面上的内力值一般是不同的，即梁的内力随梁横截面位置的变化而变化。进行梁的强度和刚度计算时，除要会计算指定截面的内力外，还必须知道剪力和弯矩沿梁轴线的变化规律，并确定最大剪力和最大弯矩的值以及它们所在的位置。现讨论这个问题。

一、剪力方程和弯矩方程

以横坐标 x 表示梁各横截面的位置，则梁横截面上的剪力和弯矩都可以表示为坐标 x 的函数，即

$$F_Q = F_Q(x)$$
$$M = M(x)$$

以上两函数表达式，分别称为梁的**剪力方程**和**弯矩方程，统称为内力方程**。剪力方程和弯矩方程表明了梁内剪力和弯矩沿梁轴线的变化规律。

二、剪力图和弯矩图

为了形象地表示剪力和弯矩沿梁轴线的变化规律，可以根据剪力方程和弯矩方程分别画

出剪力图和弯矩图。它的画法和轴力图、扭矩图的画法相似，即以沿梁轴的横坐标 x 表示梁横截面的位置，以纵坐标表示相应截面的剪力和弯矩。作图时，**一般把正的剪力画在 x 轴的上方，负的剪力画在 x 轴的下方，并标明正负号；正弯矩画在 x 轴的下方，负弯矩画在 x 轴的上方，即将弯矩图画在梁的受拉侧，而不必标明正负号。**

[**例9-3**] 悬臂梁 AB 的自由端受到集中力 F 的作用（图9-11a），试画出该梁的内力图。

[**解**] （1）列内力方程。以左端 A 为坐标原点，以梁轴为 x 轴。取距原点为 x 的任一截面，计算该截面上的剪力和弯矩，并把它们表示为 x 的函数，则有

剪力方程：$F_Q(x) = -F$ $(0 < x < l)$

弯矩方程：$M(x) = -Fx$ $(0 \leqslant x < l)$

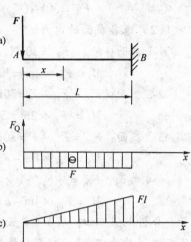

以上两个方程后面给出了方程的适用范围。剪力方程中，因为在集中力作用面上剪力有突变，x 不能等于 0 和 l。弯矩方程中，在 B 支座处有反力偶，弯矩有突变，x 不能等于 l。

（2）画 F_Q 图。由剪力方程可知，$F_Q(x)$ 是一常数，不随梁内横截面位置的变化而变化，所以 F_Q 图是一条平行于 x 轴的直线，且位于 x 轴的下方（图9-11b）。

（3）画 M 图。由弯矩方程可知，$M(x)$ 是 x 的一次函数，弯矩沿梁轴按直线规律变化，弯矩图是一条斜直线，因此，只需确定梁内任意两截面的弯矩，便可画出弯矩图（图9-11c）。

图 9-11

当 $x = 0$ 时， $M_A = 0$

$x = l$ 时， $M_B^L = -Fl$

由 F_Q 图和 M 图可知：$|F_Q|_{max} = F$，$|M|_{max} = Fl$

因剪力图和弯矩图中的坐标比较明确，习惯上可将坐标轴略去，故以下各例中坐标轴不再画出。

[**例9-4**] 简支梁受集中力 F 的作用（图9-12a），试画出梁的内力图。

[**解**] （1）求支座反力。以整体为研究对象，列平衡方程。

由 $\sum F_y = 0$，得 $F_{Ay} - F + F_{By} = 0$

由 $\sum M_A(F) = 0$，得 $F_{By} \times l - Fa = 0$

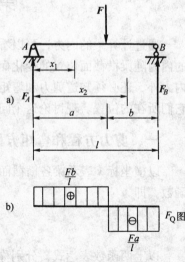

解得 $F_{Ay} = \dfrac{Fb}{l}(\uparrow)$ $F_{By} = \dfrac{Fa}{l}(\uparrow)$

（2）列内力方程。梁在 C 处有集中力作用，故 AC 段和 CB 段内力方程不同，要分段列出。

AC 段：在 AC 段内取距 A 为 x_1 的任意截面，则

$$F_Q(x_1) = F_{Ay} = \frac{Fb}{l}   (0 < x_1 < a)$$

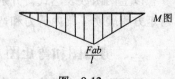

图 9-12

$$M(x_1) = F_{Ay} \cdot x_1 = \frac{Fb}{l}x_1 \qquad (0 \leqslant x_1 \leqslant a)$$

CB 段：在 CB 段内取距 A 为 x_2 的任意截面，则

$$F_Q(x_2) = -F_{By} = -\frac{Fa}{l} \qquad (a < x_2 < l)$$

$$M(x_2) = F_{By}(l - x_2) = \frac{Fa}{l}(l - x_2) \qquad (a \leqslant x_2 \leqslant l)$$

（3）画剪力图。由剪力方程知，AC 段和 CB 段梁的剪力图均为水平线。AC 段剪力图在 x 轴上方，CB 段剪力图在 x 轴下方。在集中力 F 作用的 C 截面上，剪力图出现向下的突变，突变值等于集中力的大小（图 9-12b）。

（4）画弯矩图。由弯矩方程知，两段梁的弯矩图均为斜直线，每段分别确定两个数值就可画出弯矩图（图 9-12c）。

$$x_1 = 0 \text{ 时}, M_A = 0$$

$$x_1 = a \text{ 时}, M_C = \frac{Fb}{l}a = \frac{Fab}{l}$$

$$x_2 = a \text{ 时}, M_C = \frac{Fb}{l}a = \frac{Fab}{l}$$

$$x_2 = l \text{ 时}, M_B = 0$$

[例 9-5] 简支梁受均布线荷载 q 的作用（图 9-13a），试画出该梁的内力图。

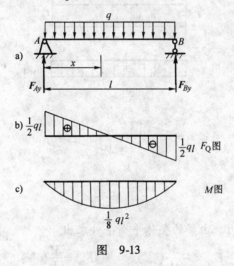

图 9-13

[解]　（1）求支座反力。由梁和荷载的对称性可直接得出

$$F_{Ay} = F_{By} = \frac{1}{2}ql(\uparrow)$$

（2）列内力方程。取梁左端 A 为坐标原点，梁轴为 x 轴，取距 A 为 x 的任意截面，将该面上的剪力和弯矩分别表示为 x 的函数，则有

剪力方程：$\qquad F_Q(x) = \frac{1}{2}ql - qx \qquad (0 < x < l)$

弯矩方程：$\qquad M(x) = \frac{1}{2}qlx - \frac{1}{2}qx^2 \qquad (0 \leqslant x \leqslant l)$

（3）画剪力图。由剪力方程知，该梁的剪力图是一条斜直线，确定两个数值便可以画出剪力图（图 9-13b）。

$$x = 0 \text{ 时，} \qquad F_{QA}^{R} = \frac{1}{2}ql$$

$$x = l \text{ 时，} \qquad F_{QB}^{L} = -\frac{1}{2}ql$$

（4）画弯矩图。由弯矩方程知，梁的弯矩图是一条二次抛物线，至少要算出三个点的弯矩值才能大致画出图形。计算各点弯矩，见表 9-1。

表 9-1　弯矩计算表

x	0	$\frac{1}{4}l$	$\frac{1}{2}l$	$\frac{3}{4}l$	l
$M(x)$	0	$\frac{3}{32}ql^2$	$\frac{1}{8}ql^2$	$\frac{3}{32}ql^2$	0

[**例 9-6**]　简支梁 AB，在 C 截面处作用有力偶 M（图 9-14a）。试画出梁的内力图。

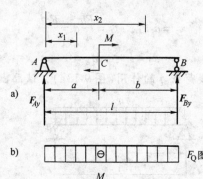

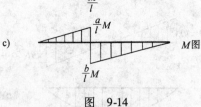

图 9-14

[**解**]　（1）求支座反力。由梁的整体平衡条件求出

$$F_{Ay} = -\frac{M}{l}(\downarrow) \qquad F_{By} = \frac{M}{l}(\uparrow)$$

（2）分段列内力方程。

AC 段：在 AC 段内取距 A 为 x_1 的任意截面，则有

$$F_Q(x_1) = -\frac{M}{l} \qquad (0 < x_1 \leqslant a)$$

$$M(x_1) = -\frac{M}{l}x_1 \qquad (0 \leqslant x_1 < a)$$

CB 段：在 CB 段内取距 A 为 x_2 的任意截面，则有

$$F_Q(x_2) = -\frac{M}{l} \qquad (a \leqslant x_2 < l)$$

$$M(x_2) = \frac{M}{l}(l - x_2) \qquad (a < x_2 \leqslant l)$$

（3）画剪力图。由剪力方程知，AC 段和 CB 段的剪力图是同一条平行于 x 轴的直线，且在 x 轴的下方（图9-14b）。

（4）画弯矩图。由弯矩方程知，AC 段和 CB 段的弯矩图都是一条斜直线，要分段取点作图（图9-14c）。

$$x_1 = 0 \text{ 时}, M_A = 0$$

$$x_1 = a \text{ 时}, M_C^L = -\frac{M}{l}a$$

$$x_2 = a \text{ 时}, M_C^R = \frac{M}{l}(l - a) = \frac{M}{l}b$$

$$x_2 = l \text{ 时}, M_B = 0$$

以上分别讨论了梁在集中力、集中力偶、均布荷载作用下的内力图，通过讨论发现，内力图存在一定的规律。可简要归纳如下：

1）在无荷载区段，剪力图为平行于 x 轴的一条直线，弯矩图一般为一条斜直线。

2）在均布荷载作用的区段内，剪力图为一条斜直线，弯矩图为一条抛物线。荷载向下，剪力图往右下斜；弯矩图下凸。在剪力为零处，弯矩图有极值。

3）在集中力作用处，剪力图有突变，从左往右突变的方向与集中力的方向相同，突变的大小等于该集中力的大小，而弯矩图只产生转折。

4）在集中力偶作用处，弯矩图有突变，突变的大小等于该集中力偶矩，而剪力图无变化。

第四节 荷载集度、剪力、弯矩之间的微分关系及其在绘制内力图上的应用

一、荷载集度、弯矩、剪力间的微分关系

前面简单归纳了剪力图、弯矩图的一些规律，说明作用在梁上的荷载与剪力、弯矩间存在着一定的关系，下面进行具体分析。

如图9-15a 所示，梁上作用有任意分布荷载 $q(x)$，$q(x)$ 规定以向上为正。取 A 为坐标原点，x 轴以向右为正向，y 轴以向上为正向。现取分布荷载作用下一微段 dx 来分析（图9-15b）。

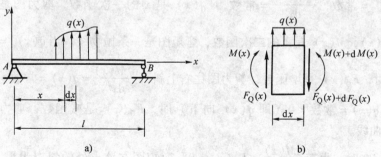

图 9-15

根据静力平衡方程

由 $\sum F_y = 0$，得 $\qquad F_Q(x) + q(x) \cdot dx - [F_Q(x) + dF_Q(x)] = 0$

由 $\sum M_o(F) = 0$，得 $\quad -M(x) - F_Q(x) \cdot dx - q(x) \cdot dx \cdot \dfrac{dx}{2} + [M(x) + dM(x)] = 0$

经整理，并略去二阶微量 $q(x) \cdot dx \cdot \dfrac{dx}{2}$，得

$$\frac{dF_Q(x)}{dx} = q(x) \tag{9-1}$$

$$\frac{dM(x)}{dx} = F_Q(x) \tag{9-2}$$

将式（9-2）两边求导得

$$\frac{d^2 M(x)}{dx^2} = q(x) \tag{9-3}$$

由式（9-1）知，**梁上任一截面上的剪力对 x 的一阶导数等于作用在该截面处的分布荷载集度。** 这一微分关系的几何意义是，剪力图上某点切线的斜率等于相应截面处的分布荷载集度。

由式（9-2）知，**梁上任一截面上的弯矩对 x 的一阶导数等于该截面上的剪力。** 这一微分关系的几何意义是，弯矩图上某点切线的斜率等于相应截面上的剪力。

由式（9-3）知，**梁上任一截面上的弯矩对 x 的二阶导数等于该截面处的分布荷载集度。** 这一微分关系的几何意义是，弯矩图上某点的曲率等于相应截面处的分布荷载集度。

二、利用荷载集度、剪力、弯矩的微分关系，可分析出剪力图和弯矩图的规律

1. 在无荷载作用区段

由于 $q(x) = 0$，$\dfrac{dF_Q(x)}{dx} = q(x) = 0$，$F_Q(x)$ 是常数，所以剪力图是一条平行于 x 轴的直线。$\dfrac{dM(x)}{dx} = F_Q(x) = $ 常数，所以 $M(x)$ 是 x 的一次函数，弯矩图是一条斜直线。当 $F_Q(x) = $ 常数 > 0 时，弯矩 $M(x)$ 是增函数，弯矩图往右下斜；当 $F_Q(x) = $ 常数 < 0 时，弯矩 $M(x)$ 是减函数，弯矩图往右上斜。特殊情况下，当 $F_Q(x) = $ 常数 $= 0$ 时，$M(x) = $ 常数，弯矩图是一条水平直线。

2. 在均布荷载区段

由于 $q(x) = $ 常数，$\dfrac{dF_Q(x)}{dx} = $ 常数，$F_Q(x)$ 是 x 的一次函数，剪力图是一条斜直线，而 $\dfrac{dM(x)}{dx} = F_Q(x)$，$M(x)$ 是 x 的二次函数，弯矩图是一条抛物线。当 $q(x) = $ 常数 > 0（即 $q(x)$ 向上）时，$F_Q(x)$ 是增函数，剪力图往右上斜，$\dfrac{d^2 M(x)}{dx^2} = q(x) = $ 常数 > 0，弯矩图为上凸曲线；当 $q(x) = $ 常数 < 0（即 $q(x)$ 向下）时，$F_Q(x)$ 是减函数，剪力图往右下斜，弯矩图为下凸曲线。

当 $F_Q(x) = 0$ 时，由于 $\dfrac{dM(x)}{dx} = F_Q(x) = 0$，弯矩图在该点处的斜率为零，所以弯矩有

极值。

分布荷载、剪力、弯矩之间的关系列于表 9-2 中，以便应用。

表 9-2　不同荷载作用下剪力图和弯矩图的特征

梁上荷载情况	剪 力 图	弯 矩 图
无荷载区域 $q(x)=0$	$F_Q=0$	$M<0$ $M=0$ $M>0$
	$F_Q>0$	
	$F_Q<0$	
$q(x)=$ 常数	$q(x)>0$	
	$q(x)<0$	
	$F_Q=0$ 的截面处	M 有极值
F	F	
M	集中力偶作用处 剪力图无变化	M

三、剪力图和弯矩图规律的应用

利用剪力图和弯矩图的规律可简单而方便地画出内力图，其步骤和方法如下。

1）根据梁所受外荷载情况将梁分为若干段，并判断每段的剪力图和弯矩图的形状。

2）计算每一段两端的剪力值和弯矩值（有些可直接根据规律判断出来的不必计算），逐段画出剪力图和弯矩图。

3）画内力图时，一般是从左往右画。

[例 9-7]　画出图 9-16a 所示简支梁的内力图。

[解]　（1）求支座反力。

$$F_{Ay}=5\text{kN}(\uparrow)$$

$$F_{By}=15\text{kN}(\uparrow)$$

（2）画剪力图。将梁按荷载分布情况分为 AC、CD、DB 段，分别画每一段的剪力图。

AC 段是无荷载区段，在 AC 段内 $F_{QA}^R = F_{Ay} = 5\text{kN}$，所以 AC 段的剪力图是在 x 轴上方的一条平行直线，经过集中力作用处 C 时，按集中力的方向向下突变 20kN 过渡到 C 偏右截面，且 $F_{QC}^R = -15\text{kN}$，CD 段剪力图是在 x 轴下方的一条平行直线，经过集中力偶作用处无变化，到 B 截面时按 F_{By} 的方向向上突变 15kN（图 9-16b）。

（3）画弯矩图。AC 段剪力图是在 x 轴上方的一条平行线，所以弯矩图是一条往右下斜的直线，确定两点的弯矩值 $M_A = 0$，$M_C = 10\text{kN·m}$ 得 AC 段的弯矩图线。在 C 截面处有集中力作用，弯矩图产生转折，到 CD 段，因剪力图是在 x 轴下方的一条平行直线，所以弯矩图是一条上斜直线，确定 $M_D^L = -20\text{kN·m}$，画出 CD 段的弯矩图。经过 D 截面处下突 50kN·m，则 $M_D^R = 30\text{kN·m}$，又 $M_B = 0$，连接 M_D^R、M_B，画出 DB 段的弯矩图（图 9-16c）。

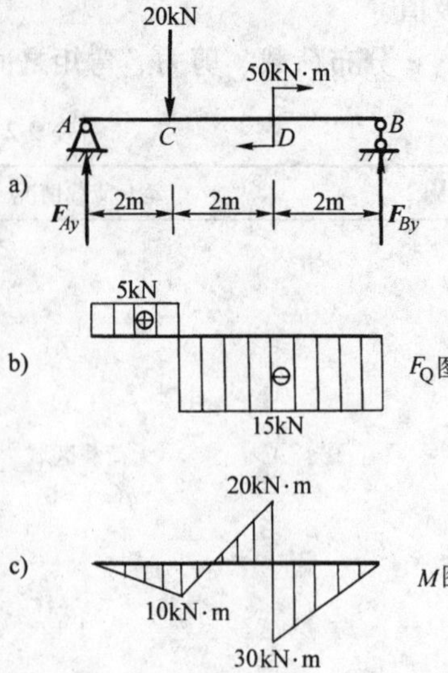

[例 9-8]　绘制图 9-17a 所示外伸梁的内力图。

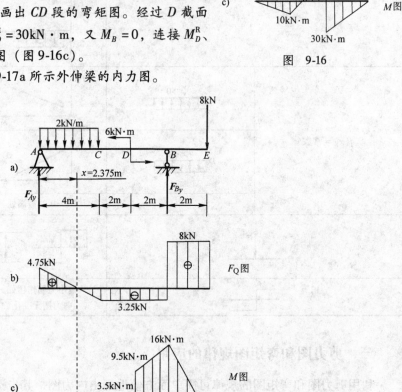

图　9-16

图　9-17

[解]　（1）求支座反力。
$$F_{Ay} = 4.75\text{kN}(\uparrow)$$
$$F_{By} = 11.25\text{kN}(\uparrow)$$

（2）画剪力图。AC 段为向下的均布线荷载，所以剪力图是一条往右下斜的直线，算出该段两端剪力值 $F_{QA}^R = F_{Ay} = 4.75\text{kN}$，$F_{QC} = -3.25\text{kN}$，画出剪力图。CD 段剪力图是在 x 轴下方的一条平行线，经过集中力偶作用处 D 时，剪力图无变化，到 B 截面处按 F_{By} 的方向向上突变 11.25kN 过渡到 B 偏右截面，且 $F_{QB}^R = 8$kN。BE 段的剪力图是在 x 轴上方的平行线，在 E 处按集中力的方向向下突变 8kN（图 9-17b）。

（3）画弯矩图。AC 段作用有向下的均布线荷载，所以弯矩图为向下凸抛物线。从剪力图可看出该段弯矩图有极值，算出该段两端的弯矩值及极值即可画出弯矩图。CD 段剪力图是在 x 轴下方的平行线，所以弯矩图是一条往右上斜的直线，算出 D 偏左截面的弯矩值 $M_D^L = 3.5$kN·m，可得 CD 段的弯矩图线。经过 D 截面时，因有集中力偶作用，弯矩图往右向上突变 6kN·m 过渡到 D 偏右截面，且 $M_D^R = 9.5$kN·m，又 $M_B = 16$kN·m，$M_E = 0$，所以 DB 段的弯矩图是上斜直线，BE 段是下斜直线（图 9-17c）。

第五节 叠加法与区段叠加法

一、叠加原理及叠加法画弯矩图

梁在多种荷载共同作用下，所引起的某一参数（如反力、内力、应力或变形），在线弹性或小变形情况下，等于每种荷载单独作用时所引起的该参数值的代数和，这种关系称为**叠加原理**。利用叠加原理画内力图的方法称为**叠加法**。

在常见荷载作用下，梁的剪力图比较简单，一般不用叠加法绘制。下面只讨论用叠加法画弯矩图。

用叠加法画弯矩图的步骤和方法如下：

1）把作用在梁上的复杂荷载分成几种简单的荷载，分别画出梁在各种简单荷载单独作用下的弯矩图。

2）将各简单荷载作用下的弯矩图叠加（即在对应点处的弯矩纵坐标代数相加），就得到梁在复杂荷载作用下的弯矩图。

3）叠加时先画直线或折线的弯矩图线，后画曲线，习惯上第一条图线用虚线画出，在此基础上叠加第二条弯矩图线，最后一条弯矩图线用实线画出。

[**例 9-9**] 用叠加法画图 9-18a 所示悬臂梁的内力图。

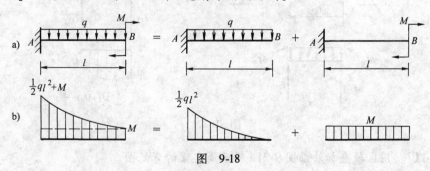

图 9-18

[**解**]（1）将梁上的复杂荷载分解为两种简单荷载，即均布线荷载 q 和集中力偶 M（图 9-18a），并分别画出梁在 q 和 M 单独作用下的弯矩图（图 9-18b）。

（2）将两个弯矩图相应的纵坐标叠加起来（图 9-18b），即得悬臂梁在复杂荷载作用下的弯矩图。

[**例9-10**]   用叠加法画图9-19a所示简支梁的内力图。

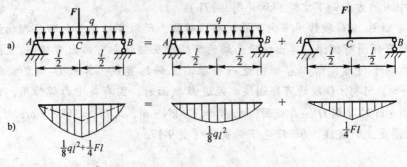

图 9-19

[**解**]   （1）将梁上的复杂荷载分解为均布线荷载 q 和集中力 F（图9-19a），并分别画出梁在 q 和 F 单独作用下的弯矩图。

（2）将两个弯矩图相应的纵坐标叠加起来，即得梁在两种简单荷载共同作用下的弯矩图（图9-19b）。

二、区段叠加法画弯矩图

将梁进行分段，然后在每一个区段上利用叠加原理画出弯矩图，这种方法称为区段叠加法。如图9-20a所示的梁受 F、q 作用，在梁内取一段 AB，如果已求出 A 截面和 B 截面上的弯矩 M_{AB}、M_{BA}，则可根据该段的平衡条件求出 A、B 截面上的剪力 F_{QA}、F_{QB}（图9-20b）。将此段梁的受力图与图9-20c所示的简支梁相比较，由于 AB 段梁的受力情况与简支梁的受力情况完全相同，所以内力图也相同，因此画梁内某段弯矩图的问题就归结成了画相应简支梁弯矩图的问题，可利用叠加法画出。

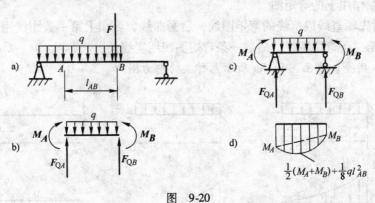

图 9-20

[**例9-11**]   用区段叠加法画图9-21a所示简支梁的弯矩图。

[**解**]   （1）求支座反力。

$$F_{Ay} = 17\text{kN}(\uparrow)$$
$$F_{By} = 7\text{kN}(\uparrow)$$

（2）选定外力变化处（如集中力、集中力偶的作用点、均布荷载的起止点）作为控制点，控制点所在截面称为控制截面，计算各控制截面的弯矩值如下。

$$M_A = 0$$

$$M_C = (17 \times 1)\text{kN} \cdot \text{m} = 17\text{kN} \cdot \text{m}$$

$$M_D = (17 \times 2 - 8 \times 1)\ \text{kN} \cdot \text{m} = 26\text{kN} \cdot \text{m}$$

$$M_E = (7 \times 2 + 16)\ \text{kN} \cdot \text{m} = 30\text{kN} \cdot \text{m}$$

$$M_F^L = (7 \times 1 + 16)\text{kN} \cdot \text{m} = 23\text{kN} \cdot \text{m}$$

$$M_F^R = (7 \times 1)\text{kN} \cdot \text{m} = 7\text{kN} \cdot \text{m}$$

设 DE 段内距 D 点 x 处弯矩有极值，该点所在截面的剪力等于零，则

$$(17-8)\text{kN} - 4\text{kN/m} \times x = 0$$

$$x = 2.25\text{m}$$

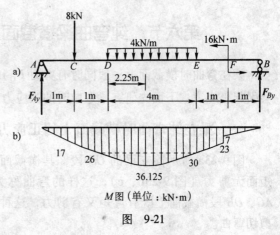

图 9-21

所以极值点　　$M_{\max} = \left[17 \times (2 + 2.25) - 8 \times (1 + 2.25) - \dfrac{1}{2} \times 4 \times 2.25^2 \right]\text{kN} \cdot \text{m}$

$$= 36.125\text{kN} \cdot \text{m}$$

（3）绘弯矩图。在坐标系中依次定出以上各控制点，因 AC、CD、EF、FB 各段无荷载作用，用直线连接各段两端点即得弯矩图。DE 段有均布荷载作用，先用虚线连接两端点，再叠加上相应简支梁在均布荷载作用下的弯矩图，就可以绘出该段的弯矩图。有极值时标出极值（图9-21b）。

[例9-12] 用区段叠加法画图9-22a所示的内力图。

[解]　（1）求支座反力。

$$F_{Ay} = 1.72\text{kN}\ (\uparrow)$$

$$F_{By} = 2.48\text{kN}(\uparrow)$$

（2）画剪力图。AC 段有均布线荷载，所以剪力图是一条往右下斜的直线，算出 AC 段两端截面的剪力 $F_{QA}^R = F_{Ay} = 1.72\text{kN}$，$F_{QC} = 1.48\text{kN}$，连接两点即得 AC 段的剪力图。CB 段是无荷区段，剪力图是一条平行线。经过 B 截面时，由于有集中反力 F_{By} 作用，剪力图按 F_{By} 的方向向上凸 2.48kN 过渡到 B 偏右截面，且 $F_{QB}^R = 1\text{kN}$，BD 段的剪力图也是一条平行线，到 D 处按集中力的方向向下突变 1kN（图9-22b）。

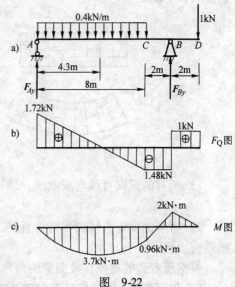

图 9-22

（3）用区段叠加法画弯矩图。算出 A、C、B、D 四个控制截面的弯矩，标在坐标系中。由于 CB、BD 段是无何区段，所以直接用直线连接 CB、BD 即得此两段的弯矩图。AC 段有均布荷载作用，所以先用虚线连接 AC，再在此基础上叠加相应简支梁在均布荷载作用下的弯矩图就可得该段的弯矩图（图9-22c）。

第六节　纯弯曲梁横截面上的正应力及正应力强度

梁在弯曲时横截面上一般同时有剪力 F_Q 和弯矩 M 两种内力。剪力会引起切应力，弯矩会引起正应力。下面先研究梁弯曲时的正应力及正应力强度条件。

一、梁在纯弯曲时横截面上的正应力

图 9-23a 所示简支梁的 CD 段，其横截面上只有弯矩而无剪力（图 9-23b、c），这样的弯曲称为**纯弯曲**。AC、DB 段横截面上既有弯矩又有剪力，这种弯曲称为**剪切弯曲**。

为了使问题简化，我们分析梁纯弯曲时横截面上的正应力。和扭转变形一样，研究梁在纯弯曲时横截面上的正应力需从变形的几何关系、物理关系、静力平衡关系三方面来分析。

1. 变形的几何关系

取具有竖向对称轴的等直截面梁（如矩形截面梁），在梁受弯曲前先在梁的表面画上许多与轴线垂直的横向直线和与轴线平行的纵向直线（图 9-24a），然后在梁的两端施加力偶 M，使梁产生纯弯曲（图 9-24b），此时可以看到如下现象：

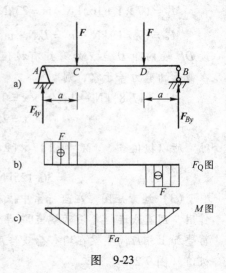

图　9-23

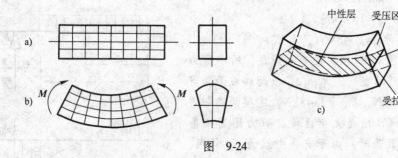

图　9-24

1）所有的纵向直线弯成曲线，靠近凹面的纵向直线缩短了，而靠近凸面的纵向直线伸长了。

2）所有的横向直线仍保持为直线，只是相对转过了一个角度，但仍与弯成曲线的纵向线垂直。

根据所看到的现象，推测梁的内部变形，可作出两个假设。

1）**平面假设**：梁的横截面在弯曲变形后仍保持为平面，且仍垂直于弯成曲线的轴线。

2）**单向受力假设**：将梁看成由无数根纵向纤维组成，各纤维只受到轴向拉伸或压缩，不存在相互挤压现象。

根据以上假设，靠近凹面的纵向纤维缩短了，靠近凸面的纵向纤维伸长了。由于变形具有连续性，因此，纵向纤维从缩短到伸长，之间必有一层纤维既不伸长也不缩短，这层纤维

称为**中性层**。中性层与横截面的交线称为**中性轴**（图 9-24c）。中性轴将横截面分为受拉区域和受压区域。

从纯弯曲梁中取出一微段 dx，如图 9-25a 所示。图 9-25b 为梁的横截面，设 y 轴为纵向对称轴，z 轴为中性轴。图 9-25c 为该微段纯弯曲变形后的情况。其中 o_1、o_2 为中性层，O 为两横截面 mm 和 nn 旋转后的交点，ρ 为中性层的曲率半径，两个截面间变形后的夹角是 $d\theta$，现求距中性层为 y 的任意一层纤维 ab 的线应变。

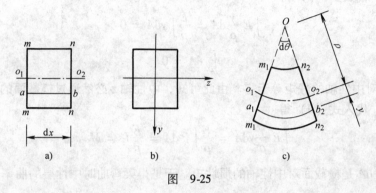

图　9-25

纤维 ab 的原长 $\overline{ab} = dx = o_1o_2 = \rho \cdot d\theta$，变形后的 $a_1b_1 = (\rho + y) \cdot d\theta$，所以 ab 纤维的线应变为

$$\varepsilon = \frac{(\rho + y) \cdot d\theta - \rho \cdot d\theta}{\rho \cdot d\theta} = \frac{y}{\rho} \tag{a}$$

对于确定的截面来说，ρ 是常数。所以上式表明：**梁横截面上任一点处的纵向线应变与该点到中性轴的距离成正比。**

2. 物理关系

根据纵向纤维的单向受力假设，当材料在线弹性范围内变形时，由胡克定律可得

$$\sigma = E\varepsilon = E\frac{y}{\rho} \tag{b}$$

对于确定的截面来说，E 和 ρ 是常数，因此上式表明：**横截面上任意一点处的正应力与该点到中性轴的距离成正比。即弯曲正应力沿梁高度按线性规律分布**（图 9-26）。

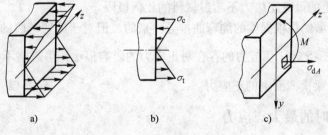

图　9-26

3. 静力平衡关系

式（b）只给出了正应力的分布规律，但因中性轴的位置尚未确定，曲率半径 ρ 的大小也不知道，故不能利用此式求出正应力。需利用静力平衡关系进一步导出正应力的计算式。

在横截面上 K 点处取一微面积 dA，K 点到中性轴的距离为 y，K 点处的正应力为 σ，则

各微面积上的法向分布内力 σdA 组成一空间平行力系（图 9-26c）。而横截面上无轴力，只有弯矩，由此得

$$\sum F_x = 0 \qquad \int_A \sigma dA = 0 \qquad\qquad (c)$$

$$\sum M_z(F) = 0 \qquad \int_A \sigma y dA = M \qquad\qquad (d)$$

将式（b）代入式（c）得

$$\int_A E \frac{y}{\rho} dA = \frac{E}{\rho} \int_A y dA = 0$$

即

$$\int_A y dA = 0$$

上式表明截面对中性轴的静矩等于零。由此可知，**中性轴 z 必然通过横截面的形心。**

将式（b）代入式（d）得

$$\int_A E \frac{y}{\rho} y dA = \frac{E}{\rho} \int_A y^2 dA = \frac{E}{\rho} I_z = M$$

式中，$I_z = \int_A y^2 dA$ 是横截面对中性轴的惯性矩。于是得梁弯曲时中性层的曲率表达式为

$$\frac{1}{\rho} = \frac{M}{EI_z} \qquad\qquad (9\text{-}4)$$

式（9-4）是研究梁弯曲变形的基本公式。$\frac{1}{\rho}$ 表示梁的弯曲程度。EI_z 表示梁抵抗弯曲变形的能力，称为梁的**抗弯刚度**。将此式代入式（b）得

$$\sigma = \frac{M}{I_z} y \qquad\qquad (9\text{-}5)$$

式（9-5）即为梁纯弯曲时横截面上正应力的计算式。它表明：**梁横截面上任意一点的正应力 σ 与截面上的弯矩 M 和该点到中性轴的距离 y 成正比，而与截面对中性轴的惯性矩 I_z 成反比。**

在计算时，弯矩 M 和需求点到中性轴的距离 y 按正值代入公式。正应力的性质可根据弯矩及所求点的位置来判断。

正应力公式的适用条件如下：

1）梁横截面上的最大正应力不超过材料的比例极限。

2）式（9-5）虽然是根据梁的纯弯曲推导出来的，但对于剪切弯曲的梁，当跨度 l 与横截面高度 h 之比 $\frac{l}{h} > 5$ 时，切应力的存在对正应力的影响很小，可忽略不计，所以此式也可用于计算剪切弯曲梁横截面上的正应力。

二、梁弯曲时的最大正应力

对于等直梁而言，截面对中性轴的惯性矩 I_z 不变，所以弯矩 M 越大正应力就越大，y 越大正应力也越大。如果截面的中性轴同时又是对称轴（例如矩形、工字形等），则最大正应力发生在绝对值最大的弯矩所在的截面，且离中性轴最远的点上，即

$$\sigma_{max} = \frac{M_{max} y_{max}}{I_z} = \frac{M_{max}}{W_z} \qquad\qquad (9\text{-}6)$$

$W_z = I_z/y_{max}$ 为**抗弯截面系数**。如果截面的中性轴不是截面的对称轴（例如 T 形截面），则最大正应力可能发生在最大正弯矩或最大负弯矩所在的截面。

[**例 9-13**]　简支梁受均布荷载 q 作用，如图 9-27 所示。已知 $q = 4kN/m$，梁的跨度 $l = 3m$，矩形截面的高 $h = 180mm$，宽 $b = 120mm$。试求：（1）C 截面上 a、b、c 三点处的应力。（2）梁内最大正应力及其所在位置。

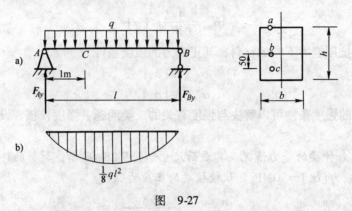

图　9-27

[**解**]　（1）求支座反力。

$$F_{Ay} = F_{By} = \frac{1}{2}ql = 6kN(\uparrow)$$

（2）计算 C 截面各点的正应力。

C 截面的弯矩　　　$M_C = \left(6 \times 1 - 4 \times 1 \times \frac{1}{2}\right)kN \cdot m = 4\ kN \cdot m$

截面对中性轴的惯性矩　　　$I_z = \frac{bh^3}{12} = \left(\frac{1}{12} \times 120 \times 180^3\right)mm^4 = 58.3 \times 10^6 mm^4$

抗弯截面系数　　　$W_z = \frac{I_z}{y_{max}} = \frac{bh^2}{6} = 64.8 \times 10^4 mm^3$

C 截面 a、b、c 各点的正应力

$$\sigma_a = \frac{4 \times 10^6 \times 90}{58.3 \times 10^6}N/mm^2 = 6.17MPa(压)$$

$$\sigma_b = 0$$

$$\sigma_c = \frac{4 \times 10^6 \times 50}{58.3 \times 10^6}N/mm^2 = 3.43MPa(拉)$$

（3）计算梁内最大正应力。梁的弯矩图如图 9-27b 所示，$M_{max} = \frac{1}{8}ql^2 = \left(\frac{1}{8} \times 4 \times 3^2\right)kN \cdot m = 4.5kN \cdot m$。由此可见，梁内最大正应力发生在跨中截面的上下边缘处，其值为

$$\sigma_{max} = \frac{M_{max}}{W_z} = \frac{4.5 \times 10^6}{64.8 \times 10^4}N/mm^2 = 6.94N/mm^2 = 6.94MPa$$

三、梁的正应力强度

为了保证梁能安全正常地工作，必须使梁内的最大正应力不能超过材料的许用应力$[\sigma]$，这就是梁的正应力强度条件。

对于抗拉和抗压能力相同的材料，其正应力的强度条件为

$$\sigma_{max} = \frac{M_{max}}{W_z} \leqslant [\sigma] \tag{9-7}$$

对于抗拉和抗压能力不同的材料，其正应力的强度条件为

$$\sigma_{tmax} \leqslant [\sigma_t] \tag{9-8a}$$

$$\sigma_{cmax} \leqslant [\sigma_c] \tag{9-8b}$$

利用正应力的强度条件可以解决与强度有关的三类问题：强度校核、设计截面尺寸和确定许可载荷。

[例9-14] 外伸梁的受力情况及其截面尺寸如图9-28a所示，材料的许用拉应力$[\sigma_t] = 30$MPa，许用压应力$[\sigma_c] = 70$MPa。试校核梁的正应力强度。

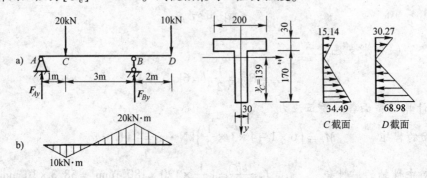

图 9-28

[解] （1）求支座反力。

$$F_{Ay} = 10\text{kN}(\uparrow) \qquad\qquad F_{By} = 20\text{kN}(\uparrow)$$

（2）画弯矩图，计算梁内最大拉、压应力。梁的弯矩图如图9-28b所示，由于中性轴z不是截面的对称轴，所以最大正弯矩所在的截面C和最大负弯矩所在的截面B都可能存在最大拉、压应力。

截面形心C的位置（图9-28）为

$$y_C = \left(\frac{200 \times 30 \times 185 + 170 \times 30 \times 85}{200 \times 30 + 170 \times 30} \right)\text{mm} = 139\text{mm}$$

截面对中性轴z的惯性矩为

$$I_z = \left(\frac{200 \times 30^3}{12} + 200 \times 30 \times 46^2 + \frac{30 \times 170^3}{12} + 170 \times 30 \times 54^2 \right)\text{mm}^4 = 40.3 \times 10^6\text{mm}^4$$

C截面：

$$\sigma_{tmax} = \left(\frac{10 \times 10^6 \times 139}{40.3 \times 10^6} \right)\text{N/mm}^2 = 34.49\text{MPa}$$

$$\sigma_{cmax} = \frac{10 \times 10^6 \times 61}{40.3 \times 10^6}\text{N/mm}^2 = 15.14\text{MPa}$$

B 截面：

$$\sigma_{tmax} = \frac{20 \times 10^6 \times 61}{40.3 \times 10^6} \text{N/mm}^2 = 30.27 \text{MPa}$$

$$\sigma_{cmax} = \frac{20 \times 10^6 \times 139}{40.3 \times 10^6} \text{N/mm}^2 = 68.98 \text{MPa}$$

可见梁内最大拉应力发生在 C 截面的下边缘，其值为 $\sigma_{tmax} = 34.49 \text{MPa}$，最大压应力发生在 B 截面的下边缘，其值为 $\sigma_{cmax} = 68.98 \text{MPa}$。

（3）校核强度。因为 $\sigma_{tmax} = 34.49 \text{MPa} > [\sigma_t]$，所以 C 截面的抗拉强度不够，梁将会沿 C 截面发生破坏。

[**例9-15**] 图9-29a所示工字形截面外伸梁，已知材料的许用应力 $[\sigma] = 140 \text{MPa}$，试选择工字钢型号。

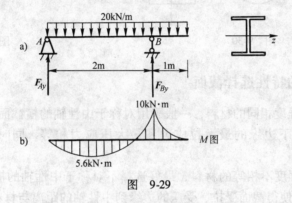

图 9-29

[**解**] 画弯矩图，由弯矩图可知梁的最大弯矩 $M_{max} = 10 \text{kN} \cdot \text{m}$，根据强度条件计算梁的抗弯截面系数。

$$W_z \geqslant \frac{M_{max}}{[\sigma]} = \frac{10 \times 10^6}{140} \text{mm}^3 = 71.43 \times 10^3 \text{mm}^3 = 71.43 \text{cm}^3$$

根据 W_z 值在型钢表中查得型号为12.6工字钢，其 $W_z = 77.5 \text{cm}^3$，与71.43cm³相近，故选择型钢的型号为12.6工字钢。

第七节 梁的合理截面形状

一般情况下，梁的弯曲强度主要取决于梁的正应力强度，即

$$\sigma_{max} = \frac{M_{max}}{W_z} \leqslant [\sigma]$$

由强度条件可知，当梁的最大弯矩和材料确定后，梁的强度只与抗弯截面系数 W_z 有关。抗弯截面系数越大，最大正应力就越小，而梁的强度就越高。加大截面尺寸可以增大抗弯截面系数，但这会增加工程造价。所以应该在材料用量（截面 A）一定的情况下，使抗弯截面系数 W_z 尽可能增大，这就要选择合理的截面形状。

一、根据抗弯截面系数与截面面积的比值选择截面

合理的截面形状应该是在截面面积相同的情况下具有较大的抗弯截面系数。例如在面积相同的情况下，工字型截面比矩形截面合理；矩形截面竖放要比横放合理；圆环形截面要比

圆形截面合理。

梁弯曲时的正应力沿横截面高度呈线性分布，最大值分布在离中性轴最远的边缘各点，而在中性轴附近的正应力很小，这部分材料没有得到充分的利用。因此应将大部分材料布置在距中性轴较远的部分，提高材料的利用率和梁的抗弯能力，这样的截面是合理的。例如在工程上常采用工字形、圆环形、箱形等截面形状（图9-30）。建筑中常用的空心板也是根据这个道理制作而成的（图9-31）。

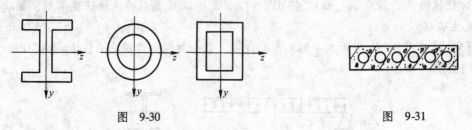

图 9-30　　　　　　　　　　　　　　　　图　9-31

二、根据材料的特性选择截面

对于抗拉和抗压强度相同的材料，一般采用对称于中性轴的横截面（如矩形、工字形、圆形等截面），使上、下边缘的最大拉应力和最大压应力相等，同时达到材料的许用应力值。

对于抗拉和抗压强度不相等的材料，最好选择不对称于中性轴的横截面（如T形、平放置的槽形等截面），使得截面受拉、受压的边缘到中性轴的距离与材料的抗拉、抗压的许用应力成正比，使截面上的最大拉应力和最大压应力同时达到许用应力（图9-32）。即

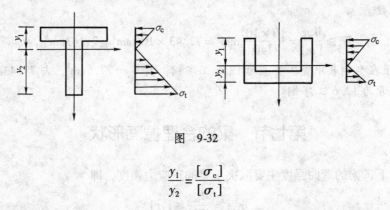

图　9-32

$$\frac{y_1}{y_2} = \frac{[\sigma_c]}{[\sigma_t]}$$

三、采用变截面梁

等截面梁的强度计算，都是根据危险截面上的最大弯矩值来确定截面尺寸的，而梁内其他截面的弯矩值都小于最大弯矩值，这些截面处的材料未能得到充分利用。为了充分利用材料，应当在弯矩较大处采用较大的横截面，而在弯矩较小处采用较小的横截面。这种根据弯矩大小使截面发生变化的梁称为变截面梁。若使每一横截面上的最大正应力都恰好等于材料的许用应力，这样的梁称为等强度梁。

显然，等强度梁是最合理的构造形式。但是，由于等强度梁外形复杂，加工制造较困难，所以工程上一般只采用近似等强度梁的变截面梁。如阶梯梁既符合结构上的要求，在强

度上也是合理的。房屋建筑中阳台及雨篷的挑梁就是一种变截面梁。

第八节　梁的切应力与切应力强度

前面分析了梁弯曲时横截面上的正应力及其强度，本节将讨论梁弯曲时横截面上的切应力及其强度计算。

一、矩形截面梁的切应力

当矩形截面的高度 h 大于宽度 b 时，截面上的切应力情况如下。

1）切应力的方向与剪力的方向一致。

2）切应力的分布规律：切应力沿截面宽度均匀分布，沿截面高度按抛物线规律分布（图 9-33a）。

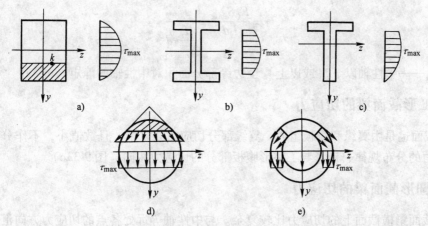

图　9-33

3）切应力的计算式如下

$$\tau = \frac{F_Q S_z^*}{I_z b} \tag{9-9}$$

式中　τ——横截面上任一点处的切应力（N/m^2）；

F_Q——横截面上的剪力（N）；

I_z——横截面对中性轴的惯性矩（m^4）；

b——所求点处横截面的宽度（m）；

S_z^*——所求点处水平线以下（或以上）部分面积对中性轴的静矩（m^3）。

4）矩形截面的最大切应力发生在中性轴各点上，是截面平均切应力的 1.5 倍，其计算式为

$$\tau_{max} = \frac{F_Q S_{zmax}^*}{I_z b} = 1.5 \frac{F_Q}{A} \tag{9-10}$$

式中　S_{zmax}^*——中性轴以上（或以下）部分面积对中性轴的静矩（m^3）；

A——矩形截面面积（m^2）。

二、工字形截面梁的切应力

工字形截面由腹板和翼缘两部分组成（图 9-33b），翼缘上的切应力情况较复杂，其数值又较小，一般不必计算，也不必讨论。而腹板上的切应力其方向和分布规律与矩形截面相同，即沿腹板宽度均匀分布，沿腹板高度按抛物线规律分布。最大切应力出现在中性轴各点，在翼缘和腹板的交界处也存在较大的切应力，其计算公式为

$$\tau = \frac{F_Q S_z^*}{I_z d} \tag{9-11}$$

式中　I_z——整个工字形截面对中性轴的惯性矩（m^4）；

S_z^*——所求点处水平线以下（或以上）至边缘部分面积对中性轴的静矩（m^3）；

d——所求点处腹板的宽度（m）。

最大切应力的计算式为

$$\tau = \frac{F_Q S_{z\max}^*}{I_z d} = \frac{F_Q}{\dfrac{I_z}{S_{z\max}^*} d} \tag{9-12}$$

式中　$S_{z\max}^*$——中性轴以下（或以上）至边缘部分面积对中性轴的静矩（m^3）；

三、T 形截面梁的切应力

T 形截面也是由翼缘和腹板组成。翼缘部分切应力较复杂，且数值小，不作分析。腹板部分切应力的分布规律、计算与工字形腹板部分的切应力相同（图 9-33c）。

四、圆形截面梁的切应力

圆形截面梁横截面上的切应力比较复杂。与中性轴等远处各点的切应力方向汇交于该处截面宽度线两端切线的交点，且与剪力平行的竖向分量沿截面宽度方向均匀分布（图 9-33d）。最大切应力发生在中性轴上，是截面平均切应力的 4/3 倍。其计算式为

$$\tau_{\max} = \frac{4}{3} \cdot \frac{F_Q}{A} \tag{9-13}$$

式中　A——圆截面的面积（m^2）；

F_Q——截面上的剪力（N）。

五、圆环形截面梁的切应力

圆环形截面上各点处的切应力方向与该处的圆环切线方向平行，且沿圆环厚度方向均匀分布（图 9-33e），最大切应力也发生在中性轴上，是截面平均切应力的 2 倍，其计算式为

$$\tau_{\max} = 2 \frac{F_Q}{A} \tag{9-14}$$

式中　A——圆环形截面面积（m^2）。

[例 9-16]　计算例 9-13 中 C 截面上 a、b、c 各点的切应力及全梁的最大切应力。

[解]　（1）画出梁的剪力图（图 9-34b）。

$$F_{QC} = 2kN, \quad F_{Q\max} = 6kN$$

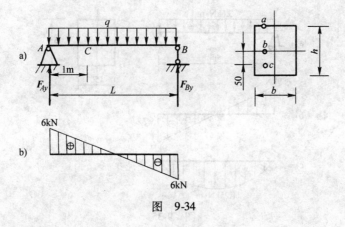

图 9-34

（2）计算 C 截面各点的切应力

$$\tau_a = 0$$

$$\tau_b = 1.5 \frac{F_{QC}}{A} = \left(1.5 \times \frac{2 \times 10^3}{180 \times 120}\right) \text{N/mm}^2 = 0.14 \text{MPa}$$

$$\tau_c = \frac{F_{QC} S_z^*}{I_z b} = \left(\frac{2 \times 10^3 \times 40 \times 120 \times 70}{\dfrac{120 \times 180^3}{12} \times 120}\right) \text{N/mm}^2 = 0.096 \text{MPa}$$

（3）计算梁内最大切应力。最大切应力发生在 A 偏右、B 偏左截面的中性轴各点上，其值为

$$\tau_{\max} = 1.5 \frac{F_{Q\max}}{A} = \left(1.5 \times \frac{6 \times 10^3}{180 \times 120}\right) \text{N/mm}^2 = 0.42 \text{MPa}$$

六、切应力强度计算

梁内最大切应力发生在剪力最大的截面的中性轴上，所以梁的切应力强度条件为最大切应力不能超过许用切应力，即

$$\tau_{\max} \leqslant [\tau] \tag{9-15}$$

梁的强度必须同时满足正应力强度条件和切应力强度条件。正应力强度起着主要作用，但在以下几种情况下也需作切应力强度计算。

1）跨度与横截面高度比值较小的粗短梁，或在支座附近作用有较大的集中荷载，使梁内出现弯矩较小而剪力很大的情况。

2）木梁。梁在剪切弯曲时，横截面中性轴上有较大的切应力，根据切应力互等定理，梁在中性层上将产生与截面中性轴相等的切应力。由于木梁在顺纹方向的抗剪能力较差，有可能在中性层上发生剪切破坏。

3）对于组合截面钢梁，当横截面的腹板厚度与高度之比小于型钢截面的相应比值时，需校核切应力强度。

[例 9-17] 木梁的受力情况如图 9-35a 所示，试校核梁的强度。已知材料的许用应力 $[\sigma] = 12\text{MPa}$，$[\tau] = 1.2\text{MPa}$。

[解] （1）画梁的弯矩图和剪力图，由图可知

$$M_{\max} = 11.25 \text{kN} \cdot \text{m}$$

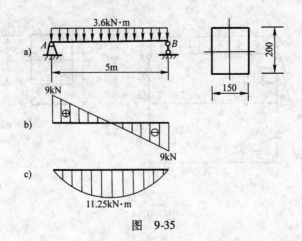

图 9-35

$$F_{Qmax} = 9kN$$

（2）校核正应力强度。最大正应力发生在跨中截面的上、下边缘处，即

$$\sigma_{max} = \frac{M_{max}}{W_z} = \left(\frac{11.25 \times 10^6}{\frac{1}{6} \times 150 \times 200^2} \right) N/mm^2 = 11.25MPa < [\sigma]$$

可见梁满足正应力强度条件。

（3）校核切应力强度。最大切应力发生在 A 偏右、B 偏左截面的中性轴上。

$$\tau_{max} = 1.5 \frac{F_{Qmax}}{A} = \left(1.5 \times \frac{9 \times 10^3}{150 \times 200} \right) N/mm^2 = 0.45MPa < [\tau]$$

可见梁也满足切应力强度条件。

[例 9-18] 图 9-36 所示的工字形截面外伸梁，已知材料的许用应力 $[\sigma] = 160MPa$，$[\tau] = 100MPa$。试选择工字钢的型号。

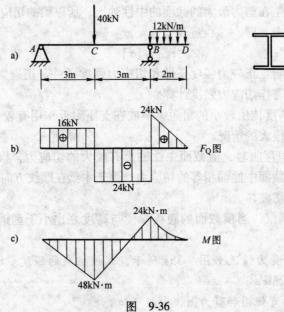

图 9-36

[**解**]　（1）画梁的剪力图和弯矩图。由图可知

$$F_{Qmax} = 24kN$$

$$M_{max} = 48kN \cdot m$$

（2）按正应力强度条件选择工字钢型号。

$$W_z \geq \frac{M_{max}}{[\sigma]} = \left(\frac{48 \times 10^6}{160}\right)mm^3 = 0.3 \times 10^6 mm^3 = 300cm^3$$

查型钢表，选用 22a 工字钢，其抗弯截面系数 $W_z = 309cm^3$，最接近而又大于 $300cm^3$。

（3）校核切应力强度。按工字钢型号 22a 查得有关数据为

$$\frac{I_z}{S_{zmax}^*} = 18.9cm, \quad d = 7.5mm$$

所以

$$\tau_{max} = \frac{F_{Qmax}}{\dfrac{I_z}{S_{zmax}^*}d} = \left(\frac{24 \times 10^3}{189 \times 7.5}\right)N/mm^2 = 16.9MPa < [\tau]$$

可见满足切应力强度条件，因此选用 22a 工字钢。

第九节　梁 的 变 形

一、梁弯曲变形的概念

梁在外力作用下要产生变形，工程上要求梁的变形不超过许用的范围，即要有足够的刚度。

如图 9-37 所示为一悬臂梁，取直角坐标系 xAy，x 轴向右为正，y 轴向下为正，xAy 平面与梁的纵向对称平面是同一平面。梁受外力作用后，轴线由直线变成一条连续而光滑的曲线，称为**挠曲线**或弹性曲线。

梁各点的水平位移略去不计，梁的变形可用下述两个位移来描述。

1）梁任一横截面的形心沿 y 轴方向的线位移，称为该截面的**挠度**，用 y 表示。y 以向下为正，其单位是 m 或 mm。

2）梁任一横截面相对于原来位置所转过的角度，称为该截面的转角，用 θ 表示，θ 以顺时针转动为正，其单位是 rad。

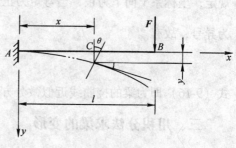

图　9-37

梁在变形过程中，各横截面的挠度和转角都随截面位置 x 而变化，所以挠度 y 和转角 θ 可表示为 x 的连续函数，即

$$y = y(x)$$

$$\theta = \theta(x)$$

上两式分别称为**挠曲线方程**和**转角方程**。由图 9-37 可知，在小变形的情况下，梁内任一截面的转角 θ 就等于挠曲线在该截面处的切线的斜率，即

$$\theta \approx \tan\theta = \frac{\mathrm{d}y}{\mathrm{d}x} = y'$$

因此，只要知道梁的挠曲线方程 $y = y(x)$，就可求得梁任一截面的挠度 y 和转角 θ。

二、挠曲线近似微分方程

在本章第六节中，已推导出梁在纯弯曲时的曲率公式，即

$$\frac{1}{\rho} = \frac{M}{EI_z}$$

如果忽略剪力对变形的影响，则上式也可以用于梁剪切弯曲的情形。弯矩 M 和相应的曲率半径 ρ 均随截面位置而变化，是 x 的函数，即

$$\frac{1}{\rho(x)} = \frac{M(x)}{EI_z} \tag{a}$$

在高等数学中，平面曲线的曲率公式为

$$\frac{1}{\rho} = \pm \frac{\dfrac{\mathrm{d}^2 y}{\mathrm{d}x^2}}{\left[1 + \left(\dfrac{\mathrm{d}y}{\mathrm{d}x}\right)^2\right]^{\frac{3}{2}}}$$

由于梁的变形很小，略去 $\left(\dfrac{\mathrm{d}y}{\mathrm{d}x}\right)^2$，上式可近似写为

$$\frac{1}{\rho} = \pm \frac{\mathrm{d}^2 y}{\mathrm{d}x^2} = y'' \tag{b}$$

由式（a）和式（b），得

$$\frac{\mathrm{d}^2 y}{\mathrm{d}x^2} = \pm \frac{M(x)}{EI_z} \tag{c}$$

式中的正负号，取决于坐标系的选择和弯矩正负号的规定。弯矩 M 的正负号仍按以前规定，坐标系 y 向下为正，当弯矩为正值时，挠曲线下凸，而 $\dfrac{\mathrm{d}^2 y}{\mathrm{d}x^2}$ 为负值，即弯矩 M 与 $\dfrac{\mathrm{d}^2 y}{\mathrm{d}x^2}$ 恒为异号，故有

$$\frac{\mathrm{d}^2 y}{\mathrm{d}x^2} = -\frac{M(x)}{EI_z} \tag{9-16}$$

式（9-16）即为梁的挠曲线近似微分方程。

三、用积分法求梁的变形

对于等直梁，抗弯刚度 EI_z 为常数，对式（9-16）两边积分一次，得转角方程为

$$\theta = \frac{\mathrm{d}y}{\mathrm{d}x} = -\frac{1}{EI_z}\int M(x)\,\mathrm{d}x + C \tag{9-17}$$

两边再积分一次得挠曲线方程为

$$y = -\frac{1}{EI_z}\int\left[\int M(x)\,\mathrm{d}x\right]\mathrm{d}x + Cx + D \tag{9-18}$$

式中的 C、D 为积分常数。积分常数可利用梁的边界条件和连续条件来确定。所谓边界条件就是梁在支座处的已知挠度和已知转角。例如悬臂梁在固定端的挠度 $y = 0$，转角 $\theta = 0$。简

支梁在两个铰支座处的挠度都等于零。所谓连续条件就是梁的挠曲线在各点处都是连续的。

[**例 9-19**]　悬臂梁的受力情况如图 9-38 所示，EI_z 为常数，试求梁最大挠度和最大转角。

[**解**]　（1）取图示坐标系，列弯矩方程

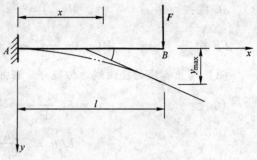

$$M(x) = -F(l-x) \qquad (0 < x \leqslant l)$$

（2）写出挠曲线近似微分方程

$$EI_z \frac{\mathrm{d}^2 y}{\mathrm{d}x^2} = -M(x) = Fl - Fx \qquad ①$$

将式 ① 积分一次得

$$EI_z \frac{\mathrm{d}y}{\mathrm{d}x} = EI_z \theta = Flx - \frac{1}{2}Fx^2 + C \qquad ②$$

积分两次得

图　9-38

$$EI_z y = \frac{1}{2}Flx^2 - \frac{1}{6}Fx^3 + Cx + D \qquad ③$$

（3）确定积分常数。将边界条件 $x=0$ 时 $y_A=0$，$\theta_A=0$，代入式②和式③得

$$C=0 \qquad\qquad D=0$$

（4）写出挠度方程和转角方程。

挠度方程为

$$y = \frac{1}{EI_z}\left(\frac{1}{2}Flx^2 - \frac{1}{6}Fx^3\right)$$

转角方程为

$$\theta = \frac{1}{EI_z}\left(Flx - \frac{1}{2}Fx^2\right)$$

（5）计算梁最大挠度和最大转角。根据梁挠曲线的大致形状可知，最大挠度和最大转角都发生在梁的自由端 B 处。

当 $x=l$ 时，

$$y_{max} = \frac{Fl^3}{3EI_z}(\downarrow)$$

$$\theta_{max} = \frac{Fl^2}{2EI_z}(\searrow)$$

[**例 9-20**]　图 9-39 所示，简支梁的 EI_z 为常数，写出梁的转角方程和挠度方程。

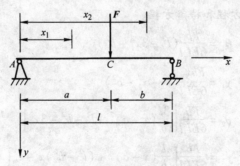

图　9-39

[**解**]　（1）求支座反力。

$$F_{Ay} = \frac{Fb}{l}(\uparrow)$$

$$F_{By} = \frac{Fa}{l}(\uparrow)$$

（2）列弯矩方程。

AC 段：
$$M(x_1) = \frac{Fb}{l}x_1 \qquad (0 \leqslant x_1 \leqslant a)$$

CB 段：
$$M(x_2) = \frac{Fb}{l}x_2 - F(x_2 - a) \qquad (a \leqslant x_2 \leqslant l)$$

（3）写出各段的挠曲线近似微分方程并积分。

AC 段：
$$EI_z\frac{\mathrm{d}^2 y_1}{\mathrm{d}x_1^2} = -\frac{Fb}{l}x_1$$

$$EI_z\theta_1 = -\frac{Fb}{2l}x_1^2 + C_1 \qquad\qquad ①$$

$$EI_z y_1 = -\frac{Fb}{6l}x_1^3 + C_1 x_1 + D_1 \qquad\qquad ②$$

CB 段：
$$EI_z\frac{\mathrm{d}^2 y_2}{\mathrm{d}x_2^2} = -\frac{Fb}{l}x_2 + F(x_2 - a)$$

$$EI_z\theta_2 = -\frac{Fb}{2l}x_2^2 + \frac{1}{2}F(x_2 - a)^2 + C_2 \qquad\qquad ③$$

$$EI_z y_2 = -\frac{Fb}{6l}x_2^3 + \frac{1}{6}F(x_2 - a)^3 + C_2 x_2 + D_2 \qquad\qquad ④$$

（4）确定积分常数。

边界条件：　　$x_1 = 0$ 时，　　　　　$y_1 = 0$

　　　　　　　$x_2 = l$ 时，　　　　　$y_2 = 0$

连续条件：　　$x_1 = x_2 = a$ 时，

　　　　　　　$\theta_1 = \theta_2$，　　　　　$y_1 = y_2$

将边界条件和连续条件代入式①、②、③、④得

$$C_1 = C_2 = \frac{Fb}{6EI_z l}(l^2 - b^2)$$

$$D_1 = D_2 = 0$$

（5）写出各段的挠度方程和转角方程。

AC 段：
$$\theta_1 = \frac{Fb}{6EI_z l}(l^2 - 3x_1^2 - b^2)$$

$$y_1 = \frac{Fbx_1}{6EI_z l}(l^2 - x_1^2 - b^2)$$

CB 段：
$$\theta_2 = \frac{Fb}{6EI_z l}\left[\frac{3l}{b}(x - a)^2 + l^2 - b^2 - 3x^2\right]$$

$$y_2 = \frac{Fb}{6EI_z l}\left[\frac{l}{b}(x - a)^3 + (l^2 - b^2)x - x^3\right]$$

第十节　叠加法求梁的变形

梁的挠曲线近似微分方程是在小变形、材料服从胡克定律的条件下导出的，其挠度和转

角与外荷载成线性关系，因此在求解变形时，也可采用叠加法。当梁同时作用几种荷载时，可以先分别求出每种简单荷载单独作用下梁的挠度或转角，然后进行叠加，即得几种荷载共同作用下的挠度或转角，这种方法称为叠加法。

各种常见简单荷载作用下梁的挠度和转角见表9-3。

表9-3 梁在简单荷载作用下挠度和转角

序 号	梁 的 简 图	挠曲线方程	转 角	最大挠度
1		$y = \dfrac{Fx^2}{6EI_z}\,(3l - x)$	$\theta_B = \dfrac{Fl^2}{2EI_z}$	$y_B = \dfrac{Fl^3}{3EI_z}$
2		$y = \dfrac{Fx^2}{6EI_z}\,(3a - x)\ \ (0 \leqslant x \leqslant a)$ $y = \dfrac{Fa^2}{6EI_z}\,(3x - a)\ \ (a \leqslant x \leqslant l)$	$\theta_B = \dfrac{Fa^2}{2EI_z}$	$y_B = \dfrac{Fa^2}{6EI_z}\,(3l - a)$
3		$y = \dfrac{qx^2}{24EI_z}\,(x^3 - 4lx + 6l^2)$	$\theta_B = \dfrac{ql^3}{6EI_z}$	$y_B = \dfrac{ql^4}{8EI_z}$
4		$y = \dfrac{Mx^2}{2EI_z}$	$\theta_B = \dfrac{Ml}{EI_z}$	$y_B = \dfrac{Ml^2}{2EI_z}$
5		$y = \dfrac{Fx}{48EI_z}\,(3l^2 - 4x^2)$ $\left(0 \leqslant x \leqslant \dfrac{l}{2}\right)$	$\theta_A = -\theta_B = \dfrac{Fl^2}{16EI_z}$	$y_C = \dfrac{Fl^3}{48EI_z}$
6		$y = \dfrac{Fbx}{6EI_z l}\,(l^2 - x^2 - b^2)$ $(0 \leqslant x \leqslant a)$ $y = \dfrac{Fb}{6EI_z l}\left[\dfrac{l}{b}\,(x-a)^3\right.$ $\left. + (l^2 - b^2)\,x - x^3\right]$ $(a \leqslant x \leqslant l)$	$\theta_A = \dfrac{Fab\,(l+b)}{6EI_z l}$ $\theta_B = -\dfrac{Fab\,(l+a)}{6EI_z l}$	设 $a > b$ 在 $x = \sqrt{\dfrac{l^2 - b^2}{3}}$ 处 $y_{max} = \dfrac{\sqrt{3}Fb}{27EI_z l}\,(l^2 - b^2)^{3/2}$ 在 $x = \dfrac{l}{2}$ 处 $y_{l/2} = \dfrac{Fb}{48EI_z}\,(3l^2 - 4b^2)$
7		$y = \dfrac{qx}{24EI_z}\,(l^3 - 2lx^2 + x^3)$	$\theta_A = -\theta_B = \dfrac{ql^3}{24EI_z}$	在 $x = l/2$ 处 $y_{max} = \dfrac{5ql^4}{384EI_z}$

（续）

序　号	梁的简图	挠曲线方程	转　角	最大挠度
8		$y = \dfrac{Mx}{6EI_z l}(l-x)(2l-x)$	$\theta_A = \dfrac{Ml}{3EI_z}$ $\theta_B = -\dfrac{Ml}{6EI_z}$	在 $x = \left(1-\dfrac{1}{\sqrt{3}}\right)l$ 处 $y_{max} = \dfrac{Ml^2}{9\sqrt{3}EI_z}$ 在 $x = l/2$ 处 $y_{l/2} = \dfrac{Ml^2}{16EI_z}$
9		$y = \dfrac{Mx}{6EI_z l}(l^2 - x^2)$	$\theta_A = \dfrac{Ml}{6EI_z}$ $\theta_B = -\dfrac{Ml}{3EI_z}$	在 $x = l/\sqrt{3}$ 处 $y_{max} = \dfrac{Ml^2}{9\sqrt{3}EI_z}$ 在 $x = l/2$ 处 $y_{l/2} = \dfrac{Ml^2}{16EI_z}$
10		$y = -\dfrac{Fax}{6EI_z l}(l^2 - x^2)$ $(0 \leqslant x \leqslant l)$ $y = \dfrac{F(l-x)}{6EI_z}$ $[(x-l)^2 - 3ax + al]$ $[l \leqslant x \leqslant (l+a)]$	$\theta_A = -\dfrac{Fal}{6EI_z}$ $\theta_B = \dfrac{Fal}{3EI_z}$ $\theta_C = \dfrac{Fa(2l+3a)}{6EI_z}$	$y_C = \dfrac{Fa^2}{3EI_z}(l+a)$
11		$y = -\dfrac{Mx}{6EI_z l}(l^2 - x^2)$ $(0 \leqslant x \leqslant l)$ $y = \dfrac{M}{6EI_z}(3x^2 - 4xl + l^2)$ $[l \leqslant x \leqslant (l+a)]$	$\theta_A = -\dfrac{Ml}{6EI_z}$ $\theta_B = \dfrac{Ml}{3EI_z}$ $\theta_C = \dfrac{M}{3EI_z}(l+3a)$	$y_C = \dfrac{Ma}{6EI_z}(2l+3a)$
12		$y_1 = -\dfrac{qa^2 x}{12EI_z l}(l^2 - x^2)$ $(0 \leqslant x \leqslant l)$ $y_2 = \dfrac{q(x-l)}{24EI_z}$ $[2a^2(3x-l)+(x-l)^2$ $(x-l-4a)]$ $[l \leqslant x \leqslant (l+a)]$	$\theta_A = -\dfrac{qa^2 l}{12EI_z}$ $\theta_B = \dfrac{qa^2 l}{6EI_z}$ $\theta_C = \dfrac{qa^2(l+a)}{6EI_z}$	$y_C = \dfrac{qa^3}{24EI_z}(4l+3a)$

　　[例9-21]　悬臂梁同时受到均布荷载 q 和集中荷载 F 的作用（图9-40），使用叠加法计算梁的最大挠度。设 EI_z 为常数。

　　[解]　由表9-3查得，悬臂梁在均布荷载作用下自由端 B 有最大挠度，其值为

$$y_B^q = \frac{ql^4}{8EI_z}(\downarrow)$$

悬臂梁在集中力 F 作用下自由端 B 有最大挠度，其值为

$$y_B^F = \frac{Fl^3}{3EI_z}(\downarrow)$$

因此，在荷载 q 和 F 共同作用下，自由端 B 处有最大挠

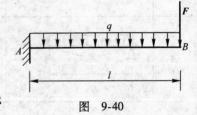

图　9-40

度，其值为

$$y_{max} = y_B^q + y_B^F = \frac{ql^4}{8EI_z} + \frac{Fl^3}{3EI_z}(\downarrow)$$

[例9-22] 简支梁受荷情况如图9-41所示，已知 $F_1 = F_2 = F$，抗弯刚度 EI_z 为常数。试用叠加法计算梁跨中截面的挠度。

[解] 查表9-3得，梁在 F_1 单独作用下，跨中的挠度和转角分别为

$$y_{1C} = \frac{Fl^3}{48EI_z}(\downarrow)$$

$$\theta_{1C} = 0$$

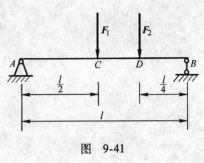

图 9-41

梁在 F_2 单独作用下，跨中挠度和转角分别为

$$y_{2c} = \frac{Fb}{48EI_z}(3l^2 - 4b^2) = \frac{F \times \frac{l}{4}(3l^2 - 4 \times \frac{l^2}{16})}{48EI_z} = \frac{11Fl^3}{768EI_z}(\downarrow)$$

$$\theta_{2c} = \frac{Fb}{6EI_zl}(l^2 - 3x^2 - b^2) = \frac{F \times \frac{l}{4}}{6EI_zl}(l^2 - \frac{3}{4}l^2 - \frac{l^2}{16}) = \frac{Fl^2}{128EI_z}(\downarrow)$$

梁在 F_1 和 F_2 共同作用下，跨中挠度和转角分别为

$$y_C = y_{1C} + y_{2c} = \frac{Fl^3}{48EI_z} + \frac{11Fl^3}{768EI_z} = \frac{9Fl^3}{256EI_z}(\downarrow)$$

$$\theta_C = \theta_{1C} + \theta_{2c} = \frac{Fl^2}{128EI_z}(\downarrow)$$

第十一节 梁的刚度条件与提高梁刚度的措施

一、梁的刚度条件

在工程中，梁除了要满足强度条件外，还要满足刚度条件。梁的刚度条件为

$$\frac{y_{max}}{l} \leqslant \left[\frac{y}{l}\right] \tag{9-19}$$

式中，$\frac{y_{max}}{l}$ 为最大挠跨比，$\left[\frac{y}{l}\right]$ 为许用挠跨比。许用挠跨比可从设计规范中查得，一般在 $\frac{1}{200} \sim \frac{1}{1000}$ 之间。

[例9-23] 受力情况如图9-42a所示的简支梁，由型号为45a的工字钢制成。材料的许用应力 $[\sigma] = 170$MPa，$\left[\frac{y}{l}\right] = \frac{1}{500}$，材料的弹性模量为 $E = 210$GPa，试校核梁的强度和刚度。

[解] (1) 作梁的弯矩图（图9-42b），由图可知

$$M_{max} = 147.55\text{kN} \cdot \text{m}$$

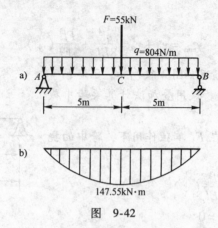

图 9-42

（2）校核梁的强度。查型号为 45a 工字钢知，惯性矩 $I_z = 32200 \text{cm}^4$，抗弯截面系数 $W_z = 1430 \text{cm}^3$。

梁内最大正应力

$$\sigma_{\max} = \frac{M_{\max}}{W_z} = \left(\frac{147.55 \times 10^6}{1430 \times 10^3} \right) \text{N/mm}^2 = 103.18 \text{MPa} < [\sigma]$$

梁满足强度要求。

（3）校核梁的刚度。用叠加法计算梁跨中的挠度为

$$y_{\max} = y_q + y_F = \frac{5ql^4}{384EI_z} + \frac{Fl^3}{48EI_z}$$

$$= \left(\frac{5 \times 804 \times 10^4 \times 10^9}{384 \times 210 \times 10^3 \times 32200 \times 10^4} + \frac{55 \times 10^3 \times 10^{12}}{48 \times 210 \times 10^3 \times 32200 \times 10^4} \right) \text{mm}$$

$$= 18.5 \text{mm}$$

$$\frac{y_{\max}}{l} = \frac{18.5}{10000} = 0.00185 < \left[\frac{y}{l} \right] = \frac{1}{500} = 0.002$$

梁满足刚度要求，所以此梁安全。

二、提高梁刚度的措施

要提高梁的刚度，应从影响梁刚度的各个因素来考虑。梁的挠度和转角与作用在梁上的荷载、梁的跨度、支座条件及梁的抗弯刚度有关，因此，要降低挠度，提高刚度，可采用以下措施。

1. 增大梁的抗弯刚度

增大抗弯刚度 EI，可以减小最大挠度，从而提高梁的刚度，但对于同种材料（如钢材），E 值相差不大，只有靠用 E 值较大的材料代替 E 值较小的材料，才能提高刚度。另一方面增大截面的惯性矩，可以提高梁的刚度，这就要选择合理的截面形状。

2. 减小梁的跨长或改变梁的支座条件

梁的跨长对梁的挠度影响很大，要降低挠度，就要设法减小梁的跨长，或在跨长不变的情况下，增加梁的支座，例如图 9-43b 所示。也可以在条件许可的情况下，移动支座，例如图 9-43c 所示。

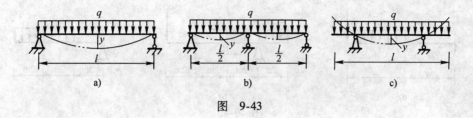

图 9-43

3. 改善荷载的分布情况

在许可的情况下，适当地调整梁的荷载作用方式，可以降低弯矩，从而减小梁的变形。例如，在简支梁跨中作用有集中力 F 时，最大挠度为 $y_{max} = \dfrac{Fl^3}{48EI_z}$。若将集中力改为均布荷载 q，且 $F = ql$，则最大挠度为 $y_{max} = \dfrac{5Fl^3}{384EI_z}$，仅为集中力作用时的 62.5%。

复习思考题

1. 什么是弯曲变形？什么是平面弯曲变形？产生平面弯曲变形的条件是什么？

2. 计算梁某截面上的剪力 F_Q 和弯矩 M 时，何种情况下必须按 F_Q^L（偏左）和 F_Q^R（偏右），M^L（偏左）和 M^R（偏右）来计算？何种情况下可直接计算该截面上的剪力和弯矩？试计算图 9-44 中 A、B、C、D、E 各截面的剪力和弯矩。

3. 简述在梁的无荷载区域、向下的均布荷载区段、集中力和集中力偶的作用处剪力图和弯矩图有哪些特征？

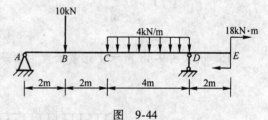

图 9-44

4. 什么是叠加原理？叠加原理成立的条件是什么？利用叠加法画弯矩图时要注意什么？

5. 在推导梁的正应力公式时作了哪些假设？假设的依据是什么？

6. 什么是中性层？什么是中性轴？如何确定中性轴的位置？

7. 梁在弯曲时横截面上正应力的分布规律如何？切应力的分布规律如何？试对两者进行比较。

8. 在何种情况下需要作梁的切应力强度校核？

9. 利用积分法计算梁的变形时，如何利用边界条件和连续条件确定积分常数？

10. 用截面法计算图 9-45 中各梁指定截面的剪力和弯矩。

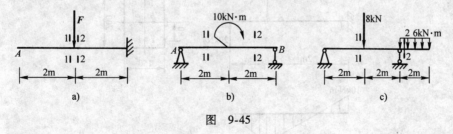

图 9-45

11. 用简捷法计算图 9-46 中各梁 A、B、C 截面的剪力和弯矩。

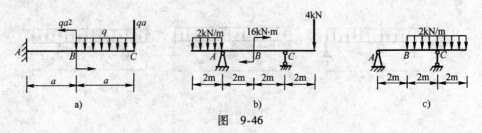

图 9-46

12. 试画出图 9-45 中各梁的剪力图和弯矩图。

13. 试画出图 9-46 中各梁的剪力图和弯矩图。

14. 用叠加法或区段叠加法画出图 9-47 中各梁的弯矩图。

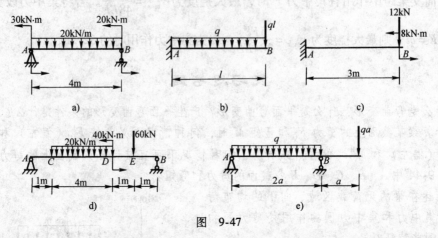

图 9-47

15. 试求图 9-48 所示 T 形截面梁内的最大拉、压应力，并画出该截面的正应力分布图。

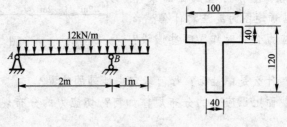

图 9-48

16. 求图 9-49 所示矩形截面梁 A 右邻截面上 a、b、c 三点处的正应力和切应力。

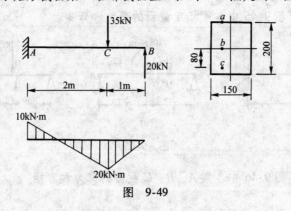

图 9-49

17. 试计算图9-50所示简支梁内最大正应力和最大切应力，并说明其发生的位置。画出最大正应力截面的正应力分布图，最大切应力截面的切应力分布图。

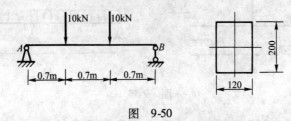

图 9-50

18. 一简支梁的中点受集中力 20kN，跨长为 8m。梁由 30a 工字钢制成，材料的许用应力为 $[\sigma]=100\text{MPa}$，试校核梁的正应力强度。

19. 简支梁长 5m，全长受均布线荷载 $q=8\text{kN/m}$，若材料的许用应力 $[\sigma]=12\text{MPa}$，试求此梁的截面尺寸。(1) 选用圆形截面。(2) 选用矩形截面，其高宽比 $h/b=3/2$。

20. 某工字钢外伸梁受荷载情况如图 9-51 所示。已知 $l=6\text{m}$，$F=30\text{kN}$，$q=6\text{kN/m}$，材料的许用应力 $[\sigma]=170\text{MPa}$，$[\tau]=100\text{MPa}$，工字钢的型号为 22a。试校核此梁是否安全。

21. 图 9-52 所示木梁受一可移动的荷载 $F=40\text{kN}$ 作用，已知材料的许用应力 $[\sigma]=10\text{MPa}$，$[\tau]=3\text{MPa}$。木梁的横截面为矩形，其高宽比为 $h/b=3/2$。试选择此梁的截面尺寸。

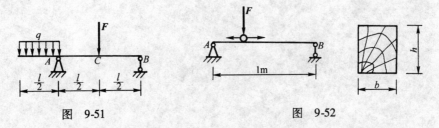

图 9-51   图 9-52

22. 试用积分法计算图 9-53 所示梁 B 截面的挠度 y_B 和转角 θ_B。梁的 EI_z 为常数。

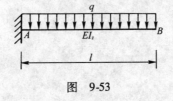

图 9-53

23. 试用积分法计算图 9-54 所示梁 C 截面的挠度 y_C 和 A 截面的转角 θ_A。梁的 EI_z 为常数。

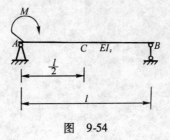

图 9-54

24. 试用叠加法计算图9-55所示各梁截面 A 的挠度，截面 B 的转角。梁的 EI_z 为常数。

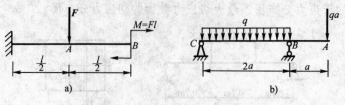

图 9-55

25. 一简支梁用 20a 工字钢制成，其受力情况如图9-56所示，材料的弹性模量 $E = 200GPa$，$\left[\dfrac{y}{l}\right] = \dfrac{1}{400}$，试校核梁的刚度。

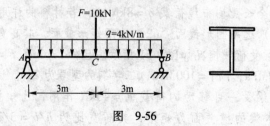

图 9-56

第十章　应力状态与强度理论

　　学习目标：理解一点处应力状态的概念与计算；掌握主平面的确定与主应力的计算，掌握最大切应力的计算；理解四个强度理论的破坏条件及其强度条件。

第一节　一点处的应力状态

一、一点处的应力状态的概念

　　在前面各章节中，已分别介绍了四种基本变形时横截面上的应力分布规律和计算，并根据横截面上的最大正应力和最大剪应力分别建立起强度条件：$\sigma_{max} \leqslant [\sigma]$；$\tau_{max} \leqslant [\tau]$。

　　但在实际问题中，许多构件的危险点上既有正应力又有切应力，这就需要进一步研究构件内各点在各个方向的应力情况，并对强度计算的理论做进一步的讨论。

　　为了研究受力构件内一点处的应力状态，通常是围绕该点取出一个极其微小的正六面体，称为**单元体**，其上各个斜截面上的应力情况，称为该点处的**应力状态**。单元体的边长取成无穷小的量，因此可以认为：作用在单元体的各个面上的应力都是均匀分布的；在任意一对平行平面上的应力是相等的，且代表着通过所研究的点并与上述平面平行的面上的应力。因此单元体三对平行平面上的应力就代表通过所研究的点的三个互相垂直截面上的应力，只要知道了这三个面上的应力，则其他任意斜截面上的应力都可以通过计算求得，这样，该点处的应力状态就完全确定了，因此，可用单元体的三个互相垂直平面上的应力来表示一点处的应力状态。

　　如图 10-1a 所示，在轴向拉伸的杆件内，假想围绕 K 点用一对垂直于杆轴的横截面、一对平行于杆轴的水平面和一对平行于纵向对称面的平面截出单元体，在该单元体的上、下、前、后四个面上没有应力存在，横截面上有正应力 $\sigma = \dfrac{F}{A}$。受拉杆件内的单元体如图 10-1b 所示，可以画成平面图，如图 10-1c 所示。

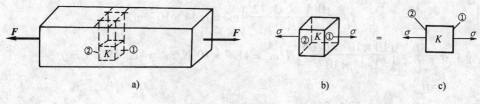

图　10-1

　　单元体上的平面是构件对应截面上的一微小部分。在图 10-1 的单元体中，平面①和②分别是构件横截面的一微小部分；单元体的其他各平面则是构件中相应纵向截面的一部分。单元体各平面上的应力，就是构件对应截面在该点的应力。

在图 10-2a 所示的梁内，围绕某点 A 也可以取出单元体，如图 10-2b 所示。如果取梁的左半部为隔离体，如图 10-2c，可先算出 1-1 截面上的弯矩 M 和剪力 F_Q，再计算出 A 点的正应力 σ 和切应力 τ。若取梁的右半部为隔离体，同理也可以算出 1-1 截面上 A 点正应力 σ 和切应力 τ。由于平面 1-1 与 1'-1' 无限接近，在这一对平面上的应力是相等的。在梁的上、下两个水平的纵向平面上，根据切应力互等定理，也存在切应力 τ，其方向如图 10-2b 所示。在 A 点的前、后两个纵向平面上没有应力存在。过 A 点的任意斜截面 2-2 上的应力，表示在图 10-2e 所示的单元体上。其计算方法将在下一节讨论。

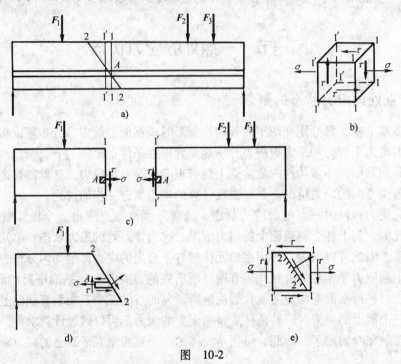

图 10-2

[**例 10-1**] 绘出如图 10-3a 所示梁 m-m 截面上 a、b、c、d、e 各点处单元体上的应力单元体。

[**解**] （1）绘出 F_Q 图（图 10-3b）和 M 图（图 10-3c），m-m 截面上的内力为

$$F_Q = 10\text{kN} \quad M = 10\text{kN} \cdot \text{m}$$

（2）计算各点的应力。

$$I_z = \left(\frac{0.1 \times 0.12^3}{12}\right)\text{m}^4 = 1.44 \times 10^{-5}\text{m}^4$$

a 点：$\sigma = \dfrac{My}{I_z} = \left(\dfrac{10 \times 10^3 \times 0.06}{1.44 \times 10^{-5}}\right)\text{N/m}^2 = 41.7 \times 10^6 \text{N/m}^2 = 41.7\text{MPa}$ （压）

$$\tau = 0$$

b 点：$\sigma = \dfrac{My}{I_z} = \left(\dfrac{10 \times 10^3 \times 0.03}{1.44 \times 10^{-5}}\right)\text{N/m}^2 = 20.8 \times 10^6 \text{N/m}^2 = 20.8\text{MPa}$ （压）

$$\tau = \frac{F_Q S_z^*}{I_z b} = \left(\frac{10 \times 10^3 \times 0.1 \times 0.03 \times 0.045}{1.44 \times 10^{-5} \times 0.1}\right)\text{N/m}^2$$

$$= 0.94 \times 10^6 \text{ N/m}^2 = 0.94\text{MPa}$$

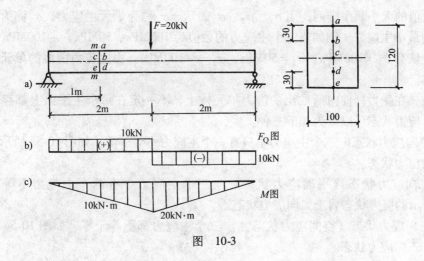

图 10-3

c 点：$\sigma = 0$

$$\tau = 1.5\frac{F_Q}{A} = \left(1.5 \times \frac{10 \times 10^3}{0.1 \times 0.12}\right)\text{N/m}^2 = 1.25 \times 10^6\text{N/m}^2 = 1.25\text{MPa}$$

点 d、e 点的应力分别与 b、a 点的应力大小相同，是拉应力。

（3）截取单元体并标出各点的应力。在各点处分别以一对横截面、一对水平面及一对纵向平面截取单元体，如图 10-4 所示。在横截面上标出所算得的各点的应力值。根据梁的变形情况及该点在梁上的位置判断其正应力是拉应力还是压应力；根据 m-m 剪力为正判定横截面上的切应力为正（使单元体有顺时针转动的趋势）。根据切应力互等定理确定单元体的上、下两平面上有切应力 τ，方向如图所示。各单元体的上、下两平面上没有正应力，是根据梁的纵向纤维之间没有挤压的假设而确定的。单元体的前后两平面上也没有应力存在。

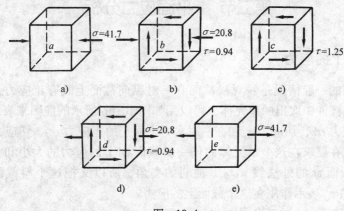

图 10-4

二、主应力、主平面

单元体中剪应力等于零的平面称为主平面。如图 10-4 中 a、e 两点的单元体的各个面都是主平面，b、c、d 三点的单元体的前后面也是主平面。**主平面上的正应力称为主应力**。构件内任意一点，总可以找到三对相互垂直的主平面。这三对主平面上的三个主应力，通常按它们的代数值的大小顺序排列，用 σ_1、σ_2、σ_3 表示。σ_1 称为最大主应力，σ_2 称为中间主应力，σ_3 称为最小主应力。例如当三个主应力的数值为 100MPa、50MPa、– 100MPa 时，则按照此规定应该有 $\sigma_1 = 100\text{MPa}$，$\sigma_2 = 50\text{MPa}$，$\sigma_3 = -100\text{MPa}$。**由主应力围成的单元体称为主应力单元体**。

实际上，在受力杆件内所取出的应力单元体上，不一定在每个主平面上都存在有主应力，因此，应力状态可以分为如下三种。

（1）单向应力状态　三个主应力中只有一个主应力不等于零，如图 10-5a 所示的应力状态属于单向应力状态。

（2）二向应力状态（平面应力状态）　三个主应力中有两个主应力不等于零，如图 10-5b 所示的应力状态属于二向应力状态。

（3）三向应力状态（空间应力状态）　三个主应力都不等于零，如图 10-5c 所示的应力状态属于三向应力状态。

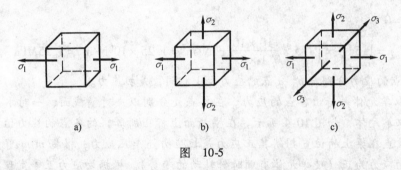

a)　　　　　　　　b)　　　　　　　　c)

图　10-5

工程实际中多为平面应力状态问题，因此，本章主要研究平面应力状态的情况。

第二节　平面应力分析

一、斜截面上的应力

二向应力状态的一般情况是一对横截面和一对纵向截面上既有正应力又有切应力，如图 10-6a 所示，从杆件中取出的单元体，可以用如图 10-6b 所示的简图来表示。假定在一对竖向平面上的正应力 σ_x、切应力 τ_x 和在一对水平平面上的正应力 σ_y、切应力 τ_y 的大小和方向都已经求出，现在要求在这个单元体的任一斜截面 ef 上的应力的大小和方向。由于习惯上常用 α 表示斜截面 ef 的外法线 n 与 x 轴间的夹角，所以又把这个斜截面简称为 "α 截面"，并且用 σ_α 和 τ_α 表示作用在这个截面上的应力。

对应力 σ、τ 和角度 α 的正负号，作如下规定：

1）正应力 σ 以拉应力为正，压应力为负。

2）切应力 τ 以对单元体内的任一点作顺时针转向时为正，反时针转向时为负（这种规定与第九章中对剪力所作的规定是一致的）。

3）角度 α 以从 x 轴出发量到截面的外法线 n 是逆时针转时为正，顺时针转时为负。

按照上述正负号的规定可以判断，在图 10-6 中的 σ_x、σ_y 是正值，τ_x 是正值，τ_y 是负值，α 是正值。

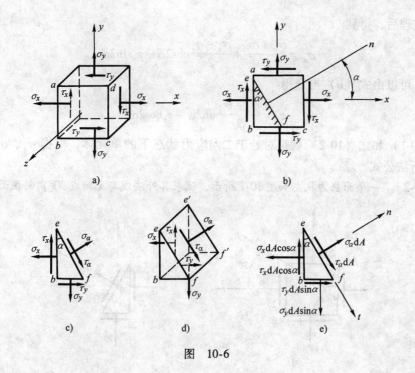

图 10-6

当杆件处于静力平衡状态时，从其中截取出来的任一单元体也必然处于静力平衡状态，因此，也可以采用截面法来计算单元体任一斜截面 ef 上的应力。

如图 10-6c 所示取 bef 为隔离体。对于斜截面 ef 上的未知应力 σ_α 和 τ_α，可以先假定它们都是正值。隔离体 bef 的立体图和其上应力的作用情况如图 10-6d 所示。设斜截面 ef 的面积为 $\mathrm{d}A$，则截面 eb 和 bf 的面积分别是 $\mathrm{d}A\cos\alpha$ 和 $\mathrm{d}A\sin\alpha$。隔离体 bef 的受力图如图 10-6e 所示。

取 n 轴和 t 轴如图 10-6e 所示，则可以列出隔离体的静力平衡方程如下：

由 $\sum F_n = 0$，得

$$\sigma_\alpha \mathrm{d}A + (\tau_x \mathrm{d}A\cos\alpha)\sin\alpha - (\sigma_x \mathrm{d}A\cos\alpha)\cos\alpha + (\tau_y \mathrm{d}A\sin\alpha)\cos\alpha - (\sigma_y \mathrm{d}A\sin\alpha)\sin\alpha = 0 \quad \text{（a）}$$

由 $\sum F_t = 0$，得

$$\tau_\alpha \mathrm{d}A - (\tau_x \mathrm{d}A\cos\alpha)\cos\alpha - (\sigma_x \mathrm{d}A\cos\alpha)\sin\alpha + (\tau_y \mathrm{d}A\sin\alpha)\sin\alpha + (\sigma_y \mathrm{d}A\sin\alpha)\cos\alpha = 0 \quad \text{（b）}$$

利用切应力互等定理 $\tau_x = \tau_y$，将式（a）改写为

$$\sigma_\alpha + 2\tau_x \sin\alpha\cos\alpha - \sigma_x \cos^2\alpha - \sigma_y \sin^2\alpha = 0$$

代入以下的三角函数关系

$$\cos^2\alpha = \frac{1 + \cos 2\alpha}{2}$$

$$\sin^2\alpha = \frac{1 - \cos 2\alpha}{2}$$

$$\sin 2\alpha = 2\sin\alpha\cos\alpha$$

得

$$\sigma_\alpha + \tau_x \sin 2\alpha - \sigma_x \left(\frac{1 + \cos 2\alpha}{2}\right) - \sigma_y \left(\frac{1 - \cos 2\alpha}{2}\right) = 0$$

经过整理后，得到

$$\sigma_\alpha = \frac{\sigma_x + \sigma_y}{2} + \frac{\sigma_x - \sigma_y}{2}\cos2\alpha - \tau_x\sin2\alpha \qquad (10\text{-}1)$$

同理，可以由式（b）推导得

$$\tau_\alpha = \frac{\sigma_x - \sigma_y}{2}\sin2\alpha + \tau_x\cos2\alpha \qquad (10\text{-}2)$$

式（10-1）和式（10-2）就是对处于二向应力状态下的单元体，根据 σ_x、σ_y、τ_x 求 σ_α 和 τ_α 的解析法公式。

[**例 10-2**]　一平面应力状态如图 10-7 所示，试求其外法线与 x 轴成 30°角斜截面上的应力。

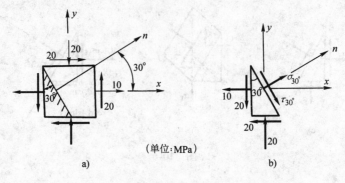

（单位：MPa）

图　10-7

[**解**]　根据正应力、切应力和 α 角的正负规定，有 $\sigma_x = 10\text{MPa}$，$\tau_x = -20\text{MPa}$，$\sigma_y = -20\text{MPa}$，$\alpha = 30°$，将各数据代入式（10-1）和式（10-2），得

$$\sigma_{30°} = \left(\frac{10-20}{2} + \frac{10+20}{2}\cos60° + 20\sin60°\right)\text{MPa} = 19.82\text{MPa}$$

$$\tau_{30°} = \left(\frac{10+20}{2}\sin60° - 20\cos60°\right)\text{MPa} = 2.99\text{MPa}$$

结果为正，表示实际应力的方向与图中假设方向一致，如图 10-7b 所示。

[**例 10-3**]　试计算图 10-8a 所示的矩形截面简支梁在点 K 处 $\alpha = -30°$ 斜截面上的应力的大小和方向。

[**解**]　（1）计算截面 $m\text{-}m$ 上的内力。支座反力 $F_{Ay} = F_{By} = 10\text{kN}$，画出内力图如图 10-8b 所示。截面 $m\text{-}m$ 上的内力为

$$M = (10 \times 10^3 \times 300 \times 10^{-3})\text{N} \cdot \text{m} = 3000\text{N} \cdot \text{m} = 3\text{kN} \cdot \text{m}$$

$$F_Q = 10\text{kN}$$

（2）计算截面 $m\text{-}m$ 上点 K 处的正应力 σ_x、σ_y 和切应力 τ_x、τ_y。

$$I = \frac{bh^3}{12} = \left(\frac{80 \times 160^3}{12}\right)\text{mm} = 27.3 \times 10^{-6}\text{m}^4$$

$$\sigma_x = \frac{My}{I} = \left(\frac{3 \times 10^3 \times 20 \times 10^{-3}}{27.3 \times 10^{-6}}\right)\text{N/m}^2 = 2.2 \times 10^6\text{N/m}^2 = 2.2\text{MPa}$$

根据梁受纯弯曲时纵向各层之间互不挤压的假定，可以近似地认为

$$\sigma_y = 0$$

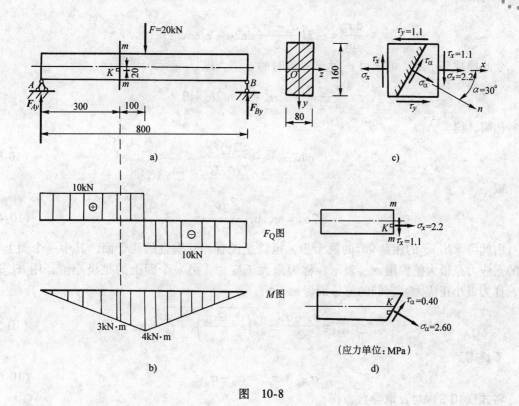

图　10-8

计算 τ_x 和 τ_y，如下

$$\tau_x = \frac{F_Q S^*}{Ib} = \frac{10 \times 10^3 \times (60 \times 80 \times 50 \times 10^{-9})}{27.3 \times 10^{-6} \times 80 \times 10^{-3}} \mathrm{N/m^2} = 1.1 \times 10^6 \mathrm{N/m^2} = 1.1 \mathrm{MPa}$$

$$\tau_y = -\tau_x = -1.1 \mathrm{MPa}$$

在点 K 处取出单元体，并且将 σ_x、σ_y、τ_x、τ_y 的代数值表示在单元体上，如图 10-8c 所示。

（3）计算点 K 处 $\alpha = -30°$ 的斜截面上的应力。

将上面已求出的 σ_x、σ_y、τ_x、τ_y 的代数值和 $\alpha = -30°$ 代入式（10-1）和式（10-2），得

$$\sigma_\alpha = \left[\frac{2.2}{2} + \frac{2.2}{2} \cos(-60°) - 1.1\sin(-60°) \right] \mathrm{MPa} = 2.60 \mathrm{MPa}$$

$$\tau_\alpha = \left[\frac{2.2}{2} \sin(-60°) + 1.1\cos(-60°) \right] \mathrm{MPa} = -0.40 \mathrm{MPa}$$

将求得的 σ_α 和 τ_α 表示在单元体上，如图 10-8c 所示。

将图 10-8c 所表示的单元体上的应力情况反映到梁 AB 上，如图 10-8d 所示。仔细观察图 10-8c 和图 10-8d 的对应关系，可以加深我们对应力状态概念的理解。

二、主应力的计算和主平面确定

根据上面导出的斜截面上的正应力和剪应力的计算公式，还可确定这些应力的最大值和最小值。

将式（10-1）对 α 取导数，得

$$\frac{\mathrm{d}\sigma_\alpha}{\mathrm{d}\alpha} = -2\left(\frac{\sigma_x - \sigma_y}{2}\sin2\alpha + \tau_x\cos2\alpha\right)$$

令此导数等于零，可求得 σ_α 达到极值时的 α 值，以 α_0 表示，即有

$$\frac{\sigma_x - \sigma_y}{2}\sin2\alpha_0 + \tau_x\cos2\alpha_0 = 0$$

化简，得

$$\tan2\alpha_0 = -\frac{2\tau_x}{\sigma_x - \sigma_y} \tag{10-3}$$

或

$$2\alpha_0 = \arctan\frac{-2\tau_x}{\sigma_x - \sigma_y} \tag{10-4}$$

由此可求出 α_0 的相差 90°的两个根，也就是说有相互垂直的两个面，其中一个面上作用的正应力是极大值，用 σ_{max} 表示，称为最大正应力，另一个面上的是极小值，用 σ_{min} 表示，称为最小正应力。它们的值分别为

$$\sigma_{min}^{max} = \frac{\sigma_x + \sigma_y}{2} \pm \sqrt{\left(\frac{\sigma_x - \sigma_y}{2}\right)^2 + \tau_x^2} \tag{10-5}$$

不难得到

$$\sigma_{max} + \sigma_{min} = \sigma_x + \sigma_y \tag{10-6}$$

将式（10-2）对 α 取导数，得

$$\frac{\mathrm{d}\tau_\alpha}{\mathrm{d}\alpha} = (\sigma_x - \sigma_y)\cos2\alpha - 2\tau_x\sin2\alpha$$

令此导数等于零，可求得 τ_α 达到极值时的 α 值，以 α_τ 表示，即有

$$(\sigma_x - \sigma_y)\cos2\alpha_\tau - 2\tau_x\sin2\alpha_\tau = 0$$

化简，得

$$\tan2\alpha_\tau = \frac{\sigma_x - \sigma_y}{2\tau_x} \tag{10-7}$$

由此也可求出 α_τ 的相差 90°的两个根，也就是说有相互垂直的两个面，其中一个面上作用的切应力是极大值，用 τ_{max} 表示，称为最大切应力，另一个面上的是极小值，用 τ_{min} 表示，称为最小切应力。它们的值分别为

$$\tau_{min}^{max} = \pm\sqrt{\left(\frac{\sigma_x - \sigma_y}{2}\right)^2 + \tau_x^2} \tag{10-8}$$

比较式（10-3）和式（10-7），可得

$$\tan2\alpha_0 \cdot \tan2\alpha_\tau = -1 \tag{10-9}$$

因此，$2\alpha_0$ 和 $2\alpha_\tau$ 相差 90°，α_0 和 α_τ 相差 45°，即最大正应力的作用面和最大切应力作用面的夹角为 45°。

从式（10-5）还可得到

$$\frac{\sigma_{max} - \sigma_{min}}{2} = \sqrt{\left(\frac{\sigma_x - \sigma_y}{2}\right)^2 + \tau_x^2} = \tau_{max} \tag{10-10}$$

即**最大切应力等于两个主应力之差的一半。**

第三节　强度理论与强度条件

一、强度理论的概念

在本章以前，是通过分析和计算构件在受到轴向拉伸或压缩、剪切、扭转、弯曲等各种基本变形时横截面上的最大正应力 σ_{max} 和最大切应力 τ_{max}，建立如下的强度条件的。

$$\sigma_{max} \leqslant [\sigma]$$

$$\tau_{max} \leqslant [\tau]$$

式中的许用应力 $[\sigma]$ 和 $[\tau]$ 分别等于由单向拉伸（压缩）和纯剪切实验确定的极限应力 σ_0、τ_0 除以安全系数 K。

试验证明，上述直接根据实验结果建立的正应力强度条件，对于单向应力状态（图 10-9a）是合适的，建立的切应力强度条件对于纯剪切应力状态（图 10-9b）是适用的。然而，在实际构件中，会经常遇到复杂应力状态的情况。如图 10-10a 所示梁内的应力状态，有的构件内还会出现如图 10-10b 所示的应力状态。这些应力状态的主应力和最大切应力的计算已经介绍。问题是对于这样的复杂应力状态应该怎样建立强度条件。显然，不能完全以上述分别建立的正应力和切应力强度条件为依据，因为单元体的强度与各个面上的正应力和切应力有关，必须根据不同情况区别对待。

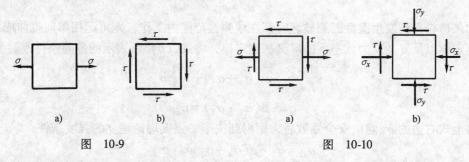

图　10-9　　　　　　　　　　　　图　10-10

要想直接通过试验确定材料在各种复杂应力状态下的极限应力，也是很困难的。因为各主应力的相互比值有多种，不可能对每一种比值一一通过试验测定其极限应力。

尽管应力状态有多种多样，但构件破坏的形式是有规律的。研究表明，构件破坏的形式可以分为两类：一类是有明显塑性变形的屈服或剪断；另一类是没有明显塑性变形的"脆性断裂"。于是，人们进一步认识到，同一类破坏形式可能存在着导致破坏的共同因素。如果找出引起破坏的主要的共同因素，就可以由引起破坏的同一因素用单向应力状态的实验结果，建立复杂应力状态的强度条件。

对于两类破坏形式，起决定性作用的破坏因素是什么呢？长期以来人们对引起两类破坏的主要因素提出了各种假说，并根据这些假说建立了强度条件。这些**关于引起材料破坏的决定性因素的假说，称为强度理论。**

二、常用的四种强度理论

材料的破坏现象有两类，一类为断裂破坏，一类为剪断破坏。引起断裂破坏的主要因素有最大拉应力和伸长线应变，因此建立了两个解释断裂破坏的强度理论。引起剪断破坏的主要因素有最大切应力和形状改变比能，这又建立了两个解释剪断破坏的强度理论。下面分别介绍这四种强度理论。

1. 最大拉应力理论（第一强度理论）

这个理论是假设最大拉应力是使材料到达极限状态的决定性因素，也就是说，复杂应力状态下三个主应力中最大拉应力 σ_1 达到单向拉伸试验时的极限应力 σ_{jx} 时，材料产生脆性断裂破坏。根据这个理论写出的危险条件是

$$\sigma_1 = \sigma_{jx} \tag{c}$$

将式（c）右边的极限应力除以安全系数，则得到按第一强度理论所建立的强度条件为

$$\sigma_1 \leqslant [\sigma] \tag{10-11}$$

式中，σ_1 为构件在复杂应力状态下的最大拉应力；$[\sigma]$ 为材料在单向拉伸时的许用应力。

实践证明，第一强度理论与脆性材料在受拉断裂破坏的试验结果基本一致，而对于塑性材料的试验结果并不相符。所以这一理论主要适用于脆性材料。但这一理论没有考虑其他两个主应力对材料断裂破坏的影响，而且对于有压应力没有拉应力的应力状态也无法应用。

2. 最大拉应变理论（第二强度理论）

这个理论认为最大伸长线应变是使材料到达危险状态的决定因素，也就是说，当单元体三个方向的线应变中最大的伸长线应变 ε_1 达到了在单向拉伸试验中的极限值 ε_{jx} 时，材料就会发生脆性断裂破坏。根据这个理论写出的危险条件是

$$\varepsilon_1 = \varepsilon_{jx} \tag{d}$$

如果材料直到发生脆性断裂破坏时都在线弹性范围内工作，则可运用单向拉伸或压缩下的胡克定律以及复杂应力状态下的广义胡克定律，将式（d）所表示的危险条件改写为

$$\frac{1}{E}[\sigma_1 - \mu(\sigma_2 + \sigma_3)] = \frac{1}{E}\sigma_{jx}$$

$$\sigma_1 - \mu(\sigma_2 + \sigma_3) = \sigma_{jx}$$

将上式右边的 σ_{jx} 除以安全系数后，则得到按第二强度理论建立的强度条件

$$\sigma_{t2} = \sigma_1 - \mu(\sigma_2 + \sigma_3) \leqslant [\sigma] \tag{10-12}$$

式中，σ_{t2} 称为折算应力。

从上述的危险条件可以看出，第二强度理论比第一强度理论优越的地方，首先在于它考虑到材料到达危险状态是三个主应力 σ_1、σ_2、σ_3 综合影响的结果，许多脆性材料的试验结果也符合这个理论，因此，它曾在较长的时间内得到广泛的采用，但是，这个理论也有一定的局限性和缺点。例如，对第一理论所不能解释的三向均匀受压材料不易破坏的现象，第二理论同样不能说明。又如，材料在二向拉伸时的危险条件是 $\sigma_1 - \mu\sigma_2 = \sigma_{jx}$，而材料在单向拉伸时的危险条件是 $\sigma_1 = \sigma_{jx}$，将二者进行比较，似乎二向拉伸反比单向拉伸还要安全，这和实验结果并不完全符合。

3. 最大切应力理论（第三强度理论）

第三强度理论认为最大切应力是使材料达到危险状态的决定性因素，也就是说，对于处在复杂应力状态下的材料，当它的最大切应力达到了材料在单向应力状态下开始破坏时的切应力 τ_{jx} 时，材料就会发生屈服破坏。根据这个理论建立的危险条件是

$$\tau_{max} = \tau_{jx}$$

由材料的力学性质可知 $\tau_{jx} = \dfrac{\sigma_{jx}}{2}$，已知 $\tau_{max} = \dfrac{\sigma_1 - \sigma_3}{2}$，所以上式又可写成

$$\frac{\sigma_1 - \sigma_3}{2} = \frac{\sigma_{jx}}{2}$$

或 $\qquad\qquad\qquad\qquad\sigma_{r3} = \sigma_1 - \sigma_3 = \sigma_{jx}$ $\qquad\qquad\qquad\qquad$ （e）

式中，σ_{r3} 为按照第三强度理论计算得到的折算应力。

由式（e）可知，按照第三强度理论所建立的强度条件应该是

$$\sigma_{r3} = (\sigma_1 - \sigma_3) \leqslant [\sigma] \qquad\qquad\qquad (10\text{-}13)$$

这个强度理论曾被许多塑性材料的试验所证实，并且稍稍偏于安全，加上这个理论提供的计算式比较简单，因此它在工程设计中曾得到广泛的应用。

但是，不少事实表明，这个理论仍有许多缺点。例如，按照这个理论，材料受三向均匀拉伸时也应该不易破坏，但这一点并没有由试验所证明，同时也是很难想象的。

4. 形状改变比能理论（第四强度理论）

这一理论认为：形状改变比能是引起材料流动破坏的主要因素。也就是说，不论材料处于何种应力状态，只要材料内蓄积的形状改变比能 u_x 达到单向应力状态下形状改变比能的极限值 u_x^0 时，材料就发生流动破坏。

所谓形状改变比能 u_x 是材料在受力变形过程中单位体积内所储存的一种由变形而产生的能量。第四强度理论的强度条件是

$$\sqrt{\frac{1}{2}\left[(\sigma_1 - \sigma_2)^2 + (\sigma_2 - \sigma_3)^2 + (\sigma_3 - \sigma_1)^2\right]} \leqslant [\sigma] \qquad\qquad (10\text{-}14)$$

实践证明，第四强度理论比第三强度理论更符合塑性材料的实际情况。

三、强度理论的选择及应用

通过以上的讨论知道，材料的破坏具有两类不同的形式，一类是脆性的断裂破坏，一类是塑性的剪切破坏。在一般情况下，脆性材料的破坏多表现为断裂破坏，因此，可采用最大拉应力理论（第一强度理论）；塑性材料的破坏多表现为塑性的剪断或屈服，因此，可采用最大切应力理论（第三强度理论）或形状改变比能理论（第四强度理论）。

必须指出，材料破坏的形式虽然主要取决于材料的性质（塑性材料还是脆性材料），但这并不是绝对的。材料的破坏形式还与材料所处的条件和应力状态有关。例如，脆性材料处于单向压缩或三向压缩状态时，材料会出现剪切破坏，塑性材料处于三向拉伸应力状态时会出现断裂破坏。

应用强度理论对复杂应力状态下的构件进行强度计算时，可按下列步骤进行。

1）分析构件危险点处的应力，计算危险点处单元体的主应力 σ_1、σ_2、σ_3。

2）选用合适的强度理论，计算折算应力。

3）建立强度条件，进行强度计算。

梁内任一点的应力状态通常为如图 10-11 所示的平面应力状态，梁的主应力可按下式计算

$$\begin{matrix}\sigma_1\\\sigma_3\end{matrix} = \frac{\sigma}{2} + \sqrt{\left(\frac{\sigma}{2}\right)^2 + \tau^2}$$

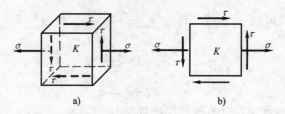

图 10-11

$$\sigma_2 = 0$$

将这三个主应力分别代入第三强度理论和第四强度理论的强度条件中，得到

$$\sigma_{r3} = \sqrt{\sigma^2 + 4\tau^2} \leqslant [\sigma] \tag{10-15}$$

$$\sigma_{r4} = \sqrt{\sigma^2 + 3\tau^2} \leqslant [\sigma] \tag{10-16}$$

式中，σ_{r4} 为按照第四强度理论计算得到的折算应力。

以后对梁进行强度校核时，可以直接利用以上两个强度表达式。

[例 10-4] 某构件用铸铁制成，其危险点处的应力状态如图 10-12 所示。已知 $\sigma_x = 20\text{MPa}$，$\tau_x = 20\text{MPa}$，材料的许用拉应力为 $[\sigma] = 35\text{MPa}$。试校核此构件的强度。

[解] (1) 计算主应力。

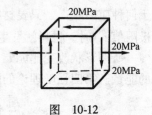

图 10-12

$$\begin{matrix}\sigma_1 \\ \sigma_3\end{matrix} = \frac{\sigma}{2} \pm \sqrt{\left(\frac{\sigma}{2}\right)^2 + \tau^2} = \left[\frac{20}{2} \pm \sqrt{\left(\frac{20}{2}\right)^2 + 20^2}\right]\text{MPa} = \begin{matrix}+32.4 \\ -12.4\end{matrix}\text{MPa}$$

(2) 用第一强度理论校核。

$$\sigma_{r1} = \sigma_1 = 32.4\text{MPa} < [\sigma] = 35\text{MPa}$$

该铸铁构件是安全的。

本章以前介绍的按梁的最大正应力进行强度计算，按最大剪应力进行强度校核都是十分重要的，而且必须首先进行。当梁上存在弯矩和剪力都较大的截面，而且在该截面上存在正应力和剪应力都较大的点时，则需用强度理论进一步进行强度校核。在建筑工程中，当梁的截面为工字形、槽形等有翼缘的薄壁截面时，在腹板和翼缘的交界处的点，通常正应力和剪应力都较大。

复习思考题

1. 一点处的应力状态可分为哪几种？

2. 斜截面是如何定义的？

3. 材料在应力作用下的破坏形式可分为哪几种？

4. 四个强度理论各如何假设材料的破坏原因？其各自的危险条件是什么？

5. 已知应力状态如图 10-13 所示（应力单位为 MPa），试计算图中指定截面上的正应力和切应力。

6. 单元体如图 10-14 所示（应力单位为 MPa），试计算其主应力大小及所在截面的方位，并画出主应力单元体。

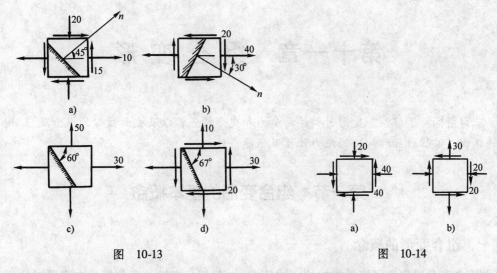

图 10-13
图 10-14

7. 某构件中三个点上的应力状态如图 10-15 所示（应力单位为 MPa）。试按第一、第三两种强度理论分别判别哪一点是危险点。

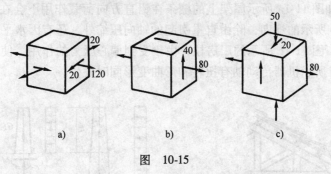

图 10-15

8. 试按照四个强度理论分别建立纯剪切应力状态的强度条件，并建立剪切许用应力与拉伸许用应力之间的关系。

9. 一脆性材料制成的圆管如图 10-16 所示，内径 $d = 0.1\text{m}$，外径 $D = 0.15\text{m}$，承受扭矩 $M_n = 70\text{kN} \cdot \text{m}$，轴力 F_N。如材料的拉伸强度极限为 100MPa，压缩强度极限为 250MPa，试用第一强度理论计算圆管破坏时的最大压力 F_N。

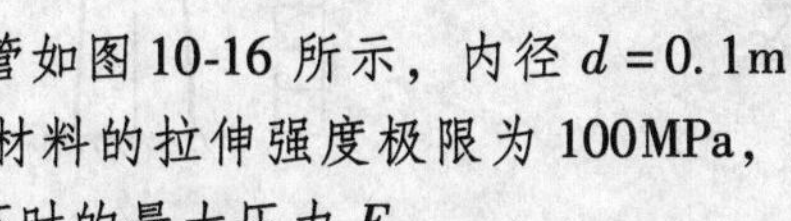

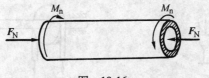

图 10-16

第十一章 组合变形

学习目标：了解组合变形时构件的受力和变形特点，以及截面核心的概念及应用；掌握斜弯曲、偏心拉压时构件的应力计算及强度条件。

第一节 组合变形的基本概念

一、组合变形的概念

前面各章分别研究了杆件在拉伸（或压缩）、剪切、扭转、弯曲等基本变形时的强度和刚度计算问题。在工程实际问题中，还有许多杆件在外力作用下同时产生两种或两种以上基本变形的情形。如图 11-1a 所示屋架上的檩条在铅直方向荷载作用下会在 y 和 z 两个方向弯曲变形。图 11-1b 所示的烟囱，除由自重引起的轴向压缩外，还有因水平方向的风力作用而产生的弯曲变形。图 11-1c 所示的厂房柱，由于受到偏心压力的作用，使柱子产生压缩和弯曲变形。图 11-1d 所示机器传动轴有扭转和弯曲变形同时发生。

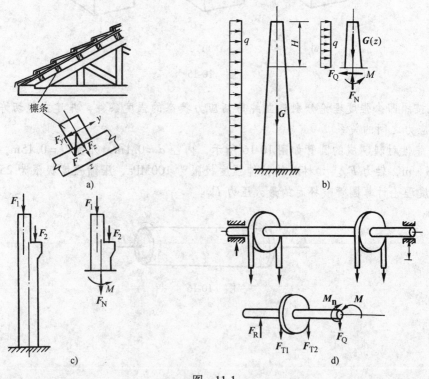

图 11-1

这种由两种或两种以上基本变形组合而成的变形，称为组合变形。

二、组合变形的计算原理

杆件在满足小变形和材料符合胡克定律的条件下，可以认为组合变形中的每一种基本变形都是相互独立、互不影响的，因而对产生组合变形的杆件进行强度计算时可以应用叠加原理。即首先将组合变形杆件上的外力分解或简化，使杆在分解或简化后的每组荷载作用下只产生一种基本变形，分别计算出杆件在每一种基本变形情况下所发生的应力和变形，最后将所得结果进行叠加。

由上可知，组合变形的计算是前面各章内容的综合运用。本章主要研究下列几种组合变形时的强度计算问题。

1）两个不同方向平面弯曲的组合变形（称斜弯曲）。

2）弯曲和压缩（或拉伸）的组合变形。

第二节　斜弯曲的应力和强度

前面讨论过平面弯曲的问题。当外力作用在梁的纵向对称面内且垂直于梁轴线时，梁变形后的轴线也位于外力的作用面内，这种变形称为**平面弯曲**。但在很多工程问题中，例如屋架上的檩条（图11-1a），外力的作用平面虽然通过梁轴线，但是它并不与梁的纵向对称面重合，这时，梁变形后的轴线将不在外力的作用面内，这种弯曲称为**斜弯曲**。

现以图11-2所示矩形截面悬臂梁为例来说明斜弯曲时应力分析的方法。

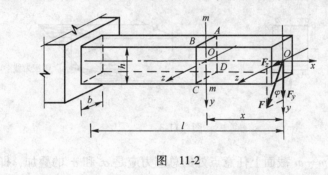

图　11-2

一、外力分解

设集中力 F 作用在悬臂梁的自由端，其作用线通过截面形心并与竖向对称轴成 φ 角（图11-2）。设坐标轴如图所示，将力 F 沿截面的两个对称轴 y 和 z 分解为两个分力，得

$$F_y = F\cos\varphi \qquad F_z = F\sin\varphi$$

于是，力 F 的作用可用两个分力 F_y 和 F_z 来代替。分力 F_y 将使梁在 Oxy 平面内产生平面弯曲；分力 F_z 将使梁在 Oxz 平面内产生平面弯曲。这样，斜弯曲就可看作是两个互相垂直平面内的平面弯曲的组合。

二、内力计算

在距自由端为 x 的横截面 m—m 上，两个分力 F_y 和 F_z 所引起的弯矩值分别为

$$M_z = F_y x = F\cos\varphi x \atop M_y = F_z x = F\sin\varphi x \Bigg\} \tag{11-1}$$

或令 $M = Fx$，它表示力 F 对截面 $m—m$ 所引起的总弯矩，于是有

$$M_z = M\cos\varphi \qquad M_y = M\sin\varphi$$

三、应力分析

如图 11-2 所示，距自由端为 x 的横截面 $m—m$ 上任意点处（坐标为 y、z），由 M_z 和 M_y 所引起的正应力分别为

$$\sigma' = \pm \frac{M_z y}{I_z} = \pm \frac{M\cos\varphi y}{I_z} \tag{a}$$

$$\sigma'' = \pm \frac{M_y z}{I_y} = \pm \frac{M\sin\varphi z}{I_y} \tag{b}$$

它们在截面上的分布如图 11-3a、b 所示。σ'、σ'' 在截面上各区间的正负号如图 11-3c 所示。

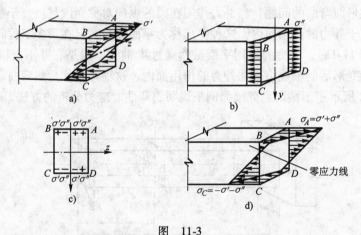

图 11-3

由叠加原理可知 $m—m$ 截面上任意点处的总应力应是 σ' 和 σ'' 的叠加，即

$$\sigma = \sigma' + \sigma'' = \pm \frac{M_z y}{I_z} \pm \frac{M_y z}{I_y} = \pm M\left(\frac{\cos\varphi}{I_z}y + \frac{\sin\varphi}{I_y}z\right) \tag{11-2}$$

式中 I_y、I_z 分别为横截面对形心主轴 z 和 y 的惯性矩；y、z 则表示危险截面上任一点的坐标值。应用式（11-2）计算任意一点处的应力时，应将该点的坐标，连同符号代入，便可得该点应力的代数值。也可通过平面弯曲的变形情况直接判断正应力 σ 的正负号。正值和负值分别表示拉应力和压应力。

由式（11-2）可见，应力 σ 是坐标 y、z 的线性函数，它是一个平面方程。正应力 σ 在横截面上的分布规律可用一倾斜平面表示（图 11-3d），斜平面与横截面的交线就是中性轴，它是横截面上正应力等于零的各点的连线，这条连线称为**零线**。零线在危险截面上的位置可由应力 $\sigma = 0$ 的条件确定，即

$$\sigma = \pm\left(\frac{M_{y\max} z_0}{I_y} + \frac{M_{z\max} y_0}{I_z}\right) = 0$$

式中，y_0、z_0 为中性轴上任一点的坐标。当 $y_0 = 0$、$z_0 = 0$ 代入时，方程可以满足，由此可知，零线是一条过坐标原点的直线。

斜弯曲时，梁内剪应力很小，通常不予计算。

四、强度条件

进行强度计算，首先要确定危险截面和危险点的位置。对于图 11-2 所示的悬臂梁，固定端截面的弯矩值最大，是危险截面。对矩形、工字形等具有两个对称轴及棱角的截面，最大正应力必定发生在角点上（图 11-3d）。将角点坐标代入式（11-1）便可求得任意截面上的最大正应力值。

若材料的抗拉和抗压强度相等，则斜弯曲的强度条件为

$$\sigma_{max} = \frac{M_{zmax}}{W_z} + \frac{M_{ymax}}{W_y} \leqslant [\sigma] \tag{11-3}$$

根据这一强度条件，同样可以进行强度校核、截面设计和确定许可荷载。但是，在设计截面尺寸时，要遇到 W_z 和 W_y 两个未知量，可以先假设一个 $\frac{W_z}{W_y}$ 的比值，根据强度条件式（11-3）计算出杆件所需的 W_z 值，从而确定截面的尺寸及计算出 W_y 值，再按式（11-3）进行强度校核。通常对矩形截面取 $\frac{W_z}{W_y} = \frac{h}{b} = 1.2 \sim 2$，对工字形截面取 $\frac{W_z}{W_y} = 8 \sim 10$，对槽形截面取 $\frac{W_z}{W_y} = 6 \sim 8$。

[例 11-1] 如图 11-4 所示，屋架上的木檩条采用 $100\text{mm} \times 140\text{mm}$ 的矩形截面，跨度 $l = 4\text{m}$，简支在屋架上，承受屋面荷载 $q = 1\text{kN/m}$（包括檩条自重）。木材的许用拉应力 $[\sigma] = 10\text{MPa}$，试验算檩条强度。

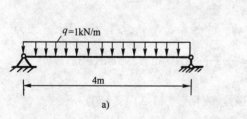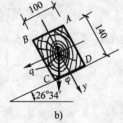

图 11-4

[解] 据题意将檩条简化为一简支梁，其最大弯矩发生在跨中点截面。

$$M_{max} = \frac{1}{8}ql^2 = \frac{1}{8} \times 1 \times 4^2 = 2\text{kN} \cdot \text{m}$$

由截面尺寸算得

$$W_z = \frac{bh^2}{6} = \frac{0.1 \times 0.14^2}{6}\text{m}^3 = 327 \times 10^{-6}\text{m}^3$$

$$W_y = \frac{b^2h}{6} = \frac{0.1^2 \times 0.14}{6}\text{m}^3 = 233 \times 10^{-6}\text{m}^3$$

由 M_{max} 的方向可判别出，截面下边缘的 C 点处拉应力最大

$$\sigma_{max} = \sigma_C = M_{max}\left(\frac{\cos\varphi}{W_z} + \frac{\sin\varphi}{W_y}\right)$$

$$= 2 \times 10^3 \left(\frac{\cos 26°34'}{327 \times 10^{-6}} + \frac{\sin 26°34'}{233 \times 10^{-6}}\right)\text{Pa}$$

$$= 9.31 \times 10^6 \text{Pa}$$

$$= 9.31 \text{MPa} < [\sigma]$$

所以檩条满足强度要求。

[**例11-2**]   图 11-5 所示吊车梁由工字钢制成，材料的许用应力 $[\sigma] = 160\text{MPa}$，$l = 4\text{m}$，$F = 30\text{kN}$，现因某种原因使 F 偏离纵向对称面，与 y 轴的夹角 $\varphi = 5°$。试选择工字钢的型号。

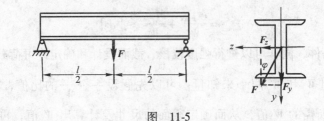

图 11-5

[**解**]   (1) 荷载分解和内力计算。吊车荷载 F 位于梁的跨中时，吊车梁处于最不利的受力状态，梁的跨中截面弯矩最大，是危险截面。

先将荷载 F 沿 y、z 轴分解，得

$$F_y = F\cos\varphi = 30\text{kN} \times 0.996 = 29.9\text{kN}$$

$$F_z = F\sin\varphi = 30\text{kN} \times 0.0872 = 2.62\text{kN}$$

由 F_y 引起在 Oxy 平面内的平面弯曲，中性轴为 z 轴，跨中的最大弯矩为

$$M_{zmax} = \frac{F_y l}{4} = \frac{29.9 \times 4}{4}\text{kN} \cdot \text{m} = 29.9\text{kN} \cdot \text{m}$$

由 F_z 引起在 Oxz 平面内的平面弯曲，中性轴为 y 轴，跨中的最大弯矩为

$$M_{ymax} = \frac{F_z l}{4} = \frac{2.62 \times 4}{4}\text{kN} \cdot \text{m} = 2.62\text{kN} \cdot \text{m}$$

(2) 选择截面。先设 $\dfrac{W_z}{W_y} = 8$，将强度条件式（11-3）变换为

$$\frac{1}{W_z}\left(M_{zmax} + M_{ymax}\frac{W_z}{W_y}\right) \leqslant [\sigma]$$

所以 $$W_z \geqslant \frac{M_{zmax} + M_{ymax}\dfrac{W_z}{W_y}}{[\sigma]} = \frac{29.9 \times 10^6 + 2.62 \times 10^6 \times 8}{160}\text{mm}^3 = 318 \times 10^3 \text{ mm}^3$$

查型钢表，选用 22b 工字钢，$W_z = 325\text{cm}^3 = 325 \times 10^3 \text{mm}^3$，$W_y = 42.7\text{cm}^3 = 42.7 \times 10^3 \text{mm}^3$。

(3) 强度校核。按选用的型号，根据强度条件式（11-3）进行校核。

$$\sigma_{max} = \frac{M_{zmax}}{W_z} + \frac{M_{ymax}}{W_y} = \left(\frac{29.9 \times 10^6}{325 \times 10^3} + \frac{2.62 \times 10^6}{42.7 \times 10^3}\right)\text{MPa} = 153.4\text{MPa} < [\sigma]$$

所以选用 22b 工字钢是合适的。

第三节 偏心压缩（拉伸）杆的应力和强度

作用在杆件上的外力，当其作用线与杆的轴线平行但不重合时，杆件就受到偏心压缩（或拉伸）。偏心压拉是轴向拉伸（压缩）与弯曲的组合变形，是工程实际中常见的组合变形。现以矩形截面梁为例说明其应力分析的方法。

一、单向偏心压缩（拉伸）时的应力和强度条件

当偏心力 F 通过截面一根形心主轴时，则称为单向偏心压缩。图 11-6a 所示矩形截面杆，压力 F 作用在 y 轴上的 E 点处，E 点到形心 O 的距离 e 称为偏心距。

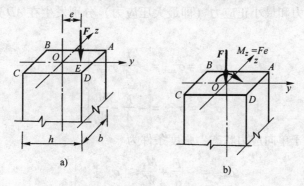

图 11-6

1. 荷载简化和内力计算

首先将偏心力 F 向截面形心平移，得到一个通过形心的轴向压力 F 和一个力偶矩为 Fe 的力偶（图 11-6b）。

运用截面法可求得任意横截面上的内力为：轴力 $F_N = F$ 和弯矩 $M_z = Fe$。

2. 应力计算和强度条件

偏心受压杆截面中任意一点处的应力，可以由两种基本变形各自在该点产生的应力叠加求得。

轴向压缩时，截面上各点处的应力均相同（图 11-7a），其值为

$$\sigma' = -\frac{F}{A}$$

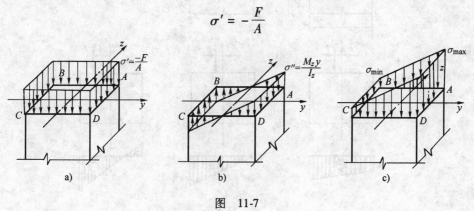

图 11-7

平面弯曲时，截面上任意点处的应力为（图 11-7b）

$$\sigma'' = \pm \frac{M_z y}{I_z}$$

截面上各点处的总应力为

$$\sigma = \sigma' + \sigma''$$

即

$$\sigma = -\frac{F}{A} \pm \frac{M_z y}{I_z} \qquad (11\text{-}4)$$

式中，A 为横截面面积；I_z 为截面对 z 轴的惯性矩；y 为所求点的坐标，应连同符号代入公式。

应用式（11-4）计算正应力时，F、M_z、y 都可用绝对值代入，式中弯曲正应力的正负号可由观察变形情况来判定。当点处于弯曲变形的受压区时取负号，处于受拉区时取正号。

截面上最大正应力和最小正应力（即最大压应力）分别发生在 AD 边缘及 BC 边缘上的各点处，其值为

$$\left.\begin{aligned}
\sigma_{\max} = \sigma_{\max}^{+} = -\frac{F}{A} + \frac{M_z}{W_z} \\[2mm]
\sigma_{\min} = \sigma_{\max}^{-} = -\frac{F}{A} - \frac{M_z}{W_z}
\end{aligned}\right\} \qquad (11\text{-}5)$$

截面上各点均处于单向应力状态，强度条件为

$$\left.\begin{aligned}
\sigma_{\max} = -\frac{F}{A} + \frac{M_z}{W_z} \leqslant [\sigma^{+}] \\[2mm]
\sigma_{\min} = \left| -\frac{F}{A} - \frac{M_z}{W_z} \right| \leqslant [\sigma^{-}]
\end{aligned}\right\} \qquad (11\text{-}6)$$

3. 讨论

当偏心受压柱是矩形截面（图 11-8a、b）时，$A = bh$，$W_z = \dfrac{bh^2}{6}$，$M_z = Fe$，将各值代入

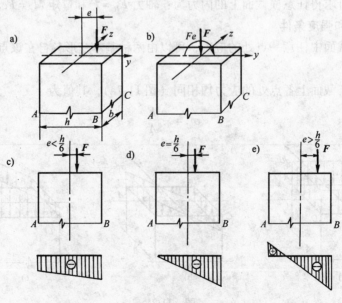

图 11-8

式 (11-5) 得

$$\sigma_{\max} = -\frac{F}{bh} + \frac{Fe}{\dfrac{bh^2}{6}} = -\frac{F}{bh}\left(1 - \frac{6e}{h}\right) \tag{11-7}$$

边缘 A-D 上的正应力 $\sigma_{\max}$ 的正负号，由上式中 $\left(1 - \dfrac{6e}{h}\right)$ 的符号决定，可能出现以下三种情况。

1）当 $e < \dfrac{h}{6}$ 时，$\sigma_{\max}$ 为压应力。截面全部受压，如图 11-8c 所示。

2）当 $e = \dfrac{h}{6}$ 时，$\sigma_{\max}$ 为零。截面上应力分布如图 11-8d 所示，整个截面受压，而边缘 A-D 正应力恰好为零。

3）当 $e > \dfrac{h}{6}$ 时，$\sigma_{\max}$ 为拉应力。截面部分受拉，部分受压。应力分布如图 11-8e 所示。

可见，截面上应力分布情况随偏心距 e 而变化，与偏心力 F 的大小无关。当偏心距 $e > \dfrac{h}{6}$ 时，截面上出现受拉区；当偏心距 $e \leqslant \dfrac{h}{6}$ 时，截面全部受压。

二、双向偏心压缩（拉伸）

当偏心压力 F 的作用线与柱轴线平行，但不通过截面任一形心主轴时，称为双向偏心压缩，如图 11-9 所示。

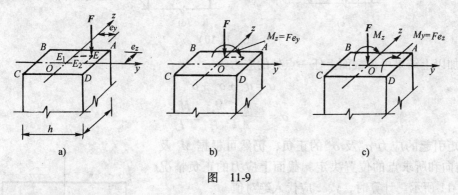

a)   b)   c)

图 11-9

1. 荷载简化和内力计算

设压力 F 至 z 轴的偏心距为 e_y，到 y 轴的偏心距为 e_z（图 11-9a）。先将压力 F 平移到 z 轴上，产生附加力偶矩 $M_z = Fe_y$，再将力 F 从 z 轴上平移到截面的形心，又产生附加力偶矩 $M_y = Fe_z$。偏心力经过两次平移后，得到轴向压力 F 和两个力偶 M_z、M_y（图 11-9b），可见，双向偏心压缩就是轴向压缩和两个相互垂直的平面弯曲的组合。

由截面法可求得任一横截面上的内力为：

轴向压力
$$F_{\mathrm{N}} = F$$

F 对 z 轴的力偶矩
$$M_z = Fe_y$$

F 对 y 轴的力偶矩
$$M_y = Fe_z$$

2. 应力计算和强度条件

横截面上任一点（y、z）处的应力为三部分应力的叠加。

轴向压力 F 引起的应力（图 11-10a）为 $\qquad \sigma' = -\dfrac{F}{A}$

M_z 引起的应力（图 11-10b）为 $\qquad \sigma'' = \pm\dfrac{M_z y}{I_z}$

M_y 引起的应力（图 11-10c）为 $\qquad \sigma''' = \pm\dfrac{M_y z}{I_y}$

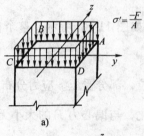
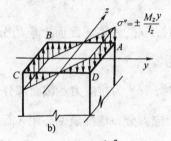
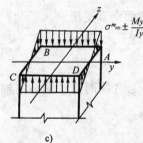
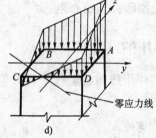

图 11-10

叠加以上结果可得截面上任一点处的应力为

$$\sigma = \sigma' + \sigma'' + \sigma'''$$

即 $\qquad\qquad \sigma = -\dfrac{F}{A} \pm \dfrac{M_z y}{I_z} \pm \dfrac{M_y z}{I_y} \qquad\qquad (11\text{-}8)$

弯矩引起的应力 σ'' 及 σ''' 的正负，仍然可根据 M_z 及 M_y 的转向和所求点的位置决定。截面上应力的正负情况如图 11-11 所示。计算时，y、z 应代入绝对值。

最大正应力在 C 点处，最小正应力在 A 点处，其值为

$$\genfrac{}{}{0pt}{}{\sigma_{\max}}{\sigma_{\min}} = -\frac{F}{A} \pm \frac{M_z}{W_z} \pm \frac{M_y}{W_y} \qquad (11\text{-}9)$$

危险点 A、C 都处于单向应力状态，所以强度条件为

$$\left.\begin{aligned} \sigma_{\max} &= -\frac{F}{A} + \frac{M_z}{W_z} + \frac{M_y}{W_y} \leqslant [\sigma^+] \\ \sigma_{\min} &= \left| -\frac{F}{A} - \frac{M_z}{W_z} - \frac{M_y}{W_y} \right| \leqslant [\sigma^-] \end{aligned}\right\} \qquad (11\text{-}10)$$

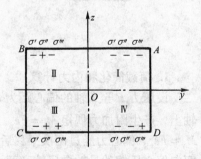

图 11-11

前面所得的式（11-5）、式（11-6）实际上是式（11-8）及式（11-9）的特殊情况：压力作用在端截面的一根形心主轴上，其中一个偏心距为零。

式（11-9）及式（11-10）可以推广应用于杆件在其他形式的荷载作用下产生压缩（或拉伸）和弯曲组合变形的计算。

[**例11-3**] 图11-12所示矩形截面柱，柱顶有屋架传来的压力 $F_1 = 100\text{kN}$，牛腿上承受吊车梁传来的压力 $F_2 = 30\text{kN}$，与柱轴有一偏心距 $e = 0.2\text{m}$。现已知柱宽 $b = 180\text{mm}$，试问截面高度 h 为多大时才不会使截面上产生拉应力？在所选截面高度下，柱截面中的最大压应力为多少？

[**解**] 将作用力向截面形心 O 简化，得轴向力 $F = F_1 + F_2 = 130\text{kN}$，对 z 轴的力偶矩 $M_z = F_2 e = 30\text{kN} \times 0.2\text{m} = 6\text{kN} \cdot \text{m}$。要使截面上不产生拉应力，应满足

$$\sigma_{max} = -\frac{F}{A} + \frac{M_z}{W_z} \leq 0$$

即

$$-\frac{130 \times 10^3}{0.18h} + \frac{6 \times 10^3}{0.18h^2/6} \leq 0$$

解得

$$h \geq 0.28\text{m}$$

此时截面中的最大压应力为

$$\sigma = -\frac{F}{A} - \frac{M_z}{W_z} = \left(-\frac{130 \times 10^3}{0.18 \times 0.28} - \frac{6 \times 10^3}{0.18 \times 0.28^2/6}\right)\text{Pa} = -5.13 \times 10^6\text{Pa} = -5.13\text{MPa}$$

[**例11-4**] 挡土墙的横截面形状和尺寸如图11-13如示，C 点为其形心。土壤对墙的侧压力每米长为 $F = 30\text{kN}$，作用在离底面 $\frac{h}{3}$ 处，方向水平向左。挡土墙材料的密度 ρ 为 $2.3 \times 10^3 \text{kg/m}^3$。试画出基础面 m—n 上的应力分布图。

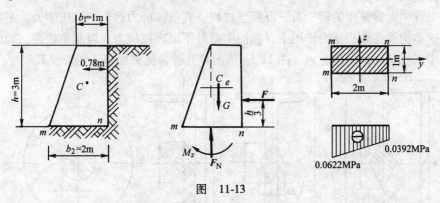

图 11-13

[**解**] （1）内力计算。挡土墙很长，且是等截面的，通常取1m长度来计算。每1m长墙自重为

$$G = \frac{1}{2}(b_1 + b_2)h\rho g = \left[\frac{1}{2}(1+2) \times 3 \times 2.3 \times 10^3 \times 9.8\right]\text{N} = 101.4\text{kN}$$

土壤侧压力为

$$F = 30\text{kN}$$

用截面法求得基础面的内力为

$$F_N = G = 101.4\text{kN}$$

弯矩
$$M_z = F \times \frac{h}{3} - Ge = [30 \times \frac{3}{3} - 101.4 \times (1 - 0.78)] kN \cdot m = 7.69 kN \cdot m$$

（2）应力计算。

$$A = b_2 \times 1m = 2m \times 1m = 2m^2 = 2 \times 10^6 mm^2$$

$$W_z = \frac{1}{6} \times 1 \times 10^3 mm \times b_2^2 = \frac{1}{6} \times 10^3 mm \times (2 \times 10^3 mm)^2 = 667 \times 10^6 \ mm^3$$

基础面 m—m 边上的应力为

$$\sigma_m = -\frac{F_N}{A} - \frac{M_z}{W_z} = \left(-\frac{101.4 \times 10^3}{2 \times 10^6} - \frac{7.69 \times 10^6}{667 \times 10^6}\right) MPa = -0.0622 MPa$$

n—n 边上的应力为

$$\sigma_n = -\frac{F_N}{A} + \frac{M_z}{W_z} = (-0.0507 + 0.0115) MPa = -0.0392 MPa$$

（3）画出基础面的正应力分布图（图11-13）。

第四节　截面核心

一、截面核心的概念

前面曾经指出，偏心受压杆件截面中是否出现拉应力与偏心距的大小有关。若外力作用在截面形心附近的某一个区域内，杆件整个截面上全为压应力而无拉应力，则这个外力作用的区域称为**截面核心**。

土建工程中大量使用的砖、石、混凝土材料，其抗拉能力远低于抗压能力，主要用作承压构件。这类构件在偏心压力作用下，截面中最好不出现拉应力，以避免拉裂。为此，就需将外力作用点控制在截面核心内。图11-14所示是几种常见截面核心图形及其尺寸。

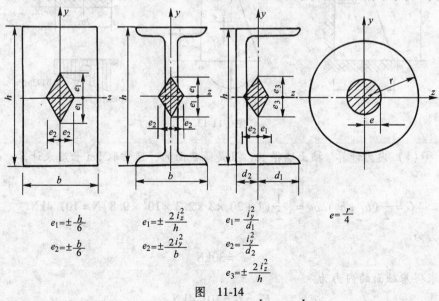

$$e_1 = \pm\frac{h}{6} \qquad e_1 = \pm\frac{2i_z^2}{h} \qquad e_1 = \frac{i_y^2}{d_1} \qquad e = \frac{r}{4}$$

$$e_2 = \pm\frac{b}{6} \qquad e_2 = \pm\frac{2i_y^2}{b} \qquad e_2 = \frac{i_y^2}{d_2}$$

$$e_3 = \pm\frac{2i_z^2}{h}$$

图　11-14

注：i_y 与 i_z 为惯性半径，$i_y^2 = \frac{I_y}{A}$，$i_z^2 = \frac{I_z}{A}$。

二、确定截面核心的方法

我们知道，中性轴将截面分为两个区域：一边是拉应力区，一边是压应力区。倘若中性轴位置正好与截面的轮廓线相重合，则截面全部处在中性轴一边，整个截面上只有一种符号的应力。据此，可用以确定核心的位置。

若设中性轴上点的坐标为 y_0、z_0，由偏心受压时截面上任意点处的应力计算式

$$\sigma = -\frac{F}{A} \pm \frac{M_z y}{I_z} \pm \frac{M_y z}{I_y}$$

有

$$-\frac{F}{A} \pm \frac{M_z}{I_z} y_0 \pm \frac{M_y}{I_y} z_0 = -\frac{F}{A} \pm \frac{F e_y}{I_z} y_0 \pm \frac{F e_z}{I_y} z_0 = 0$$

即

$$-\frac{F}{A} \left(1 \pm \frac{e_y}{i_z^2} y_0 \pm \frac{e_z}{i_y^2} z_0 \right) = 0$$

由此得中性轴方程

$$1 \pm \frac{e_y}{i_z^2} y_0 \pm \frac{e_z}{i_y^2} z_0 = 0 \tag{11-11}$$

式（11-11）是一个直线的截距式方程，表明中性轴是一根不通过形心的直线。在形心主轴 z 及 y 上的截距分别为

$$z_0 = \pm \frac{i_y^2}{e_z}$$

$$y_0 = \pm \frac{i_z^2}{e_y} \tag{11-12}$$

式（11-12）表明了中性轴与偏心距一定处于形心的两侧，而且中性轴的位置与外力大小无关，只与力作用点的位置及截面形状、尺寸有关。

如果让中性轴与截面的某条轮廓线相重合，使截面内只产生一种符号的应力，由式（11-12）可以确定此时外力作用点的位置（即偏心距）为

$$e_z = \pm \frac{i_y^2}{z_0}$$

$$e_y = \pm \frac{i_z^2}{y_0} \tag{11-13}$$

如果让中性轴与截面各条轮廓线一一重合，便可得到截面上只产生一种符号的应力时外力作用点的轨迹，即截面核心的轮廓。

[**例 11-5**]　求图 11-15 所示矩形截面核心。

[**解**]

$$i_z^2 = \frac{I_z}{A} = \frac{\dfrac{bh^3}{12}}{bh} = \frac{h^2}{12}$$

$$i_y^2 = \frac{I_y}{A} = \frac{\dfrac{b^3 h}{12}}{bh} = \frac{b^2}{12}$$

先将 AB 边作为中性轴 I—I，其截距为

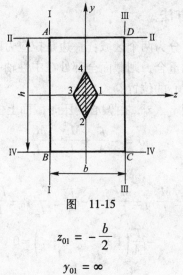

图　11-15

$$z_{01} = -\frac{b}{2}$$

$$y_{01} = \infty$$

代入式 (11-13)，得到力的作用点 1 的坐标为

$$e_{z1} = -\frac{i_y^2}{z_0} = -\frac{-\dfrac{b^2}{12}}{-\dfrac{b}{2}} = \frac{b}{6}$$

$$e_{y1} = -\frac{i_z^2}{y_0} = -\frac{\dfrac{h^2}{12}}{\infty} = 0$$

从而可在截面上定出点 1 位置。再以 AD 边作为中性轴 II—II，其截距为 $z_{02} = \infty$，$y_{02} = \dfrac{h}{2}$，代入式 (11-13)，得到作用点 2 的坐标

$$e_{z2} = 0$$

$$e_{y2} = -\frac{h}{6}$$

类似地以 CD、BC 为中性轴，可分别得 3、4 点坐标。

$$\begin{cases} e_{z3} = -\dfrac{b}{6} \\ e_{y3} = 0 \end{cases} \qquad \begin{cases} e_{z4} = 0 \\ e_{y4} = \dfrac{h}{6} \end{cases}$$

中性轴由 I—I 绕 A 点顺时针旋转到 II—II 时，力的作用点将沿直线从 1 点移到 2 点。这可以从中性轴方程式 (11-11) 看出：当中性轴绕 A 点旋转时，各条中性轴上都含 A 点坐标（$y_0 = y_A$，$z_0 = z_A$），将它代入式 (11-11)，得到力作用点（e_y，e_z）的变化规律为

$$1 \pm \frac{e_y}{i_z^2} y_A \pm \frac{e_z}{i_y^2} z_A = 0$$

式中，y_A、z_A 为不变量，所以 e_y 与 e_z 成线性关系。

因此，将前面所得各点间依次联成直线，便得整个截面核心的图形。

确定截面核心的步骤如下：

1）以截面外凸边界作为中性轴，将截距代入式 (11-13)，求得截面核心图形的角点。

2）连接相邻角点，便得截面核心图形。

确定截面核心时须注意，对周边有凹进部分的截面，如工字形、槽形、T形等，不能将凹进部分的边界取作中性轴，因为这种线穿过截面，将截面分为拉、压两个区域。

复习思考题

1. 图 11-16 所示各杆的 AB、BC、CD（或 BD）各段横截面上有哪些内力，各段产生什么组合变形？

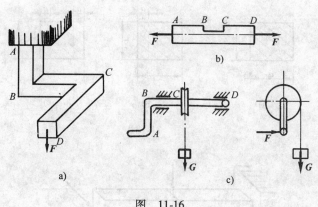

图 11-16

2. 图 11-17 所示各杆的组合变形是由哪些基本变形组合成的？判定在各基本变形情况下 A、B、C、D 各点处正应力的正负号。

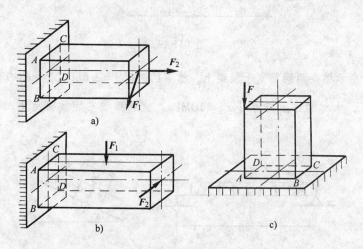

图 11-17

3. 图 11-18 所示三根短柱受压力 F 作用，图 11-18b、c 的柱各挖去一部分。试判断在a、b、c三种情况下，短柱中的最大压应力的大小和位置。

4. 截面核心的意义是什么？试结合图 11-8 的应力分布图说明矩形截面的截面核心。

5. 悬臂木梁受力如图 11-19 所示，$F_1 = 8kN$，$F_2 = 16kN$，矩形截面 $b \times h = 90mm \times 180mm$。试求梁的最大拉应力和最大压应力，并指出各发生在何处。

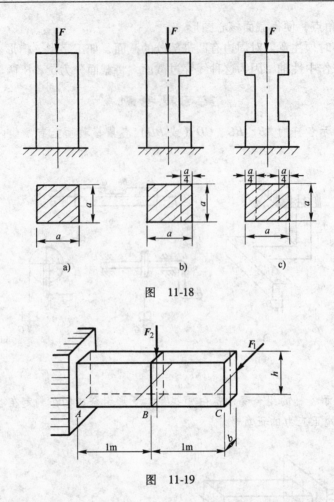

图　11-18

图　11-19

6. 图 11-20 所示檩条两端简支于屋架上，檩条的跨度 $l = 3.6\mathrm{m}$，承受均布荷载 $q = 3\mathrm{kN/m}$，矩形截面 $\dfrac{b}{h} = \dfrac{3}{4}$，木材的许用应力 $[\sigma] = 10\mathrm{MPa}$。试选择檩条的截面尺寸。

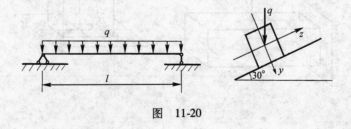

图　11-20

7. 图 11-21 所示水塔盛满水时连同基础总重为 $G = 5000\mathrm{kN}$，在离地面 $H = 15\mathrm{m}$ 处受水平风力的合力 $F = 60\mathrm{kN}$ 作用。圆形基础的直径 $d = 6\mathrm{m}$，埋置深度 $h = 3\mathrm{m}$。若地基土壤的许用承载力 $[F] = 0.3\mathrm{MPa}$，试校核地基土壤的强度。

8. 砖墙和基础如图 11-22 所示。设在 1m 长的墙上有偏心力 $F = 40\mathrm{kN}$ 的作用，偏心距 $e = 0.05\mathrm{m}$。试画出 1-1、2-2、3-3 截面上正应力分布图。

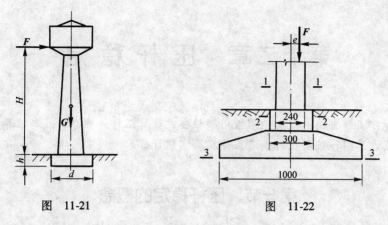

图 11-21　　　　　　　　图 11-22

9. 图 11-23 所示为一柱的基础。已知在它的顶面上受到柱子传来的弯矩 $M = 110kN \cdot m$，轴力 $F_N = 980kN$，水平剪力 $F_Q = 60kN$，基础的自重及基础上的土重总共为 $G = 173kN$。试作基础底面的正应力分布面（假定正应力是按直线规律分布的）。

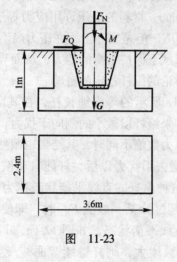

图　11-23

10. 试求图 11-24 所示截面的截面核心。

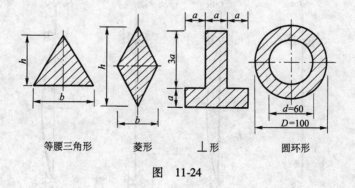

等腰三角形　　　菱形　　　⊥形　　　圆环形

图　11-24

第十二章　压杆稳定

学习目标：了解失稳的概念；掌握用欧拉公式计算压杆的临界荷载与临界应力，理解压杆的临界应力总图；了解压杆稳定条件及其实用计算。

第一节　压杆稳定的概念

在前面讨论受压直杆的强度问题时，认为只要满足杆受压时的强度条件，就能保证压杆的正常工作。然而，在事实上，这个结论只适用于短粗压杆。细长压杆在轴向压力作用下，其破坏的形式呈现出与强度问题截然不同的现象。如一根长 300mm 的钢制直杆，其横截面的宽度和厚度分别为 20mm 和 1mm，材料的抗压许用应力等于 140MPa，如果按照其抗压强度计算，其抗压承载力应为 2800N。但是实际上，在压力尚不到 40N 时，杆件就发生了明显的弯曲变形，丧失了其在直线形状下保持平衡的能力，从而导致破坏。显然，这不属于强度性质的问题，而属于下面即将讨论的压杆稳定的范畴。

为了说明问题，取如图 12-1a 所示的等直细长杆，在其两端施加轴向压力 F_N，使杆在直线形状下处于平衡，此时，如果给杆以微小的侧向干扰力，使杆发生微小的弯曲，然后撤去干扰力，则当杆承受的轴向压力数值不同时，其结果也截然不同。当杆承受的轴向压力数值 F_N 小于某一数值 F_{Ncr} 时，在撤去干扰力以后，杆能自动恢复到原有的直线平衡状态而保持平衡，如图 12-1a、b 所示，这种原有的直线平衡状态称为**稳定的平衡**；当杆承受的轴向压力数值 F_N 逐渐增大到（甚至超过）某一数值 F_{Ncr} 时，即使撤去干扰力，杆仍然处于微弯形状，不能自动恢复到原有的直线平衡状态，如图 12-1c、d 所示，则原有的直线平衡状态为**不稳定的平衡**。如果力 F_N 继续增大，则杆继续弯曲，产生显著的变形，甚至发生突然破坏。

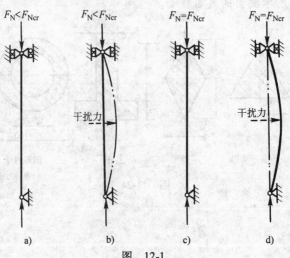

图　12-1

　　上述现象表明，在轴向压力 F_N 由小逐渐增大的过程中，压杆由稳定的平衡转变为不稳定的平衡，这种现象称为压杆**丧失稳定性**或者压杆**失稳**。显然压杆是否失稳取决于轴向压力的数值，压杆由直线形状的稳定的平衡过渡到不稳定的平衡，具有临界的性质，此时所对应的轴向压力称为压杆的**临界压力**或**临界力**，用 F_{Ncr} 表示。当压杆所受的轴向压力 F_N 小于 F_{Ncr} 时，杆件就能够保持稳定的平衡，这种性能称为压杆具有**稳定性**；而当压杆所受的轴向压力 F_N 等于或者大于 F_{Ncr} 时，杆件就不能保持稳定的平衡而失稳。

　　压杆经常被应用于各种工程实际中，如内燃机的连杆（图 12-2）和液压装置的活塞杆（图 12-3），当处于如图所示的位置时，均承受压力，此时必须考虑其稳定性，以免引起压杆失稳破坏。

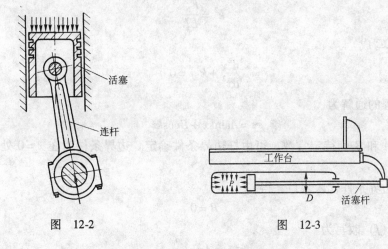

图　12-2　　　　　　　　　　　　　　图　12-3

第二节　临界力和临界应力

一、细长压杆临界力计算公式——欧拉公式

　　从上面的讨论可知，压杆在临界力作用下，其直线形状的平衡将由稳定的平衡转变为不稳定的平衡，此时，即使撤去侧向干扰力，压杆仍然将保持在微弯状态下的平衡。当然，如果压力超过这个临界力，弯曲变形将明显增大。所以，上面使压杆在微弯状态下保持平衡的最小的轴向压力，即为压杆的临界压力。下面介绍不同约束条件下压杆的临界力计算公式。

1. 两端铰支细长杆的临界力计算公式——欧拉公式

　　设两端铰支长度为 l 的细长杆，在轴向压力 F_N 的作用下保持微弯平衡状态，如图 12-4 所示。

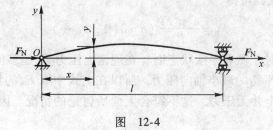

图　12-4

根据前面讨论结果，杆小变形时挠曲线近似微分方程为

$$EI \frac{d^2 y}{dx^2} = M(x) \tag{a}$$

在图 12-4 所示的坐标系中，坐标 x 处横截面上的弯矩为

$$M(x) = -F_N y \tag{b}$$

将式 (b) 代入式 (a)，得

$$EI \frac{d^2 y}{dx^2} = -F_N y \tag{c}$$

若令

$$k^2 = \frac{F_N}{EI} \tag{d}$$

式 (c) 可写成

$$\frac{d^2 y}{dx^2} + k^2 y = 0 \tag{e}$$

此微分方程的通解为

$$y = A\sin kx + B\cos kx \tag{f}$$

上式中的 A 和 B 为待定常数，可由杆边界条件确定。边界条件为在 $x = 0$ 处，$y = 0$；在 $x = l$ 处，$y = 0$。

将第一个边界条件代入 (f)，得

$$B = 0$$

于是，式 (f) 改写为

$$y = A\sin kx \tag{g}$$

上式表示挠曲线为一正弦曲线，若将第二个边界条件代入式 (g) 则

$$A\sin kl = 0$$

可得 $A = 0$ 或 $\sin kl = 0$

若 $A = 0$，则由式 (g) 可知，$y = 0$，表示压杆未发生弯曲，这与杆产生微弯曲的前提矛盾，因此必有

$$\sin kl = 0$$

由上述条件可得

$$kl = n\pi \, (n = 0, 1, 2, \cdots) \tag{h}$$

或

$$k^2 = \frac{n^2 \pi^2}{l^2}$$

将式 (d) 代入上式，可得

$$F_N = \frac{n^2 \pi^2 EI}{l^2} \, (n = 0, 1, 2, \cdots) \tag{i}$$

上式表明，当压杆处于微弯平衡状态时，在理论上压力 F_N 是多值的。由于临界力应是压杆在微弯形状下保持平衡的最小轴向压力，所以在上式中取 F_N 的最小值。但若取 $n = 0$，则压力 $F_N = 0$，表明杆上并无压力，这不符合上面所讨论的情况。因此，取 $n = 1$，可得临界力为

$$F_{Ncr} = \frac{\pi^2 EI}{l^2} \qquad (12-1)$$

上式即为两端铰支细长杆的临界压力计算公式，称为欧拉公式。

从欧拉公式可以看出，细长压杆的临界力 F_{Ncr} 与压杆的弯曲刚度成正比，而与杆长 l 的平方成反比。

应当指出，若杆两端为球铰支座，则它对端截面任何方向的转角均没有限制，此时式（12-1）中的 I 应为横截面的**最小惯性矩**。在临界力作用下，即

$$k = \frac{\pi}{l}$$

由式（g）可得

$$y = A \sin \frac{\pi x}{l}$$

即两端铰支压杆在临界力作用下的挠曲线为半波正弦曲线，A 为杆中点的挠度，可为任意的微小位移。

2. 其他约束情况下细长压杆的临界力

杆端为其他约束的细长压杆，其临界力计算公式可参考前面的方法导出，也可以采用类比的方法得到。经验表明，具有相同挠曲线形状的压杆，其临界力计算公式也相同。于是，可将两端铰支约束压杆的挠曲线形状取为基本情况，而将其他杆端约束条件下压杆的挠曲线形状与之进行对比，从而得到相应杆端约束条件下压杆临界力的计算公式。为此，可将欧拉公式写成统一的形式

$$F_{Ncr} = \frac{\pi^2 EI}{(\mu l)^2} \qquad (12-2)$$

式中 μl 称为**折算长度**，表示将杆端约束条件不同的压杆计算长度 l 折算成两端铰支压杆的长度，μ 称为**长度系数**。几种不同杆端约束情况下的长度系数 μ 值列于表 12-1 中。从表 12-1 可以看出，两端铰支时，压杆在临界力作用下的挠曲线为半波正弦曲线；而一端固定、另一端铰支，计算长度为 l 的压杆的挠曲线，其部分挠曲线（$0.7l$）与长为 l 的两端铰支的压杆的挠曲线的形状相同，因此，在这种约束条件下，折算长度为 $0.7l$。其他约束条件下的长度系数和折算长度可以依此类推。

表 12-1 压杆长度系数

支承情况	两端铰支	一端固定 一端铰支	两端固定	一端固定 一端自由
μ 值	1.0	0.7	0.5	2
挠曲线形状	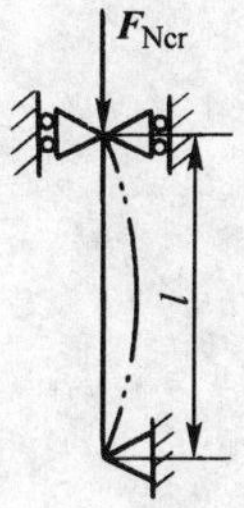	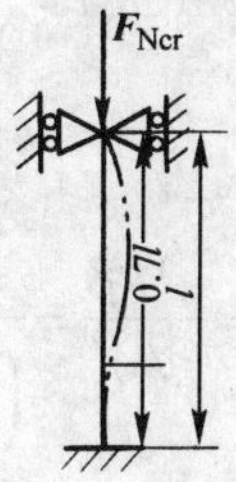	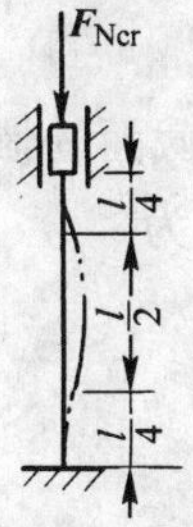	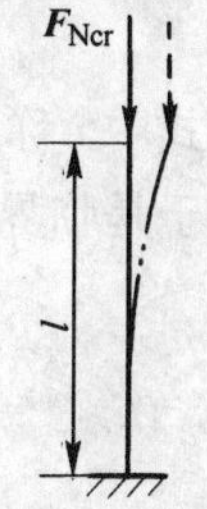

[**例 12-1**]　如图 12-5 所示，一端固定另一端自由的细长压杆，其杆长 $l = 2m$，截面形状为矩形，$b = 20mm$、$h = 45mm$，材料的弹性模量 $E = 200GPa$。试计算该压杆的临界力。若把截面改为 $b = h = 30mm$，而保持长度不变，则该压杆的临界力又为多大？

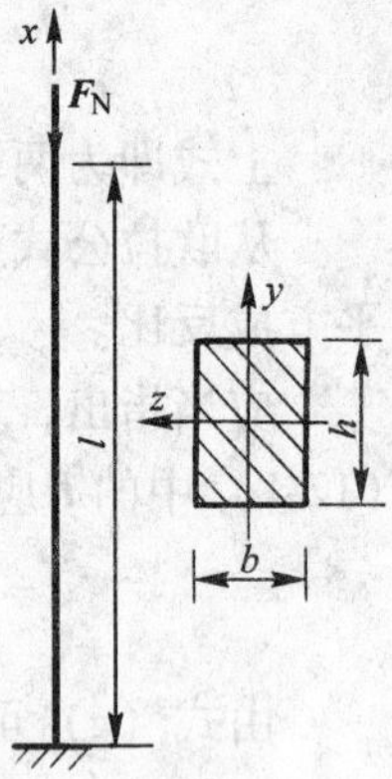

[**解**]　（1）计算截面的惯性矩　由前述可知，该压杆必在 xy 平面内失稳，故计算惯性矩

$$I_y = \frac{hb^3}{12} = \left(\frac{45 \times 20^3}{12}\right)mm^4 = 3.0 \times 10^4 mm^4$$

（2）计算临界力　查表 12-1 得 $\mu = 2$，因此临界力为

$$F_{cr} = \frac{\pi^2 EI}{(\mu l)^2} = \left[\frac{\pi^2 \times 200 \times 10^9 \times 3 \times 10^{-8}}{(2 \times 2)^2}\right]N = 3701N \approx 3.70kN$$

（3）当截面改为 $b = h = 30mm$ 时，压杆的惯性矩为

$$I_y = I_z = \frac{bh^3}{12} = \left(\frac{30^4}{12}\right)mm^4 = 6.75 \times 10^4 mm^4$$

代入欧拉公式，可得

$$F_{cr} = \frac{\pi^2 EI}{(\mu l)^2} = \left[\frac{\pi^2 \times 200 \times 10^9 \times 6.75 \times 10^{-8}}{(2 \times 2)^2}\right]N = 8327N \approx 8.33kN$$

从以上计算可得出，横截面面积相等、支承条件相同的压杆计算得到的临界力不同。可见在材料用量相同的条件下，选择恰当的截面形式可以提高细长压杆的临界力。

图　12-5

二、欧拉公式的适用范围

1. 临界应力和柔度

前面导出了计算压杆临界力的欧拉公式，当压杆在临界力 F_{Ncr} 作用下处于直线状态的平衡时，其横截面上的压应力等于临界力 F_{Ncr} 除以横截面面积 A，称为临界应力，用 σ_{cr} 表示，即

$$\sigma_{cr} = \frac{F_{Ncr}}{A}$$

将式（12-2）代入上式，得

$$\sigma_{cr} = \frac{\pi^2 EI}{(\mu l)^2 A}$$

若将压杆的惯性矩 I 写成

$$I = i^2 A \text{ 或 } i = \sqrt{\frac{I}{A}}$$

式中 i 称为压杆横截面的惯性半径。

于是临界应力可写为

$$\sigma_{cr} = \frac{\pi^2 E i^2}{(\mu l)^2} = \frac{\pi^2 E}{\left(\frac{\mu l}{i}\right)^2}$$

令 $\lambda = \dfrac{\mu l}{i}$，则

$$\sigma_{cr} = \frac{\pi^2 E}{\lambda^2} \tag{12-3}$$

上式为计算压杆临界应力的欧拉公式，式中 λ 称为压杆的**柔度**（或称长细比）。柔度 λ 是一个无量纲的量，其大小与压杆的长度系数 μ、杆长 l 及惯性半径 i 有关。由于压杆的长度系数 μ 决定于压杆的支承情况，惯性半径 i 决定于截面的形状与尺寸，所以，从物理意义上看，柔度 λ 综合地反映了压杆的长度、截面的形状与尺寸以及支承情况对临界力的影响。从式（12-3）还可以看出，如果压杆的柔度值越大，则其临界应力越小，压杆就越容易失稳。

2. 欧拉公式的适用范围

欧拉公式是根据挠曲线近似微分方程导出的，而应用此微分方程时，材料必须服从胡克定理。因此，欧拉公式的适用范围应当是压杆的临界应力 σ_{cr} 不超过材料的比例极限 σ_p，即

$$\sigma_{cr} = \frac{\pi^2 E}{\lambda^2} \leqslant \sigma_p$$

有

$$\lambda \geqslant \pi \sqrt{\frac{E}{\sigma_p}}$$

若设 λ_p 为压杆的临界应力达到材料的比例极限时的柔度值，即

$$\lambda_p = \pi \sqrt{\frac{E}{\sigma_p}} \tag{12-4}$$

则欧拉公式的适用范围为

$$\lambda \geqslant \lambda_p \tag{12-5}$$

上式表明，当压杆的柔度不小于 λ_p 时，才可以应用欧拉公式计算临界力或临界应力。这类压杆称为**大柔度杆**或**细长杆**，欧拉公式只适用于较细长的大柔度杆。从式（12-4）可知，λ_p 的值取决于材料性质，不同的材料都有自己的 E 值和 σ_p 值，所以，不同材料制成的压杆，其 λ_p 也不同。例如 Q235 钢，$\sigma_p = 200\text{MPa}$，$E = 200\text{GPa}$，由式（12-4）即可求得，$\lambda_p = 100$。

三、中长杆的临界力计算——经验公式、临界应力总图

1. 中长杆的临界力计算——经验公式

上面指出，欧拉公式只适用于较细长的大柔度杆，即临界应力不超过材料的比例极限（处于弹性稳定状态）。当临界应力超过比例极限时，材料处于弹塑性阶段，此类压杆的稳定属于弹塑性稳定（非弹性稳定）问题，此时，欧拉公式不再适用。对这类压杆各国大都采用经验公式计算临界力或者临界应力，经验公式是在试验和实践资料的基础上，经过分析、归纳而得到的。各国采用的经验公式多以本国的试验为依据，因此计算不尽相同。我国比较常用的经验公式有直线公式和抛物线公式等，本书只介绍直线公式，其表达式为

$$\sigma_{cr} = a - b\lambda \tag{12-6}$$

式中 a 和 b 是与材料有关的常数，其单位为 MPa。一些常用材料的 a、b 值可见表 12-2。

表12-2　几种常用材料的 a、b 值

材　料	a/MPa	b/MPa	λ_p	λ_s
Q235 钢　$\sigma_s = 235\text{MPa}$	304	1.12	100	62
硅钢 $\sigma_s = 353\text{MPa}$ $\sigma_b \geq 510\text{MPa}$	577	3.74	100	60
铬钼钢	980	5.29	55	0
硬铝	372	2.14	50	0
铸铁	331.9	1.453	59	—
松木	39.2	0.199	59	0

应当指出，经验公式（12-6）也有其适用范围，它要求临界应力不超过材料的受压极限应力。这是因为当临界应力达到材料的受压极限应力时，压杆已因为强度不足而破坏。因此，对于由塑性材料制成的压杆，其临界应力不允许超过材料的屈服应力 σ_s，即

$$\sigma_{cr} = a - b\lambda \leq \sigma_s$$

或

$$\lambda \geq \frac{a - \sigma_s}{b}$$

令

$$\lambda_s = \frac{a - \sigma_s}{b} \tag{12-7}$$

得

$$\lambda \geq \lambda_s$$

式中 λ_s 表示当临界应力等于材料的屈服点应力时压杆的柔度值。与 λ_p 一样，它也是一个与材料的性质有关的常数。因此，直线经验公式的适用范围为

$$\lambda_s < \lambda < \lambda_p \tag{12-8}$$

计算时，一般把柔度值介于 λ_s 与 λ_p 之间的压杆称为**中长杆**或**中柔度杆**，而把柔度小于 λ_s 的压杆称为**短粗杆**或**小柔度杆**。对于柔度小于 λ_s 的短粗杆或小柔度杆，其破坏则是因为材料的抗压强度不足而造成的，如果将这类压杆也按照稳定问题进行处理，则对塑性材料制成的压杆来说，可取临界应力 $\sigma_{cr} = \sigma_s$。

2. 临界应力总图

综上所述，压杆按照其柔度的不同，可以分为三类，并分别由不同的计算公式计算其临界应力。当 $\lambda \geq \lambda_p$ 时，压杆为细长杆（大柔度杆），其临界应力用欧拉公式（12-3）来计算；当 $\lambda_s < \lambda < \lambda_p$ 时，压杆为中长杆（中柔度杆），其临界应力用经验公式（12-6）来计算；$\lambda \leq \lambda_s$ 时，压杆为短粗杆（小柔度杆），其临界应力等于杆受压时的极限应力。如果把压杆的临界应力根据其柔度不同而分别计算的情况，用一个简图来表示，该图形就称为压杆的临界应力总图。图12-6即为某塑性材料的临界应力总图。

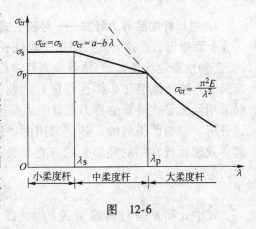

图　12-6

[**例 12-2**] 图 12-7 所示为两端铰支的圆形截面受压杆,用 Q235 钢制成,材料的弹性模量 $E = 200$GPa,屈服点应力 $\sigma_s = 235$MPa,直径 $d = 40$mm,试分别计算下面三种情况下压杆的临界力:(1) 杆长 $l = 1.2$m。(2) 杆长 $l = 0.8$m。(3) 杆长 $l = 0.5$m。

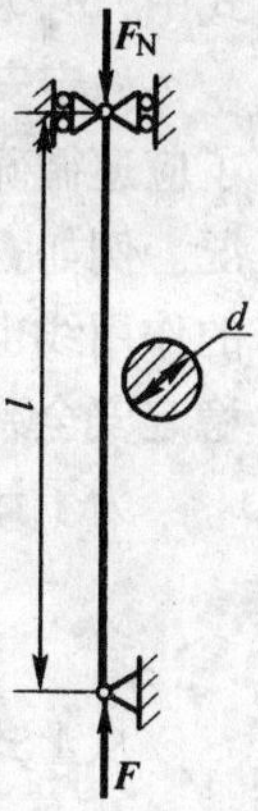

[**解**] (1) 计算杆长 $l = 1.2$m 时的临界力 压杆两端铰支,因此

$$\mu = 1$$

惯性半径为

$$i = \sqrt{\frac{I}{A}} = \sqrt{\frac{\dfrac{\pi d^4}{64}}{\dfrac{\pi d^2}{4}}} = \frac{d}{4} = \left(\frac{40}{4}\right)\text{mm} = 10\text{mm} = 0.01\text{m}$$

柔度

$$\lambda = \frac{\mu l}{i} = \frac{1 \times 1.2}{0.01} = 120 > \lambda_p = 100$$

所以是大柔度杆,应用欧拉公式计算临界力

$$F_{N\,cr} = \sigma_{cr} A = \frac{\pi^2 E}{\lambda^2} \times \frac{\pi d^2}{4} = \left(\frac{\pi^3 \times 200 \times 10^9 \times 0.04^2}{4 \times 120^2}\right)\text{kN} = 172\text{kN}$$

图 12-7

(2) 计算杆长 $l = 0.8$m 时的临界力

$$\mu = 1 \quad i = 0.01\text{m}$$

$$\lambda = \frac{\mu l}{i} = \frac{1 \times 0.8}{0.01} = 80$$

查表 12-2 可得 $\lambda_s = 62$,因此 $\lambda_s < \lambda < \lambda_p$,该杆为中长杆,应用直线经验公式计算临界力。

$$F_{Ncr} = \sigma_{cr} A = (a - b\lambda)\frac{\pi d^2}{4} = \left[(304 \times 10^6 - 1.12 \times 10^6 \times 80) \times \frac{\pi \times 0.04^2}{4}\right]\text{kN} = 269\text{kN}$$

(3) 计算杆长 $l = 0.5$m 时的临界力

$$\mu = 1 \quad i = 0.01\text{m}$$

$$\lambda = \frac{\mu l}{i} = \frac{1 \times 0.5}{0.01} = 50 < \lambda_s = 62$$

压杆为短粗杆(小柔度杆),其临界力为

$$F_{Ncr} = \sigma_s A = \left(235 \times 10^6 \times \frac{\pi \times 0.04^2}{4}\right)\text{kN} = 295\text{kN}$$

第三节 压杆的稳定计算

当压杆中的应力达到(或超过)其临界应力时,压杆会丧失稳定。所以,正常工作的压杆,其横截面上的应力应小于临界应力。在工程中,为了保证压杆具有足够的稳定性,还必须考虑一定的安全储备,这就要求横截面上的应力,不能超过压杆的临界应力的许用值 $[\sigma_{cr}]$,即

$$\frac{F_N}{A} \leqslant [\sigma_{cr}] \tag{j}$$

$[\sigma_{cr}]$ 为临界应力的许用值,其值为

$$[\sigma_{cr}] = \frac{\sigma_{cr}}{n_{st}} \tag{k}$$

式中，n_{st} 为稳定安全系数。

稳定安全系数一般都大于强度计算时的安全系数，这是因为在确定稳定安全系数时，除了应遵循确定安全系数的一般原则以外，还必须考虑实际压杆并非理想的轴向压杆这一情况。例如，在制造过程中，杆件不可避免地存在微小的弯曲（即存在初曲率）；另外，外力的作用线也不可能绝对准确地与杆件的轴线相重合（即存在初偏心）等，这些因素都应在稳定安全系数中加以考虑。

为了计算上的方便，将临界应力的允许值，写成如下形式

$$[\sigma_{cr}] = \frac{\sigma_{cr}}{n_{st}} = \varphi[\sigma] \tag{1}$$

从上式可知，φ 值为

$$\varphi = \frac{\sigma_{cr}}{n_{st}[\sigma]} \tag{m}$$

式中 $[\sigma]$ 为强度计算时的许用应力，而 φ 称为折减系数，其值小于 1。

由式（m）可知，当 $[\sigma]$ 一定时，φ 取决于 σ_{cr} 与 n_{st}。由于临界应力 σ_{cr} 值随压杆的长细比而改变，而不同长细比的压杆一般又规定不同的稳定安全系数，所以折减系数 φ 是长细比 λ 的函数。当材料一定时，φ 值取决于长细比 λ 的值。表 12-3 列出了 Q235 钢、16 锰钢和木材的折减系数 φ 值。

表 12-3 折减系数表

λ	φ			λ	φ		
	Q235 钢	16 锰钢	木材		Q235 钢	16 锰钢	木材
0	1.000	1.000	1.000	110	0.536	0.384	0.248
10	0.995	0.993	0.971	120	0.466	0.325	0.208
20	0.981	0.973	0.932	130	0.401	0.279	0.178
30	0.958	0.940	0.883	140	0.349	0.242	0.153
40	0.927	0.895	0.822	150	0.306	0.213	0.133
50	0.888	0.840	0.751	160	0.272	0.188	0.117
60	0.842	0.776	0.668	170	0.243	0.168	0.104
70	0.789	0.705	0.575	180	0.218	0.151	0.093
80	0.731	0.627	0.470	190	0.197	0.136	0.083
90	0.669	0.546	0.370	200	0.180	0.124	0.075
100	0.604	0.462	0.300				

应当明白，$[\sigma_{cr}]$ 与 $[\sigma]$ 虽然都是"许用应力"，但两者却有很大的不同。$[\sigma]$ 只与材料有关，当材料一定时，其值为定值；而 $[\sigma_{cr}]$ 除了与材料有关以外，还与压杆的长细比有关，所以，相同材料制成的不同长细比的压杆，其 $[\sigma_{cr}]$ 值是不同的。

将式（1）代入式（j），可得

$$\frac{F_N}{A} \leqslant \varphi[\sigma] \text{ 或} \frac{F_N}{A\varphi} \leqslant [\sigma] \tag{12-9}$$

上式即为压杆需要满足的稳定条件。由于折减系数 φ 可按 λ 的值直接从表 12-3 中查到，因此，按式（12-9）的稳定条件进行压杆的稳定计算，十分方便。因此，该方法也称为**实用**

计算方法。

应当指出，在稳定计算中，压杆的横截面面积 A 均采用毛截面面积计算，即当压杆在局部有横截面削弱（如钻孔、开口等）时，可不予考虑。因为压杆的稳定性取决于整个杆件的弯曲刚度，而局部的截面削弱对杆件的整体刚度来说，影响甚微。但是，对截面的削弱处，则应当进行强度验算。

应用压杆的稳定条件，可以对以下三个方面的问题进行计算。

（1）稳定校核　即已知压杆的几何尺寸、所用材料、支承条件以及承受的压力，验算是否满足公式（12-9）的稳定条件。

这类问题，一般应首先计算出压杆的长细比 λ，根据 λ 查出相应的折减系数 φ，再按照公式（12-9）进行校核。

（2）计算稳定时的许用荷载　即已知压杆的几何尺寸、所用材料及支承条件，按稳定条件计算其能够承受的许用荷载 F 值。

这类问题，一般也要首先计算出压杆的长细比 λ，根据 λ 查出相应的折减系数 φ，再按照式 $F_N \leqslant A\varphi[\sigma]$ 进行计算。

（3）进行截面设计　即已知压杆的长度、所用材料、支承条件以及承受的压力 F，按照稳定条件计算压杆所需的截面尺寸。

这类问题，一般采用"试算法"。这是因为在稳定条件（12-9）中，折减系数 φ 是根据压杆的长细比 λ 查表得到的，而在压杆的截面尺寸尚未确定之前，压杆的长细比 λ 不能确定，所以也就不能确定折减系数 φ。因此，只能采用试算法，首先假定一折减系数 φ 值（0与1之间），由稳定条件计算所需要的截面面积 A，然后计算出压杆的长细比 λ，根据压杆的长细比 λ 查表得到折减系数 φ，再按照公式（12-9）验算是否满足稳定条件。如果不满足稳定条件，则应重新假定折减系数 φ 值，重复上述过程，直到满足稳定条件为止。

[**例12-3**] 如图 12-8a 所示，构架由两根直径相同的圆杆构成，杆的材料为 Q235 钢，直径 $d = 20\text{mm}$，材料的许用应力 $[\sigma] = 170\text{MPa}$，已知 $h = 0.4\text{m}$，作用力 $F_N = 15\text{kN}$。试在计算平面内校核二杆的稳定。

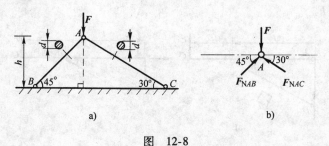

图　12-8

[**解**]（1）计算各杆承受的压力　取节点 A 为研究对象（图 12-8b），根据平衡条件列方程

由 $\sum F_x = 0$，得

$$F_{NAB} \times \cos 45° - F_{NAC} \times \cos 30° = 0$$

由 $\sum F_y = 0$，得

$$F_{NAB} \times \sin 45° + F_{NAC} \times \sin 30° - F = 0$$

解得二杆承受的压力分别为

AB 杆：
$$F_{NAB} = 0.896F = 13.44\text{kN}$$

AC 杆：
$$F_{NAC} = 0.732F = 10.98\text{kN}$$

（2）计算二杆的长细比　各杆的长度分别为

$$l_{AB} = \sqrt{2}h = (\sqrt{2} \times 0.4)\text{m} = 0.566\text{m}$$

$$l_{AC} = 2h = (2 \times 0.4)\text{m} = 0.8\text{m}$$

则二杆的长细比分别为

$$\lambda_{AB} = \frac{\mu l_{AB}}{i} = \frac{\mu l_{AB}}{\dfrac{d}{4}} = \frac{4 \times 1 \times 0.566}{0.02} = 113$$

$$\lambda_{AC} = \frac{\mu l_{AC}}{i} = \frac{\mu l_{AC}}{\dfrac{d}{4}} = \frac{4 \times 1 \times 0.8}{0.02} = 160$$

（3）根据长细比查折减系数

$$\varphi_{AB} = 0.515 \quad \varphi_{AC} = 0.272$$

（4）按照稳定条件进行验算

AB 杆：
$$\frac{F_{NAB}}{A\varphi_{AB}} = \left[\frac{13.44 \times 10^3}{\pi\left(\dfrac{0.02}{2}\right)^2 \times 0.515}\right]\text{Pa} = 83 \times 10^6\text{Pa} = 83\text{MPa} < [\sigma]$$

AC 杆：
$$\frac{F_{NAC}}{A\varphi_{AC}} = \left[\frac{10.98 \times 10^3}{\pi\left(\dfrac{0.02}{2}\right)^2 \times 0.272}\right]\text{Pa} = 128 \times 10^6\text{Pa} = 128\text{MPa} < [\sigma]$$

因此，二杆都满足稳定条件，构架稳定。

[例 12-4]　如图 12-9a 所示支架，BD 杆为正方形截面的木杆，其长度 $l = 2\text{m}$，截面边长 $a = 0.1\text{m}$，木材的许用应力 $[\sigma] = 10\text{MPa}$。试从满足 BD 杆的稳定条件考虑，计算该支架能承受的最大荷载 F_{max}。

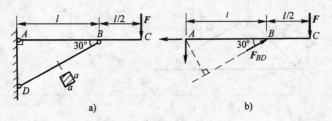

图 12-9

[解]　（1）计算 BD 杆的长细比

$$l_{BD} = \frac{l}{\cos 30°} = \left(\frac{2}{\sqrt{3}/2}\right)\text{m} = 2.31\text{m}$$

则
$$\lambda_{BD} = \frac{\mu l_{BD}}{i} = \frac{\mu l_{BD}}{\sqrt{\dfrac{I}{A}}} = \frac{\mu l_{BD}}{a\sqrt{\dfrac{1}{12}}} = \frac{1 \times 2.31}{0.1 \times \sqrt{\dfrac{1}{12}}} = 80$$

（2）求 BD 杆能承受的最大压力 根据长细比 λ_{BD} 查表，得 $\varphi_{BD} = 0.470$，则 BD 杆能承受的最大压力为

$$F_{BD,\max} = A\varphi[\sigma] = (0.1^2 \times 0.470 \times 10 \times 10^6)\,\text{N} = 47.1 \times 10^3\,\text{N} = 47.1\,\text{kN}$$

（3）根据外力 F 与 BD 杆所承受压力之间的关系，求出该支架能承受的最大荷载 $F_{\max}$。考虑 AC 的平衡（图12-9b），可得

$$\sum M_A = 0，即 F_{BD} \times \frac{l}{2} - F \times \frac{3}{2}l = 0$$

从而可求得

$$F = \frac{1}{3}F_{BD}$$

因此，该支架能承受的最大荷载 $F_{\max}$ 为

$$F_{\max} = \frac{1}{3}F_{BD,\max} = \left(\frac{1}{3} \times 47.1\right)\text{kN} = 15.7\,\text{kN}$$

第四节 提高压杆稳定性的措施

要提高压杆的稳定性，关键在于提高压杆的临界力或临界应力。而压杆的临界力和临界应力与压杆的长度、横截面形状及大小、支承条件以及压杆所用材料等有关。因此，可以从以下几个方面考虑。

一、合理选择材料

欧拉公式告诉我们，大柔度杆的临界应力与材料的弹性模量成正比。所以选择弹性模量较高的材料，就可以提高大柔度杆的临界应力，也就提高了其稳定性。但是，对于钢材而言，各种钢的弹性模量大致相同，所以，选用高强度钢并不能明显提高大柔度杆的稳定性。而中、小柔度杆的临界应力则与材料的强度有关，采用高强度钢材，可以提高这类压杆抵抗失稳的能力。

二、选择合理的截面形状

增大截面的惯性矩，可以增大截面的惯性半径，降低压杆的柔度，从而可以提高压杆的稳定性。在压杆的横截面面积相同的条件下，应尽可能使材料远离截面形心轴，以取得较大的轴惯性矩，从这个角度出发，空心截面要比实心截面合理，如图 12-10 所示。在工程实际中，若压杆的截面是用两根槽钢组成的，则应采用如图 12-11 所示的布置方式，可以取得较大的惯性矩或惯性半径。

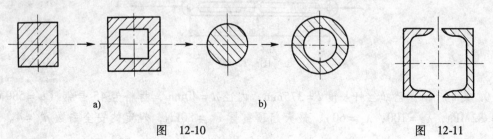

a)　　　　　　　　b)

图 12-10　　　　　　　　　图 12-11

另外，由于压杆总是在柔度较大（临界力较小）的纵向平面内首先失稳，所以应注意尽可能使压杆在各个纵向平面内的柔度都相同，以充分发挥压杆的稳定承载力。

三、改善约束条件、减小压杆长度

根据欧拉公式可知，压杆的临界力与其计算长度的平方成反比，而压杆的计算长度又与其约束条件有关。因此，改善约束条件，可以减小压杆的长度系数和计算长度，从而增大临界力。在相同条件下，由表 12-1 可知，自由支座最不利，铰支座次之，固定支座最有利。

减小压杆长度的另一方法是在压杆的中间增加支承，将一根变为两根甚至几根。

复习思考题

1. 如何区别压杆的稳定平衡与不稳定平衡？

2. 什么叫临界力？两端铰支的细长杆计算临界力的欧拉公式的应用条件是什么？

3. 由塑性材料制成的中、小柔度压杆，在临界力作用下是否仍处于弹性状态？

4. 实心截面改为空心截面能增大截面的惯性矩从而能提高压杆的稳定性，是否可以把材料无限制地加工使实体部分远离截面形心，以提高压杆的稳定性？

5. 只要保证压杆的稳定就能够保证其承载能力，这种说法是否正确？

6. 如图 12-12 所示压杆，截面形状都为圆形，直径 $d = 160$mm，材料为 Q235 钢，弹性模量 $E = 200$GPa。试按欧拉公式分别计算各杆的临界力。

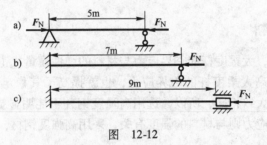

图　12-12

7. 某细长压杆，两端为铰支，材料用 Q235 钢，弹性模量 $E = 200$GPa，试用欧拉公式分别计算下列三种情况的临界力：（1）圆形截面，直径 $d = 25$mm，$l = 1$m。（2）矩形截面，$h = 2b = 40$mm，$l = 1$m。（3）16 号工字钢，$l = 2$m。

8. 如图 12-13 所示某连杆，材料为 Q235 钢，弹性模量 $E = 200$GPa，横截面面积 $A = 44$cm²，惯性矩 $I_y = 120 \times 10^4$mm⁴，$I_z = 797 \times 10^4$mm⁴，在 xy 平面内，长度系数 $\mu_z = 1$；在 xz 平面内，长度系数 $\mu_y = 0.5$。试计算其临界力和临界应力。

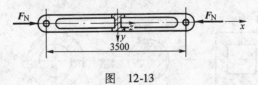

图　12-13

9. 某千斤顶，已知丝杆长度 $l = 375$mm，内径 $d = 40$mm，材料为 45 号钢（$a = 589$MPa，$b = 3.82$MPa，$\lambda_p = 100$，$\lambda_s = 60$），最大起顶重量 $F_N = 80$kN，规定的安全系数 $n_{st} = 4$。试校

核其稳定性。

10. 如图 12-14 所示梁柱结构，横梁 AB 的截面为矩形，$b \times h = 40mm \times 60mm$；竖柱 CD 的截面为圆形，直径 $d = 20mm$。在 C 处用铰链连接。材料为 Q235 钢，规定安全系数 $n_{st} = 3$。若现在 AB 梁上最大弯曲应力 $\sigma = 140MPa$，试校核 CD 杆的稳定性。

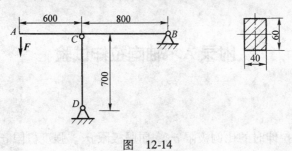

图　12-14

11. 机构的某连杆如图 12-15 所示，其截面为工字形，材料为 Q235 钢。连杆承受的最大轴向压力为 465kN，连杆在 xy 平面内发生弯曲时，两端可视为铰支；在 xz 平面内发生弯曲时，两端可视为固定。试计算其工作安全系数。

12. 简易起重机如图 12-16 所示，压杆 BD 为 20 号槽钢，材料为 Q235。起重机的最大起吊重量 $F_N = 40kN$，若规定的安全系数 $n_{st} = 4$，试校核 BD 杆的稳定性。

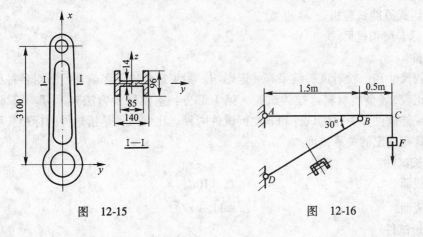

图　12-15　　　　　　　图　12-16

附　　录

附录 A　轴向拉伸试验

一、试验目的

1. 测定低碳钢在拉伸时的比例极限 σ_P、屈服极限 σ_s、强度极限 σ_b、延伸率 δ 和截面收缩率 ψ。

2. 测定铸铁在拉伸时的强度极限 σ_b。

3. 观察试验现象，绘出荷载变形曲线。

4. 比较低碳钢和铸铁拉伸时的力学性能和特点。

二、试验设备、器材及试件

1. 液压式万能试验机。

2. 游标卡尺和直尺。

3. 试件。

试件的尺寸和形状对试验结果有一定影响。为了避免这种影响和便于对各种材料的力学性能进行比较，《金属材料　拉伸试验　第 1 部分：室温试验方法》（GB/T 228.1—2010）中规定，拉伸试件分为比例试件和非比例试件两种。比例试件是指试件的标距长度与横截面面积之间具有一定的关系，即

（1）长试件

圆形截面 $\qquad\qquad\qquad\qquad\qquad L_0 = 10d_0$

矩形截面 $\qquad\qquad\qquad\qquad\qquad L_0 = 11.3\sqrt{A_0}$

（2）短试件

圆形截面 $\qquad\qquad\qquad\qquad\qquad L_0 = 5d_0$

矩形截面 $\qquad\qquad\qquad\qquad\qquad L_0 = 5.65\sqrt{A_0}$

式中　L_0——试件拉伸前的标距（mm）；

$\qquad A_0$——试件拉伸前的横截面面积（mm^2）。

通常采用其中的圆截面长试件，$d_0 = 10mm$，$L_0 = 10d_0 = 100mm$，试件的形状如附图 A-1 所示。

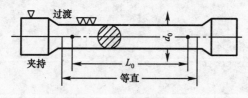

附图 A-1　低碳钢标准试件

三、试验原理

材料的力学性能指标比例极限 σ_p、屈服极限 σ_s、强度极限 σ_b、延伸率 δ 和截面收缩率 ψ 都是由拉伸试验来确定的。

拉伸试验是把试件安装在试验机上，通过试验机对试件加载直至把试件拉断为止，根据试验机上的自动绘图装置所绘出的拉伸图及试件拉断前后的尺寸，来确定材料的力学性能。

必须注意，低碳钢拉伸时，试验机绘图装置所绘出的拉伸变形图，是整个试件（不仅是标距部分）的伸长，还包括试验机有关部分的弹性变形以及试件头部在夹头内的滑动等因素引起的变形。在电子万能试验机上使用引伸仪测量应变，可以消除这些影响，得到材料真实的应力—应变曲线。试件开始受力时，头部在夹头内的滑动较大，故绘出的拉伸图最初的一段是曲线，如附图 A-2a 所示。拉伸图与试件的尺寸有关，为了消除试件尺寸的影响，将试验中的 F 和 ΔL 的数值分别除以试件原横截面面积 A_0 和标距 L_0，得出应力 σ 和应变 ε 的值，绘出低碳钢拉伸时的应力—应变曲线（σ—ε 曲线），如附图 A-2b 所示。

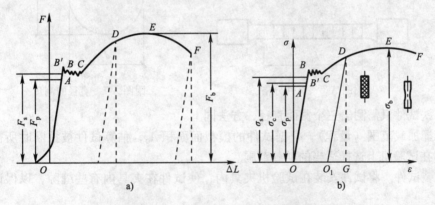

附图 A-2　低碳钢拉伸时变形曲线图
a）F—ΔL 曲线　b）σ—ε 曲线

铸铁拉伸时的应力—应变曲线如附图 A-3 所示。低碳钢试件拉伸断口如附图 A-4 所示，铸铁试件拉伸断口如附图 A-5 所示。

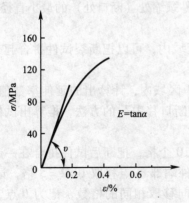

附图 A-3　铸铁拉伸应力—应变曲线

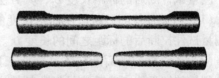

附图 A-4　低碳钢试件拉伸断口

附图 A-5　铸铁试件拉伸断口

四、试验方法和步骤

测定一种材料的力学性质，一般用一组试件（3~6根），取有效试验数据的平均值，试验步骤如下。

1. 确定中点，从中点分别向两侧各量取 $L_0/2$，将两个端点定为标距，用划线机在标距内平均分成 10 个格，如附图 A-6 所示，以便当试件拉断后断口不在中间部分时进行换算，从而求得比较准确的延伸率，也可用来观察变形的分布情况。应注意，划线时尽量轻微，以免损伤试件，影响试验结果。

2. 在标距内分别取三个截面，对每个截面用游标卡尺按互相垂直方向各测量两次直径，如附图 A-7 所示。取其三个截面直径平均值中的最小值，来计算试件的初始截面面积（$A_0 = \pi d_0^2/4$）。

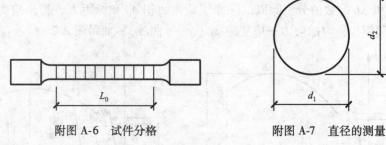

附图 A-6　试件分格　　　　　　附图 A-7　直径的测量

3. 铸铁试件只需测出三个截面直径，方法同上。

4. 选择加载范围（量程）。根据试件的横截面面积 A_0，估算试件被拉断时所需的最大载荷 F_b，在试验机上选择适当的加载范围。

5. 安装试件。将试件安装在试验机夹具内，使试件在夹具内有些缝隙，以保证试件初始不受力。

6. 开始加载。按照试验机的操作方法进行加载。

7. 观察试验现象。在拉伸过程中，要注意观察试件的变形、拉伸图的变化及测力指针走动等情况，及时记录有关数据。

8. 测量低碳钢试件拉断后的尺寸。用游标卡尺测出颈缩处的最小截面直径 d_1。按互相垂直的两个方向各测量一次直径，取其平均值作为试件颈缩处（断口处）的最小直径。

测量试件断后的标距长度 L_1，其方法如下。

（1）若试件拉断后断口在标距长度的中间 1/3 区域内，可以把断裂试件拼合起来，直接测量试件拉断后的标距之间的长度 L_1。

（2）若试件拉断后断口不在标距长度的中间 1/3 区域内，计算出的延伸率数值偏小。为使测量的结果能正确反映材料的延伸率，需采取"断口移中"的方法，推算出试件断后的标距长度 L_1。

设定拉断前试件原标距的两个标点 cc_1 之间等分 10 个格，把断后试件拼合在一起，在试件较长一段距断口较近的第一个刻线 d 起，向长试件端部 c_1 点移取 $10/2 = 5$ 格，记为 a，再看 a 点到 c_1 点间剩有几个格，就由 a 点向相反方向移取相同的格数，记为 b 点，如附图 A-8 所示。令 cb 之间的长度为 L'，ba 之间的长度为 L''，则 $L' + 2L''$ 的长度中所包含的格数，等于原标距长度内的格数 10，这就相当于把断口摆在标距中间，即 $L_1 = L' + 2L''$。

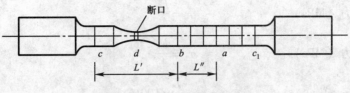

附图 A-8　断口移中法示意图

（3）若试件拉断后断口与端部距离小于或等于试件直径的两倍时，则试验结果无效，需重做试验。

五、试验记录

1. 试件原始尺寸记录，将试件原始尺寸填入附表 A-1 中。
2. 荷载及试件断后尺寸记录，将荷载及试件断后尺寸填入附表 A-2 中。

附表 A-1　试件原始尺寸列表

材　料	标距 L_0/mm	原始直径 d_0/mm						最小平均直径 d_0	最小横截面面积 A_0/mm²
		截面 I		截面 II		截 III			
		1	2	1	2	1	2		
低碳钢									
铸铁									

附表 A-2　荷载及试件断后尺寸列表

材　料	比例极限荷载 F_p/N	下屈服极限荷载 F_s/N	强度极限荷载 F_b/N	断后标距 L_1/mm	径缩处最小直径 d_1/mm			径缩处最小横截面面积 A_1/mm²
					1	2	平均	
低碳钢								
铸铁	—	—	—		—		—	—

3. 分别在附图 A-9、附图 A-10 中绘出低碳钢和铸铁拉伸时的荷载—变形曲线。

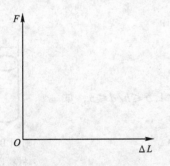

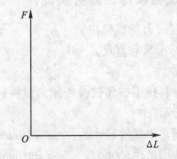

附图 A-9　低碳钢拉伸时的荷载—变形曲线　　　附图 A-10　铸铁拉伸时的荷载—变形曲线

六、试验数据处理

1. 低碳钢

比例极限应力（MPa）
$$\sigma_p = \frac{F_p}{A_0}$$

屈服极限应力（MPa）

$$\sigma_s = \frac{F_s}{A_0}$$

强度极限应力（MPa）

$$\sigma_b = \frac{F_b}{A_0}$$

延伸率

$$\delta = \frac{L_1 - L}{L} \times 100\%$$

断后收缩率

$$\psi = \frac{A_0 - A_1}{A_0} \times 100\%$$

2. 铸铁

强度极限应力（MPa）

$$\sigma_b = \frac{F_b}{A_0}$$

七、试验结果分析

1. 低碳钢和铸铁在拉伸破坏时的特点有何不同？分别说明各自破坏的原因。
2. 低碳钢和铸铁这两种材料在拉伸时的力学性能有何区别？
3. 低碳钢和铸铁这两种材料在拉伸时，破坏的标志分别是哪一个极限应力？

附录 B　轴向压缩试验

一、试验目的

1. 测定低碳钢在压缩时的屈服极限 σ_s。
2. 测定铸铁在压缩时的强度极限 σ_b。
3. 观察上述材料在压缩时的变形及破坏形式，并分析其破坏原因。
4. 比较塑性材料与脆性材料的力学性能及特点。

二、试验设备、器材及试件

1. 液压式万能试验机。
2. 游标卡尺和直尺。
3. 试件。

金属材料压缩破坏试验所用的试件，一般规定为 $1.5 \leqslant h/d \leqslant 3$，如附图 B-1 所示。

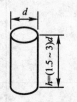

附图 B-1　金属
材料压缩试件

低碳钢常用试件尺寸为：　$d = 10\text{mm}$，　$h = 15\text{mm}$
铸铁常用试件尺寸为：　$d = 10\text{mm}$，　$h = 20\text{mm}$

为了使试件尽量承受轴向压力，试件两端面必须完全平行，并且与试件轴线保持垂直。其端面应加工光滑，以减小摩擦力的影响。

三、试验原理

试验时，利用自动绘图装置，绘出低碳钢压缩曲线和铸铁压缩曲线。如附图 B-2 所示为

低碳钢 σ—ε 曲线图。低碳钢为塑性材料，压缩时不会断裂，同时屈服现象也不明显，只有较短的屈服阶段，即当指针由匀速转动而突然减慢、或停转、或回摆，同时绘制的压缩曲线出现转折，此时的载荷 F_s 所对应的应力为低碳钢的屈服极限 σ_s。因此，在压缩试验中测定 F_s 时要特别小心观察，常要借助绘图装置绘出的压缩图来判断 F_s 到达的时刻。由于低碳钢为塑性材料，所以载荷虽然不断增加，但试件并不发生破坏，只是被压扁，由圆柱形变为鼓形，因此无法求出强度极限 σ_b。

附图 B-3 所示为铸铁 σ - ε 曲线图。铸铁为脆性材料，试件在较小的变形情况下突然破坏，破坏后试件的断面与轴线大约成 45°～55°的倾角。这表明铸铁试件沿斜截面因剪切而破坏。因此，铸铁没有屈服极限，只有在最大载荷 F_b 下测出的强度极限 σ_b。铸铁的抗压强度极限比它的抗拉强度极限高 3～4 倍。

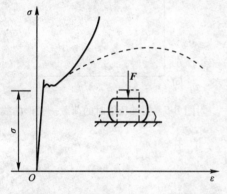

附图 B-2　低碳钢压缩时 σ - ε 曲线图

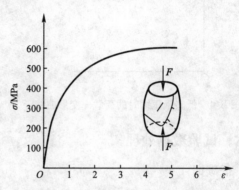

附图 B-3　铸铁压缩时 σ - ε 曲线图

脆性材料抗拉强度低，塑性性能差，但抗压能力强，而且价格低廉，宜作为抗压构件的材料。铸铁坚硬耐磨，易于浇铸成形状复杂的零部件，广泛地用于铸造机床床身、机座、缸体及轴承等受压零部件。因此，铸铁的压缩试验比拉伸试验更为重要。

四、试验方法和步骤

1. 测量试件尺寸。用游标卡尺按互相垂直方向，两次测量金属材料试件的直径，取其平均值为 d_0（用于计算试件原始截面面积 A_0），同时测量试件高度 h_0。

2. 选择加载范围（量程）。根据不同材料选择不同的测力范围，配置相应的摆砣。

3. 安装试件。把试件放在机器的压板上（注意试件中心应对准压板轴心），开启机器，调节横梁，使试件上升到与机器上压板距离约为 2～3mm。

4. 开始加载。按试验机的操作方法进行加载。

5. 观察试验。当低碳钢试件过了屈服点后，开始变成鼓形即可停止试验，因为它是塑性材料，没有最大载荷值，只测屈服载荷即可。同时记录有关数据。

6. 铸铁试件压碎后会突然飞出，要注意防护，避免受伤。

五、试验记录

1. 试件原始尺寸及荷载记录，将试件原始尺寸及荷载记录填入附表 B-1 中。

附表 B-1　试件原始尺寸及荷载

材　　料	原始最小直径 d_0/mm			最小横截面面积 A_0/mm²	比例极限荷载 F_p/N	下屈服极限荷载 F_s/N	强度极限荷载 F_b/N
	1	2	平均				
低碳钢							—
铸铁					—	—	

2. 分别在附图 B-4、附图 B-5 中绘出低碳钢和铸铁压缩时的荷载—变形曲线。

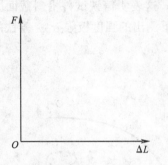

附图 B-4　低碳钢压缩时的荷载—变形曲线

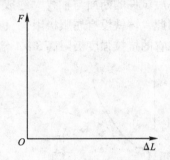

附图 B-5　铸铁压缩时的荷载—变形曲线

六、试验数据处理

1. 低碳钢

比例极限应力（MPa）　　　　　　$\sigma_p = \dfrac{F_p}{A_0}$

屈服极限应力（MPa）　　　　　　$\sigma_s = \dfrac{F_s}{A_0}$

2. 铸铁

强度极限应力（MPa）　　　　　　$\sigma_b = \dfrac{F_b}{A_0}$

七、试验结果分析

1. 低碳钢和铸铁试件在压缩过程中及破坏后有哪些区别？分别说明各自破坏的原因。

2. 低碳钢和铸铁这两种材料在压缩时，破坏的标志分别是哪一个极限应力？为什么说低碳钢的抗拉强度和抗压强度相同？

3. 铸铁压缩时沿大致 45°斜截面破坏，拉伸时沿横截面破坏，这种现象说明什么？

附录 C　纯弯曲梁正应力电测试验

一、试验目的

1. 用电测法测定矩形截面简支梁受纯弯曲时横截面上弯曲正应力的大小及其分布规律，并与理论值进行比较，以验证弯曲正应力公式的正确性。

2. 熟悉电测试验的基本原理和操作方法，掌握该方法在工程中的应用。

二、试验仪器和设备

1. 弯曲试验装置。
2. 电阻应变仪及预调平衡箱。
3. 游标卡尺及钢卷尺。

三、试验原理

梁受纯弯曲时的正应力计算公式为

$$\sigma = \frac{M}{I_z}y$$

本试验采用矩形截面直梁（或铝合金制成的箱形截面直梁），试验装置如附图 C-1 所示。施加的砝码重量通过杠杆以一定比例作用于附梁。通过两个挂杆作用于梁上 C、D 处的载荷各为 $F/2$。由该梁的内力图可知 CD 段上的剪力 F_Q 等于零，弯矩 $M = F \cdot a/2$。因此梁上 CD 段处于纯弯曲状态。

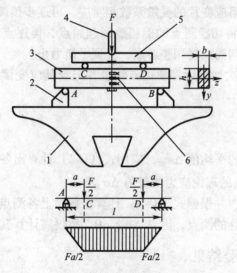

附图 C-1　纯弯曲正应力试验台

1—试验机活动台　2—支座　3—试样　4—试验机压头　5—加力梁　6—电阻应变片

在 CD 段内任选的一个截面上，距中性层不同高度处，沿着平行于梁的轴线方向，等距离地粘贴七个电阻应变片，每片相距 $h/6$，在梁不受载荷的自由端贴上温度补偿片。

试验时，采用半桥接法将各测点的工作应变片和温度补偿应变片连接在应变电桥的相邻桥臂上，按照电阻应变仪的操作规程将电桥预调平衡，加载后即可从电阻应变仪上读出 $\varepsilon_{实}$。

由于纤维之间不相互挤压，故可根据胡克定律求出弯曲正应力的试验值

$$\sigma_{实} = E \cdot \varepsilon_{实} \tag{C-1}$$

本试验采用"增量法"加载，每次增加等量的载荷 ΔF 并相应地测定各点的应变增量，取应变增量的平均值 $\Delta \varepsilon_{实}$，依次求出各点应力增量 $\Delta \sigma_{实}$。

$$\Delta \sigma_{实} = E \cdot \Delta \varepsilon_{实} \tag{C-2}$$

将 $\Delta\sigma_{实}$ 值与理论公式算出的应力增量进行比较，计算出截面上各测点的应力增量试验值与理论值的误差。

$$\Delta\sigma_{理} = \frac{\Delta M \cdot y}{I_z} \tag{C-3}$$

$$\eta = \frac{\Delta\sigma_{理} - \Delta\sigma_{实}}{\Delta\sigma_{理}} \times 100\% \tag{C-4}$$

四、试验方法与步骤

1. 粘贴电阻应变片，焊接好引出线。

2. 用游标卡尺和钢卷尺测量矩形截面的宽度 b 和高度 h，载荷作用点到梁支点的距离 a。

3. 根据梁的尺寸和加载形式，估算试验时能施加的最大载荷 F_{max}，并按 3 ~ 5 级的增量级数确定分级载荷 ΔF。

4. 将各测点的工作应变片导线和温度补偿片导线接到预调平衡箱的相关接线柱上（注意导线连接牢靠，各接线柱要旋紧）。然后根据电阻应变片的灵敏系数 K 值，调整电阻应变仪的灵敏系数，使之与电阻应变片的灵敏系数相对应，再逐步预调各测点的平衡。

5. 各点预调平衡后，将切换测点的旋钮返回起始点，再逐点检查一下所测各点预调平衡是否有变化，如不平衡则需反复调整各点，直到平衡为止。

6. 正式加载测试，每次加载后都要逐点测量并记录其应变读数，直到七个点全部测完为止。

五、试验数据处理

根据测得的应变增量的平均值 $\Delta\varepsilon_{实}$，应用式（C-2）计算出各相应的应力增量 $\Delta\sigma_{实}$。根据式（C-3）计算出各测点的理论应力增量值 $\Delta\sigma_{理}$。

比较实测值与理论值，并根据式（C-4）计算出截面上各测点的应力增量与理论值的相对误差。对位于梁中性层处的测点，因其 $\Delta\sigma_{理} = 0$，故仅需计算其绝对误差。

六、试验记录及试验结果

1. 试件、梁装置的数据记录：将试件、梁装置的数据填入附表 C-1 中。

附表 C-1　试件及梁参数列表

梁截面宽度 b/mm	梁截面高度 h/mm	截面惯性矩 $I_z = \dfrac{bh^3}{12}$/mm⁴	梁的跨度 l/mm	加力点到梁支座的距离 a/mm	梁材料弹性模量 E/MPa	应变仪灵敏系数 K

2. 测点的坐标值 y_i（至中性轴的距离）：将测点的坐标值 y_i 填入附表 C-2 中。

附表 C-2　测点坐标值列表

测　点	1	2	3	4	5	6	7
y_i/mm							

3. 荷载和应变仪读数记录：将荷载和应变仪读数记录填入附表 C-3 中。

附表 C-3　荷载和应变仪读数列表

荷载/N		应变仪读数 ε（10^{-6}）												
		测点 1		测点 2		测点 3		测点 4		测点 5		测点 6		测点 7	
F	ΔF	ε_1	$\Delta\varepsilon_1$	ε_2	$\Delta\varepsilon_2$	ε_3	$\Delta\varepsilon_3$	ε_4	$\Delta\varepsilon_4$	ε_5	$\Delta\varepsilon_5$	ε_6	$\Delta\varepsilon_6$	ε_7	$\Delta\varepsilon_7$
$\Delta F_{平均}=$		$\Delta\varepsilon_{1平均}=$		$\Delta\varepsilon_{2平均}=$		$\Delta\varepsilon_{3平均}=$		$\Delta\varepsilon_{4平均}=$		$\Delta\varepsilon_{5平均}=$		$\Delta\varepsilon_{6平均}=$		$\Delta\varepsilon_{7平均}=$	

4. 计算试验结果：计算正应力增量实测值及理论值，填入附表 C-4 中。

附表 C-4　正应力增量实测值及理论值列表

测　点		1	2	3	4	5	6	7
实测正应力 /MPa	$\Delta\sigma_{i实测}=E\Delta\varepsilon_{i平均}$							
理论正应力 /MPa	$\Delta\sigma_{i理论}=\pm\dfrac{\Delta My_i}{I_z}$							
误差（%）	$\left\|\dfrac{\Delta\sigma_{i理论}-\Delta\sigma_{i实测}}{\Delta\sigma_{i理论}}\times100\right\|$							

5. 在附图 C-2 中绘制正应力分布图，在同一坐标系中绘出实测正应力及理论正应力沿截面高度的分布图。

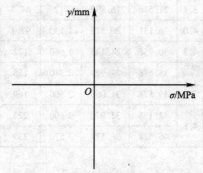

附图 C-2　正应力沿截面高度分布图

七、试验结果分析

1. 正应力实测结果与理论计算值是否一致？如不一致，影响试验结果正确性的主要因素是什么？

2. 若中性轴上的正应力不等于零，其原因是什么？

3. 弯曲正应力的大小是否会受材料弹性模量 E 的影响？为什么？

附录 D　型钢规格表

附表 D-1　工字钢截面尺寸、截面面积、理论重量及截面特性（GB/T 706—2008）

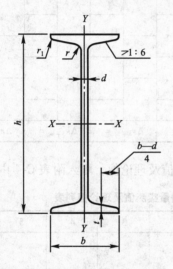

h——高度；

b——腿宽度；

d——腰厚度；

t——平均腿厚度；

r——内圆弧半径；

r_1——腿端圆弧半径。

型　号	截面尺寸/mm						截面面积/cm²	理论重量/(kg/m)	惯性矩/cm⁴		惯性半径/cm		截面模数/cm³	
	h	b	d	t	r	r_1			I_x	I_y	i_x	i_y	W_x	W_y
10	100	68	4.5	7.6	6.5	3.3	14.345	11.261	245	33.0	4.14	1.52	49.0	9.72
12	120	74	5.0	8.4	7.0	3.5	17.818	13.987	436	46.9	4.95	1.62	72.7	12.7
12.6	126	74	5.0	8.4	7.0	3.5	18.118	14.223	488	46.9	5.20	1.61	77.5	12.7
14	140	80	5.5	9.1	7.5	3.8	21.516	16.890	712	64.4	5.76	1.73	102	16.1
16	160	88	6.0	9.9	8.0	4.0	26.131	20.513	1 130	93.1	6.58	1.89	141	21.2
18	180	94	6.5	10.7	8.5	4.3	30.756	24.143	1 660	122	7.36	2.00	185	26.0
20a	200	100	7.0	11.4	9.0	4.5	35.578	27.929	2 370	158	8.15	2.12	237	31.5
20b	200	102	9.0	11.4	9.0	4.5	39.578	31.069	2 500	169	7.96	2.06	250	33.1
22a	220	110	7.5	12.3	9.5	4.8	42.128	33.070	3 400	225	8.99	2.31	309	40.9
22b	220	112	9.5	12.3	9.5	4.8	46.528	36.524	3 570	239	8.78	2.27	325	42.7

（续）

型号	截面尺寸/mm						截面面积/cm²	理论重量/(kg/m)	惯性矩/cm⁴		惯性半径/cm		截面模数/cm³	
	h	b	d	t	r	r_1			I_x	I_y	i_x	i_y	W_x	W_y
24a	240	116	8.0	13.0	10.0	5.0	47.741	37.477	4 570	280	9.77	2.42	381	48.4
24b		118	10.0				52.541	41.245	4 800	297	9.57	2.38	400	50.4
25a	250	116	8.0	13.0	10.0	5.0	48.541	38.105	5 020	280	10.2	2.40	402	48.3
25b		118	10.0				53.541	42.030	5 280	309	9.94	2.40	423	52.4
27a	270	122	8.5	13.7	10.5	5.3	54.554	42.825	6 550	345	10.9	2.51	485	56.6
27b		124	10.5				59.954	47.064	6 870	366	10.7	2.47	509	58.9
28a	280	122	8.5	13.7	10.5	5.3	55.404	43.492	7 110	345	11.3	2.50	508	56.6
28b		124	10.5				61.004	47.888	7 480	379	11.1	2.49	534	61.2
30a		126	9.0				61.254	48.084	8 950	400	12.1	2.55	597	63.5
30b	300	128	11.0	14.4	11.0	5.5	67.254	52.794	9 400	422	11.8	2.50	627	65.9
30c		130	13.0				73.254	57.504	9 850	445	11.6	2.46	657	68.5
32a		130	9.5				67.156	52.717	11 100	460	12.8	2.62	692	70.8
32b	320	132	11.5	15.0	11.5	5.8	73.556	57.741	11 600	502	12.6	2.61	726	76.0
32c		134	13.5				79.956	62.765	12 200	544	12.3	2.61	760	81.2
36a		136	10.0				76.480	60.037	15 800	552	14.4	2.69	875	81.2
36b	360	138	12.0	15.8	12.0	6.0	83.680	65.689	16 500	582	14.1	2.64	919	84.3
36c		140	14.0				90.880	71.341	17 300	612	13.8	2.60	962	87.4
40a		142	10.5				86.112	67.598	21 700	660	15.9	2.77	1090	93.2
40b	400	144	12.5	16.5	12.5	6.3	94.112	73.878	22 800	692	15.6	2.71	1140	96.2
40c		146	14.5				102.112	80.158	23 900	727	15.2	2.65	1190	99.6
45a		150	11.5				102.446	80.420	32 200	855	17.7	2.89	1430	114
45b	450	152	13.5	18.0	13.5	6.8	111.446	87.485	33 800	894	17.4	2.84	1500	118
45c		154	15.5				120.446	94.550	35 300	938	17.1	2.79	1570	122
50a		158	12.0				119.304	93.654	46 500	1120	19.7	3.07	1860	142
50b	500	160	14.0	20.0	14.0	7.0	129.304	101.504	48 600	1170	19.4	3.01	1940	146
50c		162	16.0				139.304	109.354	50 600	1220	19.0	2.96	2080	151
55a		166	12.5				134.185	105.335	62 900	1370	21.6	3.19	2290	164
55b	550	168	14.5				145.185	113.970	65 600	1420	21.2	3.14	2390	170
55c		170	16.5	21.0	14.5	7.3	156.185	122.605	68 400	1480	20.9	3.08	2490	175
56a		166	12.5				135.435	106.316	65 600	1370	22.0	3.18	2340	165
56b	560	168	14.5				146.635	115.108	68 500	1490	21.6	3.16	2450	174
56c		170	16.5				157.835	123.900	71 400	1560	21.3	3.16	2550	183
63a		176	13.0				154.658	121.407	93 900	1700	24.5	3.31	2980	193
63b	630	178	15.0	22.0	15.0	7.5	167.258	131.298	98 100	1810	24.2	3.29	3160	204
63c		180	17.0				179.858	141.189	102 000	1920	23.8	3.27	3300	214

注：表中 r、r_1 的数据用于孔型设计，不做交货条件。

附表 D-2 槽钢截面尺寸、截面面积、理论重量及截面特性（GB/T 706—2008）

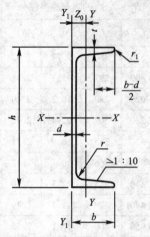

h——高度；
b——腿宽度；
d——腰厚度；
t——平均腿厚度；
r——内圆弧半径；
r_1——腿端圆弧半径；
Z_0——YY 轴与 Y_1Y_1 轴间距。

型 号	截面尺寸/mm						截面面积/cm²	理论重量/(kg/m)	惯性矩/cm⁴			惯性半径/cm		截面模数/cm³		重心距离/cm
	h	b	d	t	r	r_1			I_x	I_y	I_{y1}	i_x	i_y	W_x	W_y	Z_0
5	50	37	4.5	7.0	7.0	3.5	6.928	5.438	26.0	8.30	20.9	1.94	1.10	10.4	3.55	1.35
6.3	63	40	4.8	7.5	7.5	3.8	8.451	6.634	50.8	11.9	28.4	2.45	1.19	16.1	4.50	1.36
6.5	65	40	4.3	7.5	7.5	3.8	8.547	6.709	55.2	12.0	28.3	2.54	1.19	17.0	4.59	1.38
8	80	43	5.0	8.0	8.0	4.0	10.248	8.045	101	16.6	37.4	3.15	1.27	25.3	5.79	1.43
10	100	48	5.3	8.5	8.5	4.2	12.748	10.007	198	25.6	54.9	3.95	1.41	39.7	7.80	1.52
12	120	53	5.5	9.0	9.0	4.5	15.362	12.059	346	37.4	77.7	4.75	1.56	57.7	10.2	1.62
12.6	126	53	5.5	9.0	9.0	4.5	15.692	12.318	391	38.0	77.1	4.95	1.57	62.1	10.2	1.59
14a	140	58	6.0	9.5	9.5	4.8	18.516	14.535	564	53.2	107	5.52	1.70	80.5	13.0	1.71
14b	140	60	8.0	9.5	9.5	4.8	21.316	16.733	609	61.1	121	5.35	1.69	87.1	14.1	1.67
16a	160	63	6.5	10.0	10.0	5.0	21.962	17.24	866	73.3	144	6.28	1.83	108	16.3	1.80
16b	160	65	8.5	10.0	10.0	5.0	25.162	19.752	935	83.4	161	6.10	1.82	117	17.6	1.75
18a	180	68	7.0	10.5	10.5	5.2	25.699	20.174	1270	98.6	190	7.04	1.96	141	20.0	1.88
18b	180	70	9.0	10.5	10.5	5.2	29.299	23.000	1370	111	210	6.84	1.95	152	21.5	1.84
20a	200	73	7.0	11.0	11.0	5.5	28.837	22.637	1780	128	244	7.86	2.11	178	24.2	2.01
20b	200	75	9.0	11.0	11.0	5.5	32.837	25.777	1910	144	268	7.64	2.09	191	25.9	1.95
22a	220	77	7.0	11.5	11.5	5.8	31.846	24.999	2390	158	298	8.67	2.23	218	28.2	2.10
22b	220	79	9.0	11.5	11.5	5.8	36.246	28.453	2570	176	326	8.42	2.21	234	30.1	2.03
24a	240	78	7.0	12.0	12.0	6.0	34.217	26.860	3050	174	325	9.45	2.25	254	30.5	2.10
24b	240	80	9.0	12.0	12.0	6.0	39.017	30.628	3280	194	355	9.17	2.23	274	32.5	2.03
24c	240	82	11.0	12.0	12.0	6.0	43.817	34.396	3510	213	388	8.96	2.21	293	34.4	2.00
25a	250	78	7.0	12.0	12.0	6.0	34.917	27.410	3370	176	322	9.82	2.84	270	30.6	2.07
25b	250	80	9.0	12.0	12.0	6.0	39.917	31.335	3530	196	353	9.41	2.22	282	32.7	1.98
25c	250	82	11.0	12.0	12.0	6.0	44.917	35.260	3690	218	384	9.07	2.21	295	35.9	1.92

（续）

型号	截面尺寸/mm						截面面积/cm²	理论重量/(kg/m)	惯性矩/cm⁴			惯性半径/cm		截面模数/cm³		重心距离/cm
	h	b	d	t	r	r_1			I_x	I_y	I_{y1}	i_x	i_y	W_x	W_y	Z_0
27a		82	7.5				39.284	30.838	4 360	216	393	10.5	2.34	323	35.5	2.13
27b	270	84	9.5				44.684	35.077	4 690	239	428	10.3	2.31	347	37.7	2.06
27c		86	11.5	12.5	12.5	6.2	50.084	39.316	5 020	261	467	10.1	2.28	372	39.8	2.03
28a		82	7.5				40.034	31.427	4 760	218	388	10.9	2.33	340	35.7	2.10
28b	280	84	9.5				45.634	35.823	5 130	242	428	10.6	2.30	366	37.9	2.02
28c		86	11.5				51.234	40.219	5 500	268	463	10.4	2.29	393	40.3	1.95
30a		85	7.5				43.902	34.463	6 050	260	467	11.7	2.43	403	41.1	2.17
30b	300	87	9.5	13.5	13.5	6.8	49.902	39.173	6 500	289	515	11.4	2.41	433	44.0	2.13
30c		89	11.5				55.902	43.883	6 950	316	560	11.2	2.38	463	46.4	2.09
32a		88	8.0				48.513	38.083	7 600	305	552	12.5	2.50	475	46.5	2.24
32b	320	90	10.0	14.0	14.0	7.0	54.913	43.107	8 140	336	593	12.2	2.47	509	49.2	2.16
32c		92	12.0				61.313	48.131	8 690	374	643	11.9	2.47	543	52.6	2.09
36a		96	9.0				60.910	47.814	11 900	455	818	14.0	2.73	660	63.5	2.44
36b	360	98	11.0	16.0	16.0	8.0	68.110	53.466	12 700	497	880	13.6	2.70	703	66.9	2.37
36c		100	13.0				75.310	59.118	13 400	536	948	13.4	2.67	746	70.0	2.34
40a		100	10.5				75.068	58.928	17 600	592	1070	15.3	2.81	879	78.8	2.49
40b	400	102	12.5	18.0	18.0	9.0	83.068	65.208	18 600	640	114	15.0	2.78	932	82.5	2.44
40c		104	14.5				91.068	71.488	19 700	688	1220	14.7	2.75	986	86.2	2.42

注：表中 r、r_1 的数据用于孔型设计，不做交货条件。

附表 D-3 等边角钢截面尺寸、截面面积、理论重量及截面特性（GB/T 706—2008）

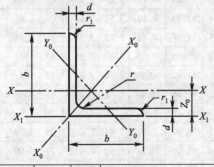

b——边宽度；
d——边厚度；
r——内圆弧半径；
r_1——边端圆弧半径；
Z_0——重心距离。

型号	截面尺寸/mm			截面面积/cm²	理论重量/(kg/m)	外表面积/(m²/m)	惯性矩/cm⁴				惯性半径/cm			截面模数/cm³			重心距离/cm
	b	d	r				I_x	I_{x1}	I_{x0}	I_{y0}	i_x	i_{x0}	i_{y0}	W_x	W_{x0}	W_{y0}	Z_0
2	20	3		1.132	0.889	0.078	0.40	0.81	0.63	0.17	0.59	0.75	0.39	0.29	0.45	0.20	0.60
		4	3.5	1.459	1.145	0.077	0.50	1.09	0.78	0.22	0.58	0.73	0.38	0.36	0.55	0.24	0.64
2.5	25	3		1.432	1.124	0.098	0.82	1.57	1.29	0.34	0.76	0.95	0.49	0.46	0.73	0.33	0.73
		4		1.859	1.459	0.097	1.03	2.11	1.62	0.43	0.74	0.93	0.48	0.59	0.92	0.40	0.76

（续）

型号	截面尺寸/mm			截面面积/cm²	理论重量/(kg/m)	外表面积/(m²/m)	惯性矩/cm⁴				惯性半径/cm			截面模数/cm³			重心距离/cm
	b	d	r				I_x	I_{x1}	I_{x0}	I_{y0}	i_x	i_{x0}	i_{y0}	W_x	W_{x0}	W_{y0}	Z_0
3.0	30	3		1.749	1.373	0.117	1.46	2.71	2.31	0.61	0.91	1.15	0.59	0.68	1.09	0.51	0.85
		4		2.276	1.786	0.117	1.84	3.63	2.92	0.77	0.90	1.13	0.58	0.87	1.37	0.62	0.89
3.6	36	3	4.5	2.109	1.656	0.141	2.58	4.68	4.09	1.07	1.11	1.39	0.71	0.99	1.61	0.76	1.00
		4		2.756	2.163	0.141	3.29	6.25	5.22	1.37	1.09	1.38	0.70	1.28	2.05	0.93	1.04
		5		3.382	2.654	0.141	3.95	7.84	6.24	1.65	1.08	1.36	0.70	1.56	2.45	1.00	1.07
4	40	3		2.359	1.852	0.157	3.59	6.41	5.69	1.49	1.23	1.55	0.79	1.23	2.01	0.96	1.09
		4		3.086	2.422	0.157	4.60	8.56	7.29	1.91	1.22	1.54	0.79	1.60	2.58	1.19	1.13
		5		3.791	2.976	0.156	5.53	10.74	8.76	2.30	1.21	1.52	0.78	1.96	3.10	1.39	1.17
4.5	45	3	5	2.659	2.088	0.177	5.17	9.12	8.20	2.14	1.40	1.76	0.89	1.58	2.58	1.24	1.22
		4		3.486	2.736	0.177	6.65	12.18	10.56	2.75	1.38	1.74	0.89	2.05	3.32	1.54	1.26
		5		4.292	3.369	0.176	8.04	15.2	12.74	3.33	1.37	1.72	0.88	2.51	4.00	1.81	1.30
		6		5.076	3.985	0.176	9.33	18.36	14.76	3.89	1.36	1.70	0.8	2.95	4.64	2.06	1.33
5	30	3	5.5	2.971	2.332	0.197	7.18	12.5	11.37	2.98	1.55	1.96	1.00	1.96	3.22	1.57	1.34
		4		3.897	3.059	0.197	9.26	16.69	14.70	3.82	1.54	1.94	0.99	2.56	4.16	1.96	1.38
		5		4.803	3.770	0.196	11.21	20.90	17.79	4.64	1.53	1.92	0.98	3.13	5.03	2.31	1.42
		6		5.688	4.465	0.196	13.05	25.14	20.68	5.42	1.52	1.91	0.98	3.68	5.85	2.63	1.46
5.6	56	3	6	3.343	2.624	0.221	10.19	17.56	16.14	4.24	1.75	2.20	1.13	2.48	4.08	2.02	1.48
		4		4.390	3.446	0.220	13.18	23.43	20.92	5.46	1.73	2.18	1.11	3.24	5.28	2.52	1.53
		5		5.415	4.251	0.220	16.02	29.33	25.42	6.61	1.72	2.17	1.10	3.97	6.42	2.98	1.57
		6		6.420	5.040	0.220	18.69	35.26	29.66	7.73	1.71	2.15	1.10	4.68	7.49	3.40	1.61
		7		7.404	5.812	0.219	21.23	41.23	33.63	8.82	1.69	2.13	1.09	5.36	8.49	3.80	1.64
		8		8.367	6.568	0.219	23.63	47.24	37.37	9.89	1.68	2.11	1.09	6.03	9.44	4.16	1.68
6	60	5	6.5	5.829	4.576	0.236	19.89	36.05	31.57	8.21	1.85	2.33	1.19	4.59	7.44	3.48	1.67
		6		6.914	5.427	0.235	23.25	43.33	36.89	9.60	1.83	2.31	1.18	5.41	8.70	3.98	1.70
		7		7.977	6.262	0.235	26.44	50.65	41.92	10.96	1.82	2.29	1.17	6.21	9.88	4.45	1.74
		8		9.020	7.081	0.235	29.47	58.02	46.66	12.28	1.81	2.27	1.17	6.98	11.00	4.88	1.78
6.3	63	4	7	4.978	3.907	0.248	19.03	33.35	30.17	7.89	1.96	2.46	1.26	4.13	6.78	3.29	1.70
		5		6.143	4.822	0.248	23.17	41.73	36.77	9.57	1.94	2.45	1.25	5.08	8.25	3.90	1.74
		6		7.288	5.721	0.247	27.12	50.14	43.03	11.20	1.93	2.43	1.24	6.00	9.66	4.46	1.78
		7		8.412	6.603	0.247	30.87	58.60	48.96	12.79	1.92	2.41	1.23	6.88	10.99	4.98	1.82
		8		9.515	7.469	0.247	34.46	67.11	54.56	14.33	1.90	2.40	1.23	7.75	12.25	5.47	1.85
		10		11.657	9.151	0.246	41.09	84.31	64.85	17.33	1.88	2.36	1.22	9.39	14.56	6.36	1.93
7	70	4	8	5.570	4.372	0.275	26.39	45.71	41.80	10.99	2.18	2.74	1.40	5.14	8.44	4.17	1.86
		5		6.875	5.397	0.275	32.21	57.21	51.08	13.31	2.16	2.73	1.39	6.32	10.32	4.95	1.91
		6		8.160	6.406	0.275	37.77	68.73	59.93	15.61	2.15	2.71	1.38	7.48	12.11	5.67	1.95
		7		9.424	7.398	0.275	43.09	80.29	68.35	17.82	2.14	2.69	1.38	8.59	13.81	6.34	1.99
		8		10.667	8.373	0.274	48.17	91.92	76.37	19.98	2.12	2.68	1.37	9.68	15.43	6.98	2.03

（续）

型号	截面尺寸/mm			截面面积/cm²	理论重量/(kg/m)	外表面积/(m²/m)	惯性矩/cm⁴				惯性半径/cm			截面模数/cm³			重心距离/cm
	b	d	r				I_x	I_{x1}	I_{x0}	I_{y0}	i_x	i_{x0}	i_{y0}	W_x	W_{x0}	W_{y0}	Z_0
7.5	75	5	9	7.412	5.818	0.295	39.97	70.56	63.30	16.63	2.33	2.92	1.50	7.32	11.94	5.77	2.04
		6		8.797	6.905	0.294	46.95	84.55	74.38	19.51	2.31	2.90	1.49	8.64	14.02	6.67	2.07
		7		10.160	7.976	0.294	53.57	98.71	84.96	22.18	2.30	2.89	1.48	9.93	16.02	7.44	2.11
		8		11.503	9.030	0.294	59.96	112.97	95.07	24.86	2.28	2.88	1.47	11.20	17.93	8.19	2.15
		9		12.825	10.068	0.294	66.10	127.30	104.71	27.48	2.27	2.86	1.46	12.43	19.75	8.89	2.18
		10		14.126	11.089	0.293	71.98	141.71	113.92	30.05	2.26	2.84	1.46	13.64	21.48	9.56	2.22
8	80	5	9	7.912	6.211	0.315	48.79	85.36	77.33	20.25	2.48	3.13	1.60	8.34	13.67	6.66	2.15
		6		9.397	7.376	0.314	57.35	102.50	90.98	23.72	2.47	3.11	1.59	9.87	16.08	7.65	2.19
		7		10.860	8.525	0.314	65.58	119.70	104.07	27.09	2.46	3.10	1.58	11.37	18.40	8.58	2.23
		8		12.303	9.658	0.314	73.49	136.97	116.60	30.39	2.44	3.08	1.57	12.83	20.61	9.46	2.27
		9		13.725	10.774	0.314	81.11	154.31	128.60	33.61	2.43	3.06	1.56	14.25	22.73	10.29	2.31
		10		15.126	11.874	0.313	88.43	171.74	140.09	36.77	2.42	3.04	1.56	15.64	24.76	11.08	2.35
9	90	6	10	10.637	8.350	0.354	82.77	145.87	131.26	34.28	2.79	3.51	1.80	12.61	20.63	9.95	2.44
		7		12.301	9.656	0.354	94.83	170.30	150.47	39.18	2.78	3.50	1.78	14.54	23.64	11.19	2.48
		8		13.944	10.946	0.353	106.47	194.80	168.97	43.97	2.76	3.48	1.78	16.42	26.55	12.35	2.52
		9		15.566	12.219	0.353	117.72	219.39	186.77	48.66	2.75	3.46	1.77	18.27	29.35	13.46	2.56
		10		17.167	13.476	0.353	128.58	244.07	203.90	53.26	2.74	3.45	1.76	20.07	32.04	14.52	2.59
		12		20.306	15.940	0.352	149.22	293.76	236.21	62.22	2.71	3.41	1.75	23.57	37.12	16.49	2.67
10	100	6	12	11.932	9.366	0.393	114.95	200.07	181.98	47.92	3.10	3.90	2.00	15.68	25.74	12.69	2.67
		7		13.796	10.830	0.393	131.86	233.54	208.97	54.74	3.09	3.89	1.99	18.10	29.55	14.26	2.71
		8		15.638	12.276	0.393	148.24	267.09	235.07	61.41	3.08	3.88	1.98	20.47	33.24	15.75	2.76
		9		17.462	13.708	0.392	164.12	300.73	260.30	67.95	3.07	3.86	1.97	22.79	36.81	17.18	2.80
		10		19.261	15.120	0.392	179.51	334.48	284.68	74.35	3.05	3.84	1.96	25.06	40.26	18.54	2.84
		12		22.800	17.898	0.391	208.90	402.34	330.95	86.84	3.03	3.81	1.95	29.48	46.80	21.08	2.91
		14		26.256	20.611	0.391	236.53	470.75	374.06	99.00	3.00	3.77	1.94	33.73	52.90	23.44	2.99
		16		29.627	23.257	0.390	262.53	539.80	414.16	110.89	2.98	3.74	1.94	37.82	58.57	25.63	3.06
11	110	7	12	15.196	11.928	0.433	177.16	310.64	280.94	73.38	3.41	4.30	2.20	22.05	36.12	17.51	2.96
		8		17.238	13.535	0.433	199.46	355.20	316.49	82.42	3.40	4.28	2.19	24.95	40.69	19.39	3.01
		10		21.261	16.690	0.432	242.19	444.65	384.39	99.98	3.38	4.25	2.17	30.60	49.42	22.91	3.09
		12		25.200	19.782	0.431	282.55	534.60	448.17	116.93	3.35	4.22	2.15	36.05	57.62	26.15	3.16
		14		29.056	22.809	0.431	320.71	625.16	508.01	133.40	3.32	4.18	2.14	41.31	65.31	29.14	3.24
12.5	125	8	14	19.750	15.504	0.492	297.03	521.01	470.89	123.16	3.88	4.88	2.50	32.52	53.28	25.86	3.37
		10		24.373	19.133	0.491	361.67	651.93	573.89	149.46	3.85	4.85	2.48	39.97	64.93	30.62	3.45
		12		28.912	22.696	0.491	423.16	783.42	671.44	174.88	3.83	4.82	2.46	41.17	75.96	35.03	3.53
		14		33.367	26.193	0.490	481.65	915.61	763.73	199.57	3.80	4.78	2.45	54.16	86.41	39.13	3.61
		16		37.739	29.625	0.489	537.31	1 048.62	850.98	223.65	3.77	4.75	2.43	60.93	96.28	42.96	3.68
14	140	10	14	27.373	21.488	0.551	514.65	915.11	817.27	212.04	4.34	5.46	2.78	50.58	82.56	39.20	3.82
		12		32.512	25.522	0.551	603.68	1 099.28	958.79	248.57	4.31	5.43	2.76	59.80	96.85	45.02	3.90
		14		37.567	29.490	0.550	688.81	1 284.22	1 093.56	284.06	4.28	5.40	2.75	68.75	110.47	50.45	3.98
		16		42.539	33.393	0.549	770.24	1 470.07	1 221.81	318.67	4.26	5.36	2.74	77.46	123.42	55.55	4.06
15	150	8		23.750	18.644	0.592	521.37	899.55	827.49	215.25	4.69	5.90	3.01	47.36	78.02	38.14	3.99
		10		29.373	23.058	0.591	637.50	1 125.09	1 012.79	262.21	4.66	5.87	2.99	58.35	95.49	45.51	4.08
		12		34.912	27.406	0.591	748.85	1 351.26	1 189.97	307.73	4.63	5.84	2.97	69.04	112.19	52.38	4.15
		14		40.367	31.688	0.590	855.64	1 578.25	1 359.30	351.98	4.60	5.80	2.95	79.45	128.16	58.83	4.23
		15		43.063	33.804	0.590	907.39	1 692.10	1 441.09	373.69	4.59	5.78	2.95	84.56	135.87	61.90	4.27
		16		45.739	35.905	0.589	958.08	1 806.21	1 521.02	395.14	4.58	5.77	2.94	89.59	143.40	64.89	4.31

（续）

型号	截面尺寸/mm			截面面积/cm²	理论重量/(kg/m)	外表面积/(m²/m)	惯性矩/cm⁴				惯性半径/cm			截面模数/cm³			重心距离/cm
	b	d	r				I_x	I_{x1}	I_{x0}	I_{y0}	i_x	i_{x0}	i_{y0}	W_x	W_{x0}	W_{y0}	Z_0
16	160	10	16	31.502	24.729	0.630	779.53	1 365.33	1 237.30	321.76	4.98	6.27	3.20	66.70	109.36	52.76	4.31
		12		37.441	29.391	0.630	916.58	1 639.57	1 455.68	377.49	4.95	6.24	3.18	78.98	128.67	60.74	4.39
		14		43.296	33.987	0.629	1 048.36	1 914.68	1 665.02	431.70	4.92	6.20	3.16	90.95	147.17	68.24	4.47
		16		49.067	38.518	0.629	1 175.08	2 190.82	1 865.57	484.59	4.89	6.17	3.14	102.63	164.89	75.31	4.55
18	180	12	16	42.241	33.159	0.710	1 321.35	2 332.80	2 100.10	542.61	5.59	7.05	3.58	100.82	165.00	78.41	4.89
		14		48.896	38.383	0.709	1 514.48	2 723.48	2 407.42	621.53	5.56	7.02	3.56	116.25	189.14	88.38	4.97
		16		55.467	43.542	0.709	1 700.99	115.29	2 703.37	698.60	5.54	6.98	3.55	131.13	212.40	97.83	5.05
		18		61.055	48.634	0.708	1 875.12	3 502.43	2 988.24	762.01	5.50	6.94	3.51	145.64	234.78	105.14	5.13
20	200	14	18	54.642	42.894	0.788	2 103.55	3 734.10	3 343.26	863.83	6.20	7.82	3.98	144.70	236.40	111.82	5.46
		16		62.013	48.680	0.788	2 366.15	4 270.39	3760.89	971.41	6.18	7.79	3.96	163.65	265.93	123.96	5.54
		18		69.301	54.401	0.787	2 620.64	4 808.13	4 164.54	1 076.74	6.15	7.75	3.94	182.22	294.48	135.52	5.62
		20		76.505	60.056	0.787	2 867.30	5 347.51	4 554.55	1 180.04	6.12	7.72	3.93	200.42	322.06	146.55	5.69
		24		90.661	71.168	0.785	3 338.25	6 457.16	5 294.97	1 381.53	6.07	7.64	3.90	236.17	374.41	166.65	5.87
22	220	16	21	68.664	53.901	0.866	3 187.36	5 681.62	5 063.73	1 310.99	6.81	8.59	4.37	199.55	325.51	153.81	6.03
		18		76.752	60.250	0.866	3 534.30	6 395.93	5 615.32	1 453.27	6.79	8.55	4.35	222.37	360.97	168.29	6.11
		20		84.756	66.533	0.865	3 871.49	7 112.04	6 150.08	1 592.90	6.76	8.52	4.34	244.77	395.34	182.16	6.18
		22		92.676	72.751	0.865	4 199.23	7 830.19	6 668.37	1 730.10	6.73	8.48	4.32	266.78	428.66	195.45	6.26
		24		100.512	78.902	0.864	4 517.83	8 550.57	7 170.55	1 865.11	6.70	8.45	4.31	288.39	460.94	208.21	6.33
		26		108.264	84.987	0.864	4 827.58	9 273.39	7 656.98	1 998.17	6.68	8.41	4.30	309.62	492.21	220.49	6.41
25	250	18	24	87.842	68.956	0.985	5 268.22	9 379.11	8 369.04	2 167.41	7.74	9.76	4.97	290.12	473.42	224.03	6.84
		20		97.045	76.180	0.984	5 779.34	10 426.97	9 181.94	2 376.74	7.72	9.73	4.95	319.66	519.41	242.85	6.92
		24		115.201	90.433	0.983	6 763.93	12 529.74	10 742.67	2 785.19	7.66	9.66	4.92	377.34	607.70	278.38	7.07
		26		124.154	97.461	0.982	7 238.08	13 585.18	11 491.33	2 984.84	7.63	9.62	4.90	405.50	650.05	295.19	7.15
		28		133.022	104.422	0.982	7 700.60	14 643.62	12 219.39	3 181.81	7.61	9.58	4.89	433.22	691.23	311.42	7.22
		30		141.807	111.318	0.981	8 151.80	15 705.30	12 927.26	3 376.34	7.58	9.55	4.88	460.51	731.28	327.12	7.30
		32		150.508	118.149	0.981	8 592.01	16 770.41	13 615.32	3 568.71	7.56	9.51	4.87	487.39	770.20	342.33	7.37
		35		163.402	128.271	0.980	9 232.44	18 374.95	14 611.16	3 853.72	7.52	9.46	4.86	526.97	826.53	364.30	7.48

注：截面图中的 $r_1 = 1/3d$ 及表中 r 的数据用于孔型设计，不做交货条件。

附表 D-4　不等边角钢截面尺寸、截面面积、理论重量及截面特性 （GB/T 706—2008）

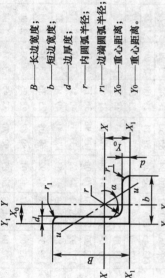

B——长边宽度;
b——短边宽度;
d——边厚度;
r——内圆弧半径;
r_1——边端圆弧半径;
X_0——重心距离;
Y_0——重心距离。

型号	截面尺寸/mm B	b	d	r	截面面积/cm²	理论重量/(kg/m)	外表面积/(m²/m)	惯性矩/cm⁴ I_x	I_{x1}	I_y	I_{y1}	I_u	惯性半径/cm i_x	i_y	i_u	截面模数/cm³ W_x	W_y	W_u	$\tan\alpha$	重心距离/cm X_0	Y_0
2.5/1.6	25	16	3	3.5	1.162	0.912	0.080	0.70	1.56	0.22	0.43	0.14	0.78	0.44	0.34	0.43	0.19	0.16	0.392	0.42	0.86
			4		1.499	1.176	0.079	0.88	2.09	0.27	0.59	0.17	0.77	0.43	0.34	0.55	0.24	0.20	0.381	0.46	1.86
3.2/2	32	20	3	3.5	1.492	1.171	0.102	1.53	3.27	0.46	0.82	0.28	1.01	0.55	0.43	0.72	0.30	0.25	0.382	0.49	0.90
			4		1.939	1.522	0.101	1.93	4.37	0.57	1.12	0.35	1.00	0.54	0.42	0.93	0.39	0.32	0.374	0.53	1.08
4/2.5	40	25	3	4	1.890	1.484	0.127	3.08	5.39	0.93	1.59	0.56	1.28	0.70	0.54	1.15	0.49	0.40	0.385	0.59	1.12
			4		2.467	1.936	0.127	3.93	8.53	1.18	2.14	0.71	1.36	0.69	0.54	1.49	0.63	0.52	0.381	0.63	1.32
4.5/2.8	45	28	3	5	2.149	1.687	0.143	445	9.10	1.34	2.23	0.80	1.44	0.79	0.61	1.47	0.62	0.51	0.383	0.64	1.37
			4		2.806	2.203	0.143	5.69	12.13	1.70	3.00	1.02	1.42	0.78	0.60	1.91	0.80	0.66	0.380	0.68	1.47
5/3.2	50	32	3	5.5	2.431	1.908	0.161	6.24	12.49	2.02	3.31	1.20	1.60	0.91	0.70	1.84	0.82	0.68	0.404	0.73	1.51
			4		3.177	2.494	0.160	8.02	16.65	2.58	4.45	1.53	1.59	0.90	0.69	2.39	1.06	0.87	0.402	0.77	1.60
5.6/3.6	56	36	3	6	2.743	2.153	0.181	8.88	17.54	2.92	4.70	1.73	1.80	1.03	0.79	2.32	1.05	0.87	0.408	0.80	1.65
			4		3.590	2.818	0.180	11.45	23.39	3.76	6.33	2.23	1.79	1.02	0.79	3.03	1.37	1.13	0.408	0.85	1.78
			5		4.415	3.466	0.180	13.86	29.25	4.49	7.94	2.67	1.77	1.01	0.78	3.71	1.65	1.36	0.404	0.88	1.82
6.3/4	63	40	4	7	4.058	3.185	0.202	16.49	33.30	5.23	8.63	3.12	2.02	1.14	0.88	3.87	1.70	1.40	0.398	0.92	1.87
			5		4.993	3.920	0.202	20.02	41.63	6.31	10.86	3.76	2.00	1.12	0.87	4.74	2.07	1.71	0.396	0.95	2.04
			6		5.908	4.638	0.201	23.36	49.98	7.29	13.12	4.34	1.96	1.11	0.86	5.59	2.43	1.99	0.393	0.99	2.08
			7		6.802	5.339	0.201	26.53	58.07	8.24	15.47	4.97	1.98	1.10	0.86	6.40	2.78	2.29	0.389	1.03	2.12

（续）

型号	截面尺寸/mm B	b	d	r	截面面积/cm²	理论重量/(kg/m)	外表面积/(m²/m)	惯性矩/cm⁴ I_x	I_{x1}	I_y	I_{y1}	I_u	惯性半径/cm i_x	i_y	i_u	截面模数/cm³ W_x	W_y	W_u	tanα	重心距离/cm X_0	Y_0
7/4.5	70	45	4	7.5	4.547	3.570	0.226	23.17	45.92	7.55	12.26	4.40	2.26	1.29	0.98	4.86	2.17	1.77	0.410	1.02	2.15
			5		5.609	4.403	0.225	27.95	57.10	9.13	15.39	5.40	2.23	1.28	0.98	5.92	2.65	2.19	0.407	1.06	2.24
			6		6.647	5.218	0.225	32.54	68.35	10.62	18.58	6.35	2.21	1.26	0.98	6.95	3.12	2.59	0.404	1.09	2.28
			7		7.657	6.011	0.225	37.22	79.99	12.01	21.84	7.16	2.20	1.25	0.97	8.03	3.57	2.94	0.402	1.13	2.32
7.5/5	75	50	5	8	6.125	4.808	0.245	34.86	70.00	12.61	21.04	7.41	2.39	1.44	1.10	6.83	3.30	2.74	0.435	1.17	2.36
			6		7.260	5.699	0.245	41.12	84.30	14.70	25.37	8.54	2.38	1.42	1.08	8.12	3.88	3.19	0.435	1.21	2.40
			8		9.467	7.431	0.244	52.39	112.50	18.53	34.23	10.87	2.35	1.40	1.07	10.52	4.99	4.10	0.429	1.29	2.44
			10		11.599	9.098	0.244	62.71	140.80	21.96	43.43	13.10	2.33	1.38	1.06	12.79	6.04	4.99	0.423	1.36	2.52
8/5	80	50	5	8	6.375	5.005	0.255	41.96	85.21	12.82	21.06	7.66	2.56	1.42	1.10	7.78	3.32	2.74	0.388	1.14	2.60
			6		7.560	5.935	0.255	49.49	102.53	14.95	25.41	8.85	2.56	1.41	1.08	9.25	3.91	3.20	0.387	1.18	2.65
			7		8.724	6.848	0.255	56.16	119.33	16.96	29.82	10.18	2.54	1.39	1.08	10.58	4.48	3.70	0.384	1.21	2.69
			8		9.867	7.745	0.254	62.83	136.41	18.85	34.32	11.38	2.52	1.38	1.07	11.92	5.03	4.16	0.381	1.25	2.73
9/5.6	90	56	5	9	7.212	5.661	0.287	60.45	121.32	18.32	29.53	10.98	2.90	1.59	1.23	9.92	4.21	3.49	0.385	1.25	2.91
			6		8.557	6.717	0.286	71.03	145.59	21.42	35.58	12.90	2.88	1.58	1.23	11.74	4.96	4.13	0.384	1.29	2.95
			7		9.880	7.756	0.286	81.01	169.60	24.36	41.71	14.67	2.86	1.57	1.22	13.49	5.70	4.72	0.382	1.33	3.00
			8		11.183	8.779	0.286	91.03	194.17	27.15	47.93	16.34	2.85	1.56	1.21	15.27	6.41	5.29	0.380	1.36	3.04
10/6.3	100	63	6	10	9.617	7.550	0.320	99.06	199.71	30.94	50.50	18.42	3.21	1.79	1.38	14.64	6.35	5.25	0.394	1.43	3.24
			7		11.111	8.722	0.320	113.45	233.00	35.26	59.14	21.00	3.20	1.78	1.38	16.88	7.29	6.02	0.394	1.47	3.28
			8		12.534	9.878	0.319	127.37	266.32	39.39	67.88	23.50	3.18	1.77	1.37	19.08	8.21	6.78	0.391	1.50	3.32
			10		15.467	12.142	0.319	153.81	333.06	47.12	85.73	28.33	3.15	1.74	1.35	23.32	9.98	8.24	0.387	1.58	3.40
10/8	100	80	6	10	10.637	8.350	0.354	107.04	199.83	61.24	102.68	31.65	3.17	2.40	1.72	15.19	10.16	8.37	0.627	1.97	2.95
			7		12.301	9.656	0.354	122.73	233.20	70.08	119.98	36.17	3.16	2.39	1.72	17.52	11.71	9.60	0.626	2.01	3.0
			8		13.944	10.946	0.353	137.92	266.61	78.58	137.37	40.58	3.14	2.37	1.71	19.81	13.21	10.80	0.625	2.05	3.04
			10		17.167	13.476	0.353	166.87	333.63	94.65	172.48	49.10	3.12	2.35	1.69	24.20	16.12	13.12	0.622	2.13	3.12
11/7	110	70	6	10	10.637	8.350	0.354	133.37	265.78	42.92	69.08	25.36	3.54	2.01	1.54	17.85	7.90	6.53	0.403	1.57	3.53
			7		12.301	9.656	0.354	153.00	310.07	49.01	80.82	28.95	3.53	2.00	1.53	20.60	9.09	7.50	0.402	1.61	3.57
			8		13.944	10.946	0.353	172.04	354.39	54.87	92.70	32.45	3.51	1.98	1.53	23.30	10.25	8.45	0.401	1.65	3.62
			10		17.167	13.476	0.353	208.39	443.13	65.88	116.83	39.20	3.48	1.96	1.51	28.54	12.48	10.29	0.397	1.72	3.70

（续）

型号	截面尺寸/mm				截面面积/cm²	理论重量/(kg/m)	外表面积/(m²/m)	惯性矩/cm⁴					惯性半径/cm			截面模数/cm³			tanα	重心距离/cm	
	B	b	d	r				I_x	I_{s1}	I_y	I_{y1}	I_u	i_x	i_y	i_u	W_x	W_y	W_u		X_0	Y_0
12.5/8	125	80	7	11	14.096	11.066	0.403	227.98	454.99	74.42	120.32	43.81	4.02	2.30	1.76	26.86	12.01	9.92	0.408	1.80	4.01
			8		15.989	12.551	0.403	256.77	519.99	83.49	137.85	49.15	4.01	2.28	1.75	30.41	13.56	11.18	0.407	1.84	4.06
			10		19.712	15.474	0.402	312.04	650.09	100.67	173.40	59.45	3.98	2.26	1.74	37.33	16.56	13.64	0.404	1.92	4.14
			12		23.351	18.330	0.402	364.41	780.39	116.67	209.67	69.35	3.95	2.24	1.72	44.01	19.43	16.01	0.400	2.00	4.22
14/9	140	90	8	12	18.038	14.160	0.453	365.64	730.53	120.69	195.79	70.83	4.50	2.59	1.98	38.48	17.34	14.31	0.411	2.04	4.50
			10		22.261	17.475	0.452	445.50	913.20	140.03	245.92	85.82	4.47	2.56	1.96	47.31	21.22	17.48	0.409	2.12	4.58
			12		26.400	20.724	0.451	521.59	1096.09	169.79	296.89	100.21	4.44	2.54	1.95	55.87	24.95	20.54	0.406	2.19	4.66
			14		30.456	23.908	0.451	594.10	1279.26	192.10	348.82	114.13	4.42	2.51	1.94	64.18	28.54	23.52	0.403	2.27	4.74
15/9	150	90	8	12	18.839	14.788	0.473	442.05	898.35	122.80	195.96	74.14	4.84	2.55	1.98	43.86	17.47	14.48	0.364	1.97	4.92
			10		23.261	18.260	0.472	539.24	1122.85	148.62	246.26	89.86	4.81	2.53	1.97	53.97	21.38	17.69	0.362	2.05	5.01
			12		27.600	21.666	0.471	632.08	1347.50	172.85	297.46	104.95	4.79	2.50	1.95	63.79	25.14	20.80	0.359	2.12	5.09
			14		31.856	25.007	0.471	720.77	1572.38	195.62	349.74	119.53	4.76	2.48	1.94	73.33	28.77	23.84	0.356	2.20	5.17
			15		33.952	26.652	0.471	763.62	1684.93	206.50	376.33	126.67	4.74	2.47	1.93	77.99	30.53	25.33	0.354	2.24	5.21
			16		36.027	28.281	0.470	805.51	1797.55	217.07	403.24	133.72	4.73	2.45	1.93	82.60	32.27	26.82	0.352	2.27	5.25
16/10	160	100	10	13	25.315	19.872	0.512	668.69	1362.89	205.03	336.59	121.74	5.14	2.85	2.19	62.13	26.56	21.92	0.390	2.28	5.24
			12		30.054	23.592	0.511	784.91	1635.56	239.06	405.94	142.33	5.11	2.82	2.17	73.19	31.28	25.79	0.388	2.36	5.32
			14		34.709	27.247	0.510	896.30	1908.50	271.20	476.12	162.23	5.08	2.80	2.16	84.56	35.83	29.56	0.385	2.43	5.40
			16		39.281	30.835	0.510	1003.04	2181.79	301.60	548.22	182.57	5.05	2.77	2.16	95.33	40.24	33.44	0.382	2.51	5.48
18/11	180	110	10	14	28.373	22.273	0.571	956.25	1940.40	278.11	447.22	166.50	5.80	3.13	2.42	78.96	32.49	26.88	0.376	2.44	5.89
			12		33.712	26.440	0.571	1124.72	2328.38	325.03	538.94	194.87	5.78	3.10	2.40	93.53	38.32	31.66	0.374	2.52	5.98
			14		38.967	30.589	0.570	1286.91	2716.60	369.55	631.95	222.30	5.75	3.08	2.39	107.76	43.97	36.32	0.372	2.59	6.06
			16		44.139	34.649	0.569	1443.06	3105.15	411.85	726.46	248.94	5.72	3.06	2.38	121.64	49.44	40.87	0.369	2.67	6.14
20/12.5	200	125	12	14	37.912	29.761	0.641	1570.90	3193.85	483.16	787.74	285.79	6.44	3.57	2.74	116.73	49.99	41.23	0.392	2.83	6.54
			14		43.687	34.436	0.640	1800.97	3726.17	550.83	922.47	326.58	6.41	3.54	2.73	134.65	57.44	47.34	0.390	2.91	6.62
			16		49.739	39.045	0.639	2023.35	4258.88	615.44	1058.86	366.21	6.38	3.52	2.71	152.18	64.89	53.32	0.388	2.99	6.70
			18		55.526	43.588	0.639	2238.30	4792.00	677.19	1197.13	404.83	6.35	3.49	2.70	169.33	71.74	59.18	0.385	3.06	6.78

注：截面图中的 $r_1 = 1/3d$ 及表中 r 的数据用于孔型设计，不做交货条件。

附表 D-5 L 型钢截面尺寸、截面面积、理论重量及截面特性（GB/T 706—2008）

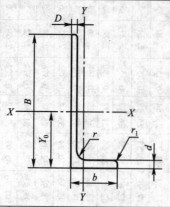

B——长边宽度；
b——短边宽度；
D——长边厚度；
d——短边厚度；
r——内圆弧半径；
r_1——边端圆弧半径；
Y_0——重心距离。

型号	截面尺寸/mm						截面面积/ cm²	理论重量/ kg/m	惯性矩 I_x/ cm⁴	重心距离 Y_0/cm
	B	b	D	d	r	r_1				
L250×90×9×13	250	90	9	13	15	7.5	33.4	26.2	2190	8.64
L250×90×10.5×15			10.5	15			38.5	30.3	2510	8.76
L250×90×11.5×16			11.5	16			41.7	32.7	2710	8.90
L300×100×10.5×15	300	100	10.5	15			45.3	35.6	4290	10.6
L300×100×11.5×16			11.5	16			49.0	38.5	4630	10.7
L350×120×10.5×16	350	120	10.5	16			54.9	43.1	7110	12.0
L350×120×11.5×18			11.5	18			60.4	47.4	7780	12.0
L400×120×11.5×23	400	120	11.5	23	20	10	71.6	56.2	11900	13.3
L450×120×11.5×25	450	120	11.5	25			79.5	62.4	16800	15.1
L500×120×12.5×33	500	120	12.5	33			98.6	77.4	25500	16.5
L500×120×13.5×35			13.5	35			105.0	82.8	27100	16.6

附录 E 复习思考题部分参考答案

第三章

7. （1）$F_1 = 6.53$N， $F_2 = 4.46$N。

  （2）$\beta = 70°$，$F_1 = 9.40$N， $F_2 = 3.42$N。

8. $F_R = 447.7$N，与 x 轴的夹角为81.4°，第三象限。

9. （a）$F_{AB} = 50$N，拉力；$F_{AC} = 86.6$N，压力。

  （b）$F_{AB} = F_{AC} = 57.7$N，拉力。

10. （a）$F_{AB} = 207$N，压力；$F_{AC} = 1573$N，压力。

  （b）$F_{AB} = 278.5$N，拉力；$F_{AC} = 1971$N，压力。

第四章

4. $M_R = \sum M_i = 18.2$N·m。

5. （a）$F_A = 2.25$kN，向下；$F_B = 2.25$kN，向上。

（b）$F_A = 5\sqrt{2}/2\text{kN}$，沿45°向右下；$F_B = 5\sqrt{2}/2\text{kN}$，沿45°向左上。

6. $M_O(F) = -4.64\text{N}\cdot\text{m}$。

第五章

12. $F_{Rx} = -6\text{kN}$，$F_{Ry} = -45\text{kN}$，$F_R' = 45.4\text{kN}$；$\alpha = 82°24'$，第三象限；$M_R' = 54.8\text{kN}\cdot\text{m}$。

13. 向 O 点简化：$F_R' = 0$，$M_O' = 3Fl$；

　　向 A 点简化：$F_R' = 0$，$M_A' = 3Fl$。

14. $F_R = 10\text{N}$；若在 O 点左侧，方向向上，若在 O 点右侧，方向向下。

15. （a）$F_R' = 0$；$M_R' = \dfrac{\sqrt{3}}{2}Fa$；

　　（b）$F_R' = 2F$（合力方向水平向左）；$M_R' = \dfrac{\sqrt{3}}{2}Fa$（向 A 点简化）。

16. $F_R' = 32800\text{kN}$；$\alpha = 72°$，第四象限；

　　$M_O' = -622200\text{kN}\cdot\text{m}$。

17. （a）$F_{y左} = 113.3\text{kN}$（向上），$F_{y右} = 86.7\text{kN}$（向上）。

　　（b）$F_{y左} = 19.3\text{kN}$（向上），$F_{y右} = 10.7\text{kN}$（向上）。

　　（c）$F_{y左} = 20\text{kN}$（向上），$M_左 = 40\text{kN}\cdot\text{m}$（逆时针）。

　　（d）$F_{y右} = 16\text{kN}$（向上），$M_右 = -49\text{kN}\cdot\text{m}$（顺时针）。

18. （a）$F_{Ay} = 12.5\text{kN}$（向上），$F_{Cy} = 44.5\text{kN}$（向上），$M_C = -179\text{kN}\cdot\text{m}$（顺时针）。

　　（b）$F_{Ay} = -0.83\text{kN}$（向下），$F_{Dy} = 8.33\text{kN}$（向上），$F_{By} = 12.5\text{kN}$（向上）。

19. $F_T = 362.3\text{kN}$，$F_{Ax} = 362.3\text{kN}$，$F_{Ay} = 200\text{kN}$。

20. （a）$F_{x左} = -3\text{kN}$（向左），$F_{y左} = -0.25\text{kN}$（向下），$F_{y右} = 4.25\text{kN}$（向上）。

　　（b）$F_{x左} = 0$，$F_{y左} = 6\text{kN}$（向上），$M = 5\text{kN}\cdot\text{m}$（逆时针）。

21. $\alpha = 38°40'$。

22. $G_2 = 333.3\text{kN}$，$x = 6.75\text{m}$。

第六章

8. （a）$F_{N1} = F$，$F_{N2} = -2F$，$F_{N3} = -F$。

　　（b）$F_{N1} = -20\text{kN}$，$F_{N2} = -40\text{kN}$，$F_{N3} = 10\text{kN}$。

9. 作图结果如下图所示。

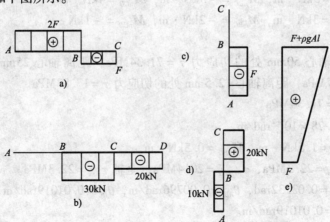

10. （a）左段：$\sigma_1 = -\dfrac{F}{A}$，右段：$\sigma_2 = \dfrac{F}{A}$，$\Delta l = -\dfrac{Fl}{3EA}$。

（b）左段：$\sigma_1 = \dfrac{2F}{A}$，中段：$\sigma_2 = \dfrac{3F}{A}$，右段：$\sigma_3 = \dfrac{3F}{A_1}$，$\Delta l = \dfrac{11Fl}{3EA}$。

11. $\sigma_{max} = -1\mathrm{MPa}$。

12. （1）$\sigma_{AB} = 25\mathrm{MPa}$，$\tau_{AB} = 43.3\mathrm{MPa}$；$\sigma_{AC} = 75\mathrm{MPa}$，$\tau_{AC} = -43.3\mathrm{MPa}$。

（2）两个斜面上的切应力大小相等，但符号相反。

13. $\sigma = 120\mathrm{MPa}$，$F_N = 9.42\mathrm{kN}$。

14. $E = 205\mathrm{GPa}$，$\mu = 0.317$。

15. （1）$\dfrac{\varepsilon_{钢}}{\varepsilon_{混}} = \dfrac{28}{210}$。

（2）$\dfrac{\sigma_{钢}}{\sigma_{混}} = \dfrac{210}{28}$。

（3）$\sigma_{钢} = 31.5\mathrm{MPa}$，$\sigma_{混} = 4.2\mathrm{MPa}$。

16. （1）$\sigma_{上} = -0.69\mathrm{MPa}$，$\sigma_{下} = -0.88\mathrm{MPa}$。

（2）$\varepsilon_{上} = -0.00023$，$\varepsilon_{下} = -0.00029$。

（3）$\Delta l = -1.85\mathrm{mm}$。

17. 中间段：$\sigma = 7.78\mathrm{MPa}$；开孔处：$\sigma = 6.36\mathrm{MPa}$；不安全。

18. $\sigma_1 = 134.3\mathrm{MPa}$，$\sigma_2 = 4.5\mathrm{MPa}$；安全。

19. （1）$A \geqslant 104\mathrm{mm}^2$，选两根∟$20 \times 3$等边角钢，实际面积$A = 113.2\mathrm{mm}^2$；

（2）选67根钢丝。

20. $d \geqslant 17.02\mathrm{mm}$，取$d = 18\mathrm{mm}$。

21. $A_{AC} \geqslant 250\mathrm{mm}^2$；$A_{BD} \geqslant 125\mathrm{mm}^2$。

22. $A_{AC} \geqslant 125\mathrm{mm}^2$；$A_{AD} \geqslant 1060\mathrm{mm}^2$；$A_{ED} \geqslant 300\mathrm{mm}^2$。

23. $[F] = 184.7\mathrm{kN}$。

第七章

11. （a）$M_{nAB} = 2\mathrm{kN} \cdot \mathrm{m}$，$M_{nBC} = -3\mathrm{kN} \cdot \mathrm{m}$。

（b）$M_{nAB} = -3\mathrm{kN} \cdot \mathrm{m}$，$M_{nBC} = 0$。

（c）$M_{nAB} = 3\mathrm{kN} \cdot \mathrm{m}$，$M_{nBC} = -5\mathrm{kN} \cdot \mathrm{m}$，$M_{nCD} = 4\mathrm{kN} \cdot \mathrm{m}$。

（d）$M_{nAB} = 3\mathrm{kN} \cdot \mathrm{m}$，$M_{nBC} = -2\mathrm{kN} \cdot \mathrm{m}$，$M_{nCD} = -1\mathrm{kN} \cdot \mathrm{m}$。

12. $G = 80\mathrm{GPa}$。

13. （1）距离轴心50mm处的切应力$\tau = 71.34\mathrm{MPa}$，距离轴心25mm处的切应力$\tau = 35.67\mathrm{MPa}$，距离轴心12.5mm处的切应力$\tau = 17.83\mathrm{MPa}$。

（2）$\tau_{max} = 71.34\mathrm{MPa}$。

（3）$\theta = 1.78 \times 10^{-2}\mathrm{rad/m}$。

14. （1）$M_{nAB} = 1.5\mathrm{kN} \cdot \mathrm{m}$，$M_{nBC} = 0.5\mathrm{kN} \cdot \mathrm{m}$。

（2）$\tau_{AB\,max} = 22.3\mathrm{MPa}$，$\tau_{BC\,max} = 20.4\mathrm{MPa}$，全轴$\tau_{max} = 22.3\mathrm{MPa}$。

（3）$\varphi_{C-A} = 0.03232\mathrm{rad}$，$\theta_{AB} = 0.00796\mathrm{rad/m}$，$\theta_{BC} = 0.01019\mathrm{rad/m}$。

全轴$\theta_{max} = 0.01019\mathrm{rad/m}$。

15. （1）最大切应力发生在圆轴外表面，$\tau_{\max} = 15.86\mathrm{MPa}$；最小切应力发生在圆轴内表面，$\tau_{\min} = 12.39\mathrm{MPa}$。

  （2）圆轴中心切应力等于0，横截面上切应力为线性分布。

  （3）$\theta = 0.00495\mathrm{rad/m}$。

16. $G = 76.7\mathrm{GPa}$。

17. $\tau_{AC\max} = 49.4\mathrm{MPa}$，$\tau_{DB\max} = 21.3\mathrm{MPa}$，满足强度要求。

  $\theta_{AC\max} = 1.77(°)/\mathrm{m}$，$\theta_{DB\max} = 0.436(°)/\mathrm{m}$，满足刚度要求。

18. $d \geqslant 131.9\mathrm{mm}$，取 $d = 132\mathrm{mm}$。

19. （1）$W_\rho = 1.15 \times 10^5 \mathrm{mm}^3$。

  （2）$d' = 67.1\mathrm{mm}$，$W_\rho' = 5.93 \times 10^4 \mathrm{mm}^3$。

  （3）$\dfrac{W_\rho'}{W_\rho} = 0.517$。

20. （1）$\tau_{\max} = 56.6\mathrm{MPa}$。

  （2）$\tau_{\max} = 25.5\mathrm{MPa}$，实心圆轴和空心圆轴都满足强度要求。

21. 按强度条件选择 $d \geqslant 45\mathrm{mm}$，按刚度条件选择 $d \geqslant 57\mathrm{mm}$，取 $d = 58\mathrm{mm}$。

22. （1）$\tau_{\max} = 28.71 \times 10^6 \mathrm{MPa}$，发生在横截面长边的中点，方向与周边平行。

  （2）$\theta_{\max} = 0.0124\mathrm{rad/m}$。

第八章

7. （a）$S_{zC} = 1.248 \times 10^6 \mathrm{mm}^3$。

  （b）$S_{zC} = 3.712 \times 10^6 \mathrm{mm}^3$。

  （c）$S_{zC} = 1.152 \times 10^6 \mathrm{mm}^3$。

8. （1）$y_C = 275\mathrm{mm}$。

  （2）$S_z = -1.136 \times 10^7 \mathrm{mm}^3$。

9. 矩形截面对形心轴的惯性矩：$I_z = 3.375 \times 10^8 \mathrm{mm}^4$。

  工字形截面对形心轴的惯性矩：$I_z = 5.875 \times 10^8 \mathrm{mm}^4$。

  增大百分比：65.54%。

10. （a）$I_{zC} = 3.329 \times 10^7 \mathrm{mm}^4$，$I_{yC} = 1.166 \times 10^8 \mathrm{mm}^4$。

  （b）$I_{zC} = 1.054 \times 10^7 \mathrm{mm}^4$，$I_{yC} = 4.197 \times 10^8 \mathrm{mm}^4$。

11. $I_{zC} = 2.098 \times 10^8 \mathrm{mm}^4$。

12. $I_{zC} = 3.590 \times 10^6 \mathrm{mm}^4$，$I_{yC} = 4.656 \times 10^7 \mathrm{mm}^4$。

13. $a = 76.9\mathrm{mm}$。

第九章

10. （a）$F_{Q1} = 0$，$M_1 = 0$；$F_{Q2} = -F$，$M_2 = 0$。

  （b）$F_{Q1} = -2.5\mathrm{kN}$，$M_1 = -2.5\mathrm{kN \cdot m}$；$F_{Q2} = -2.5\mathrm{kN}$，$M_2 = 2.5\mathrm{kN \cdot m}$。

  （c）$F_{Q1} = 1\mathrm{kN}$，$M_1 = 2\mathrm{kN \cdot m}$；$F_{Q2} = 12\mathrm{kN}$，$M_2 = -12\mathrm{kN \cdot m}$。

11. （a）$F_{QA} = 2qa$，$M_A = -\dfrac{5}{2}qa^2$；$F_{QB} = 2qa$，$M_{B左} = -\dfrac{1}{2}qa^2$，$M_{B右} = -\dfrac{3}{2}qa^2$；

  $F_{QC左} = qa$，$M_C = 0$。

(b) $F_{QA左} = -4\text{kN}$, $F_{QA右} = -5\text{kN}$, $M_A = -4\text{kN} \cdot \text{m}$;

$\quad F_{QB} = -5\text{kN}$, $M_{B左} = -14\text{kN} \cdot \text{m}$, $M_{B右} = 2\text{kN} \cdot \text{m}$;

$\quad F_{QC左} = -5\text{kN}$, $F_{QC右} = 4\text{kN}$, $M_C = -4\text{kN} \cdot \text{m}$。

(c) $F_{QA} = 0$, $M_A = 0$; $F_{QB} = 0$, $M_B = 0$;

$\quad F_{QC左} = -4\text{kN}$, $F_{QC右} = 4\text{kN}$, $M_C = -4\text{kN} \cdot \text{m}$。

12. 略。

13. 略。

14. (a) $M_A = -30\text{kN} \cdot \text{m}$ （上侧受拉），$M_B = 20\text{kN} \cdot \text{m}$ （下侧受拉）。

(b) $M_A = \frac{3}{2}ql^2$ （上侧受拉），$M_B = 0$。

(c) $M_A = 28\text{kN} \cdot \text{m}$ （上侧受拉），$M_B = 8\text{kN} \cdot \text{m}$ （下侧受拉）。

(d) $M_C = 60\text{kN} \cdot \text{m}$ （下侧受拉），$M_{D左} = 140\text{kN} \cdot \text{m}$ （下侧受拉），

$\quad M_{D右} = 100\text{kN} \cdot \text{m}$ （下侧受拉），$M_E = 80\text{kN} \cdot \text{m}$ （下侧受拉）。

(e) $M_B = qa^2$ （上侧受拉）。

15. $\sigma_{\max}^+ = 32.36\text{MPa}$，发生在 B 截面的上边缘；

$\quad \sigma_{\max}^- = 50.92\text{MPa}$，发生在 B 截面的下边缘。

16. $\sigma_a = 10\text{MPa}$ （拉应力）；$\sigma_b = 0$；$\sigma_c = 8\text{MPa}$ （压应力）；

$\quad \tau_a = 0$；$\tau_b = 0.5\text{MPa}$；$\tau_c = 0.27\text{MPa}$。

17. $\sigma_{\max}^+ = 8.75\text{MPa}$，发生在 CD 段梁各截面的下边缘；

$\quad \sigma_{\max}^- = -8.75\text{MPa}$，发生在 CD 段梁各截面的上边缘；

$\quad \tau_{\max} = 0.625\text{MPa}$，发生在 AC 和 DB 段梁各截面的中性轴处。

18. $\sigma_{\max} = 57.8\text{MPa} < [\sigma] = 100\text{MPa}$，满足正应力强度条件。

19. (1) 圆形截面：$d = 280\text{mm}$。

(2) 矩形截面：$b = 180\text{mm}$，$h = 270\text{mm}$。

20. $\sigma_{\max} = 102\text{MPa} < [\sigma] = 170\text{MPa}$；$\tau_{\max} = 13.8\text{MPa} < [\tau] = 100\text{MPa}$，安全。

21. 矩形截面：$b = 210\text{mm}$，$h = 320\text{mm}$。

22. $y_B = \frac{ql^4}{8EI_z}$ （向下），$\theta_B = \frac{ql^3}{6EI_z}$ （顺时针方向）。

23. $y_C = \frac{Ml^2}{16EI_z}$ （向下），$\theta_A = \frac{Ml}{3EI_z}$ （顺时针方向）。

24. (a) $y_A = \frac{Fl^3}{6EI_z}$ （向下），$\theta_B = \frac{9Fl^2}{8EI_z}$ （顺时针方向）。

(b) $y_A = \frac{2qa^4}{3EI_z}$ （向下），$\theta_B = \frac{ql^3}{3EI_z}$ （顺时针方向）。

25. $\frac{y_{\max}}{l} = \frac{1}{252.8} > \left[\frac{y}{l}\right] = \frac{1}{400}$，不满足刚度要求；

改用 25a 工字钢，$\frac{y_{\max}}{l} = \frac{1}{535.84} < \left[\frac{y}{l}\right] = \frac{1}{400}$，满足刚度要求。

第十章

5. (a) $\sigma_{45°} = 10\text{MPa}$，$\tau_{45°} = 15\text{MPa}$。

(b) $\sigma_{(-30°)} = -7.32\text{MPa}$，$\tau_{(-30°)} = 7.32\text{MPa}$。

(c) $\sigma_{60°} = 45\text{MPa}$，$\tau_{60°} = -5\text{MPa}$。

(d) $\sigma_{67°} = 27.44\text{MPa}$，$\tau_{67°} = 21.09\text{MPa}$。

6. (a) $\alpha_0 = 52°$，$\sigma_1 = 11.23\text{MPa}$，$\sigma_2 = 0$，$\sigma_3 = -71.23\text{MPa}$。

(b) $\alpha_0 = -70.67°$，$\sigma_1 = 27\text{MPa}$，$\sigma_2 = 0$，$\sigma_3 = -37\text{MPa}$。

7. (a) $\sigma_1 = 123.85\text{MPa}$，$\sigma_2 = 16.15\text{MPa}$，$\sigma_3 = 0$，$\tau_{max} = 53.85\text{MPa}$。

(b) $\sigma_1 = 96.56\text{MPa}$，$\sigma_2 = 0$，$\sigma_3 = -16.56\text{MPa}$，$\tau_{max} = 56.56\text{MPa}$。

(c) $\sigma_1 = 83\text{MPa}$，$\sigma_2 = 0$，$\sigma_3 = -53\text{MPa}$，$\tau_{max} = 68\text{MPa}$。

按照第一强度理论，图 10-15a 中 σ_1 值为最大，该应力点最危险；按照第三强度理论，图 10-15c 中 τ_{max} 值为最大，该应力点最危险。

8. 略。

9. $F_N = 719.23\text{kN}$。

第十一章

5. $\sigma_{max}^+ = 9.856\text{MPa}$，发生在 A 截面右上角；

$\sigma_{max}^- = -9.856\text{MPa}$，发生在 A 截面左下角。

6. $b = 140\text{mm}$，$h = 190\text{mm}$。

7. $\sigma_{max}^- = 0.4\text{MPa}$，大于地基承载力，土壤不满足强度条件。

8. 1-1 截面：$\sigma_{max} = 0.041\text{MPa}$，$\sigma_{min} = -0.375\text{MPa}$；

2-2 截面：$\sigma_{max} = 0$，$\sigma_{min} = -0.267\text{MPa}$；

3-3 截面：$\sigma_{max} = -0.028\text{MPa}$，$\sigma_{min} = -0.052\text{MPa}$。

9. $\sigma_{max} = -0.101\text{MPa}$，$\sigma_{min} = -0.166\text{MPa}$。

10. 略。

第十二章

6. (a) $F_{Ncr} = 2540\text{kN}$。

(b) $F_{Ncr} = 2640\text{kN}$。

(c) $F_{Ncr} = 3140\text{kN}$。

7. 圆形截面 $F_{Ncr} = 118.8\text{kN}$；矩形截面 $F_{Ncr} = 210.6\text{kN}$；工字形截面 $F_{Ncr} = 459.4\text{kN}$。

8. $F_{cr} = 771.5\text{kN}$；$\sigma_{cr} = 175.3\text{MPa}$。

9. $F_{cr} = 380.1\text{kN}$，$n_w = 4.75 > n_{st} = 4$，满足稳定要求。

10. $F_{cr} = 31.64\text{kN}$，$n_w = 3.23 > n_{st} = 3$，满足稳定要求。

11. $F_{cr} = 1517.6\text{kN}$，$n_{st} = 3.3$。

12. $F_{cr} = 693.36\text{kN}$，$n_w = 6.5 > n_{st} = 4$，满足稳定要求。

参考文献

[1] 陈位宫. 工程力学 [M]. 2 版. 北京：高等教育出版杜，2008.

[2] 范钦珊. 工程力学教程（Ⅰ）[M]. 北京：高等教育出版杜，1998.

[3] 薛正庭. 土木工程力学 [M]. 北京：机械工业出版杜，2003.

[4] 周国瑾，施美丽，张景良. 建筑力学 [M]. 4 版. 上海：同济大学出版杜，2011.

[5] 于英. 建筑力学 [M]. 2 版. 北京：中国建筑工业出版杜，2007.

[6] 刘鸿文. 材料力学（Ⅰ）[M]. 4 版. 北京：高等教育出版杜，2004.

[7] 刘鸿文. 材料力学（Ⅱ）[M]. 4 版. 北京：高等教育出版杜，2004.

[8] 单辉祖. 材料力学（Ⅰ）[M]. 3 版. 北京：高等教育出版杜，2009.